21 世纪高等职业技术教育规划教材 —— 电气工程类

电力系统分析

主编 刘卓敏 侯德明

西南交通大学出版社
·成 都·

图书在版编目（CIP）数据

电力系统分析／刘卓敏，侯德明主编. —成都：
西南交通大学出版社，2009.12（2013.8 重印）

21 世纪高等职业技术教育规划教材. 电气工程类

ISBN 978-7-5643-0522-2

Ⅰ. ①电… Ⅱ. ①刘…②侯… Ⅲ. ①电力系统－系
统分析－高等学校：技术学校－教材 Ⅳ. ①TM711

中国版本图书馆 CIP 数据核字（2009）第 227359 号

21 世纪高等职业技术教育规划教材——电气工程类

电力系统分析

主编　刘卓敏　侯德明

*

责任编辑　黄淑文
封面设计　墨创文化

西南交通大学出版社出版发行

（成都市二环路北一段 111 号　邮政编码：610031　发行部电话：028-87600564）

http://press.swjtu.edu.cn

成都蜀通印务有限责任公司印刷

*

成品尺寸：185 mm×260 mm　　　印张：17.5

字数：436 千字

2009 年 12 月第 1 版　　2013 年 8 月第 2 次印刷

ISBN 978-7-5643-0522-2

定价：29.80 元

前　言

　　本书是为高职高专学校的电气工程类专业所编写的教材。根据高职高专学校人才的培养目标，为培养"具有良好职业素质，具有熟练的职业技能，具有系统的应用知识和持续的发展能力"的高技能人才，本教材内容的选择按"理论够用、注重应用"的原则来编写。并力求由浅到深，易讲易学易懂。

　　电力系统从规划、设计到建设，再到运行和管理，是一个庞大的系统工程。《电力系统分析》这门课程所涉及的内容和技能是这个庞大系统工程的专业理论基础。本课程作为电气工程类专业的一门必修课，作为后续课程的知识先导，将重点介绍电力系统在规划、运行和管理方面的基础知识、基本原理和实用计算。通过对这门课的学习，使学生具备高素质劳动者和电气技术应用人才所必需的在运行、调整、计算及管理等方面的基础知识和基本技能，初步形成解决实际问题的能力，为学习专业知识和职业技能打下基础。并满足后续专业课程的知识要求，从而能为电力系统中出现的有关现象作出初步分析，为解决电力系统中的实际工程问题打下基础。

　　本教材依据西南交通大学出版社《21世纪高等职业技术教育规划教材——电气工程类》编写研讨会审定的课程大纲而编写，有8章内容。由贵州电力职业技术学院的刘卓敏、尹虹、庹曲、严竹影和重庆水利电力职业技术学院的侯德明、张莉共同编写。张莉编写第1章，庹曲编写第2章，严竹影编写第3章，刘卓敏编写第4章和第7章，侯德明编写第5章和第6章，尹虹编写第8章。全书由刘卓敏、侯德明担任主编，由刘卓敏完成统稿工作。

　　在成书过程中得到相关学校领导及多家发、供电企业的大力支持，在此深表感谢。书中引用了大量的参考文献，对这些文献的作者也表示衷心的感谢。

　　由于时间和水平有限，书中难免有错误和不足之处，希望使用此书的教师、学生和工程技术人员批评和指正。

编　者

2009 年 10 月

目　　录

第1章

电力系统的基本知识

  能源是社会生产力的基础。目前，人类使用的能源有两种：一种是自然界提供的能源，称为一次能源，如煤、石油、天然气、原子核、水、风、地热和潮汐等；另一种是由一次能源转换而得到的能源，称为二次能源。电能是一种二次能源，它具有许多优点：可以方便地转换成其他形式的能量，如机械能、热能、光能、化学能等；它的输送和分配易于实现；它的使用也很灵活和广泛。因此，电能已经成为各行各业生产建设和人们生活不可缺少的重要能源。

  本章讲述电能在生产、输送、分配和使用方面的基本知识。

1.1 电力系统概述

1.1.1 电力系统的组成

  电能的生产、输送、分配和使用是同时完成的，这需要一个庞大的系统来实现，这个系统可以用图 1.1 来示意。

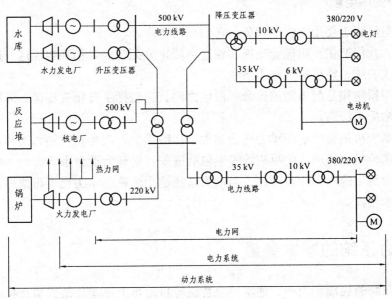

图 1.1 动力系统、电力系统及电力网示意图

从图 1.1 中可以看出，这个系统由以下几个部分组成：

1. 发电厂—生产电能

发电厂是电能供应的起点，是生产电能的工厂，在这里把一次能源转换为电能。根据使用的一次能源不同，发电厂分为不同类型，有火力发电厂（燃烧煤、石油、天然气发电）、水力发电厂（利用水流落差形成的能量发电）、核电厂（利用原子核裂变产生的热能发电）等。有些火力发电厂除了供电外，还能供热，所以也称热电厂。目前，我国以火力和水力作为主要的发电方式。

2. 升压、降压变压器—变换电能

发电厂所需要的一次能源和电能用户通常不在同一地方。水能资源集中在水流落差较大的偏远山区，煤、石油资源集中在矿区，而电能用户一般都集中在城市、工业区、农业发达地区及交通枢纽地，与一次能源产地相距甚远。因此需要把电能输送到负荷中心来再进行分配使用。升压和降压变压器是电能输送和分配使用环节中变换电能的设备，它们的安装处称为变电站（所）。升压变电站一般在发电厂内。升压变压器将电压升高，使电能便于长距离输送。降压变压站多建设在负荷集中的区域。降压变压器把电压降低，使电能便于分配和使用。

3. 输配电线路—输送和分配电能

发电厂、变电站、用户是通过各种电压等级的电力线路联系起来的。联系发电厂和负荷中心的电力线路一般称为输电线路，其电压等级较高；联系负荷的中心和各用户的电力线路一般称为配电线路，其电压等级较低。

4. 用户—使用电能

电动机和电灯属于使用电能的设备，它们消耗电能。

综合上述，我们把生产电能、变换和输送电能、分配电能、消耗电能这一连续过程中各种设备连接组成的统一整体称为电力系统。

电力系统中输送和分配电能的部分叫做电力网，它包括了升压变压器、降压变压器和各种电压等级的输配电线路。

如果电力系统再把发电厂的动力部分如火电厂的锅炉、汽轮机、热力网和用热设备，水电厂的水库、水轮机，核电厂的反应堆等也包括进来，就称为动力系统。

现在习惯上所用的术语比较随便，而动力系统这个名称基本上已不再使用，电力系统和电网含义也基本相同。

1.1.2　电力系统的基本参量

一个电力系统的规模和大小，通常用总装机容量、年发电量、最大负荷和最高电压等级等基本参量来描述。

总装机容量：指电力系统中实际安装的发电机组额定有功功率的总和，其单位为 kW（千瓦）、MW（兆瓦）或 GW（吉瓦）。

年发电量：指电力系统中所有发电机组全年实际发出电能的总和，其单位为 kW·h（千瓦·时）、MW·h（兆瓦·时）或 GW·h（吉瓦·时）。

最大负荷：指电力系统总有功负荷在指定时间内（一天、一月或一年）的最大值，以 kW（千瓦）、MW（兆瓦）或 GW（吉瓦）计。

最高电压等级：指电力系统中最高电压等级电力线路的额定电压，以千伏（kV）计。

1.1.3　电力系统运行的特点和基本要求

1. 电力系统运行特点

电力系统的运行与其他工业系统的生产过程相比有明显不同的特点，具体如下：

① 电能不能大量存储。电能的生产、输送、分配和使用必须在同一时刻进行，即要保证电能的生产、输送、分配和使用处于一种动态的平衡状态。如果系统运行中出现供电和用电的不平衡，就会破坏系统运行的稳定性，甚至发生事故。

② 电力系统暂态过程非常短暂。正常操作和故障时，从一种运行状态变到另一种运行状态的过渡过程都非常迅速。

③ 电能生产与国民经济、人民生活的关系密切。电能供应不足或中断，不仅会影响人民的生产生活，严重时可能会酿成社会性灾难。

2. 对电力系统运行的基本要求

① 保证安全可靠地发电、供电。

保证安全可靠地发电、供电是对电力系统运行的首要要求。影响电力系统安全可靠地发电、供电的因素很多，如系统事故、电气设备运行状态不完好、电力系统的结构不合理、缺乏足够的有功功率电源和无功功率电源、运行人员的技术水平不高等。不能安全可靠地发电、供电最直接的结果就是导致供电不连续，即中断供电。提高整个电力系统的安全运行水平，能为保证对用户的不间断供电创造最基本的条件。

目前我国按重要程度将负荷分为三级，以此来决定负荷对供电可靠性的不同要求。

一级负荷。对这类负荷中断供电的后果是极为严重的。例如，会造成人身事故、设备损坏、大量废品，导致生产秩序长期不能恢复，使公共生活发生混乱。

二级负荷。对这类负荷中断供电将造成大量减产，使人民的正常生活受到严重影响。

三级负荷。不属于一、二级负荷，停电影响不大的其他负荷。

一级负荷对供电可靠性的要求最高，理论上，任何情况下都不能中断对一级负荷的供电；二级负荷对供电可靠性的要求较高，只要不发生特殊情况，都要保证对二级负荷的供电不会中断或中断的时间较短；三级负荷对供电可靠性的要求不高，但也不能随意中断对其供电。

② 保证良好的电能质量。

衡量电能质量的基本指标是频率、电压和波形。当系统的频率、电压和波形不符合要求时，往往会影响电气设备的正常工作，造成震动和损坏，使电气设备的绝缘加速老化甚至损坏，危及设备和人身安全，影响用户的产品质量等。

电力系统正常运行时，频率、电压会随负荷的变化而有所波动的；故障情况下，这种波动会较大。所以，电力系统的频率质量和电压质量一般都以允许的偏移是否超过给定值来衡量。对频率，我国规定电力系统的额定频率为 50 Hz，大容量系统允许频率偏差 ± 0.2 Hz，中小容量系统允许频率偏差 ± 0.5 Hz。对电压，允许的偏移根据电压等级不同而有所不同，一般为额定值的 $\pm 5\%$。对频率和电压质量的保证，在本书的第 5 章和第 6 章中有详细的叙述。

对电力系统的电压、电流波形严格要求是正弦波。但由于电力系统中非线性负荷（如换流设备、变频－调速设备、电气机车等）的使用会使波形发生畸变，而使波形中含有大量的谐波分量。这会影响电气设备的安全、经济运行，同时也会干扰通信等行业。因此必须限制谐波分量的含量不超过允许值。波形质量以畸变率是否超过给定值来衡量。给定的允许畸变率因供电电压等级而异。要保证波形质量，关键要限制非线性负荷向系统注入谐波电流。其措施不在本书中讨论。

③ 保证电力系统运行的经济性。

电力系统运行是否经济，主要体现在两个方面。

一方面是生产电能对一次能源的消耗量。针对我国目前主要的发电方式来说，利用水能发电很经济。因此，在这方面主要的考核指标是煤耗率。所谓煤耗率是指每生产 1 kW·h 电能所消耗的标准煤，以 g/(kW·h) 为单位。而标准煤是指含热量为 29.31 MJ/kg 的煤。

另一方面是电能在变换、传输和分配时的损耗。在这方面的考核指标是网损率（或线损率）。所谓网损率（或线损率）是指电力网损耗的电能与其输入电能的比值，常用百分比表示。

如何保证电力系统运行的经济性，在本书的第 7 章有详细的叙述。

除上述三点外，环境保护问题也日益为人们所关注。对在电能生产过程中产生的污染物质的排放量的限制，也将成为对电力系统运行的要求。

1.2　电力系统的接线方式

1.2.1　电力系统接线图

电力系统接线图分为地理接线图和电气接线图。要认识和了解一个电力系统，往往要会阅读这两种图。

地理接线图是按比例表示电力系统各发电厂和变电所的相对地理位置及各电力线路的路径的接线图；电气接线图是表示电力系统各元件间（发电机、变压器、负荷等）的电气联系的电路图，一般用单线图表示。两者经常配合使用，如图 1.2 所示。

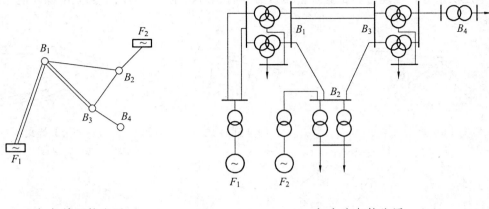

（a）地理接线图 　　　　　　　　　　　　（b）电气接线图

图 1.2　电力系统接线图

1.2.2　电力网的接线方式及特点

电力系统的接线方式对于保证安全、优质和经济地向用户供电具有非常重要的作用。电力系统的接线包括发电厂的主接线、变电所的主接线和电力网的接线。发电厂和变电所的主接线在发电厂的课程中学习，这里只对电力网的接线方式作简单介绍。

电力网的接线方式通常按供电可靠性分为无备用和有备用两类。

1. 无备用接线

在无备用接线的网络中，每一个负荷只能靠一条线路取得电能，单回路放射式、干线式和链式就属于这类，如图 1.3 所示。这类接线的特点是简单、投资少、运行维护方便，但供电可靠性较低，任一线路故障或检修时，都要中断部分用户供电，而且干线式、链式线路长时，末端电压可能偏低。

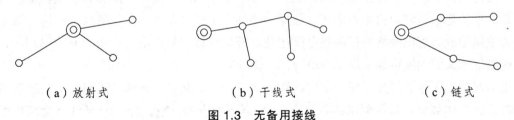

（a）放射式 　　　　　　　　（b）干线式 　　　　　　　　（c）链式

图 1.3　无备用接线

2. 有备用接线

在有备用接线的网络中，每一个负荷点可以从两条或两条以上的线路取得电能。它包括了双回路的放射式、干线式、链式以及环式和两端供电网络，如图 1.4 所示。双回路放射式、干线式、链式接线简单，运行方便，供电可靠性和电压质量高，但设备费用较大。环式接线供电可靠性高，投资少，但运行调度复杂；故障或检修开环运行时，要校验某些线路是否过负荷、某些负荷点电压质量是否满足要求。两端供电网络供电可靠性高，投资少，故障、检修时电压质量好，但运行调压复杂，而且必须有相对位置适宜的两个独立电源才能采用这种接线。

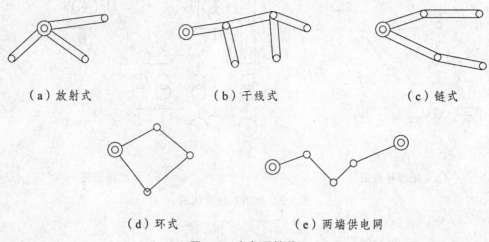

（a）放射式　　　（b）干线式　　　（c）链式

（d）环式　　　　（e）两端供电网

图1.4　有备用接线

电力网采用哪种接线，要经过技术经济比较后才能确定，所选接线应保证供电可靠，有良好的电能质量、经济指标和适应各种运行方式的灵活性，并保证工作人员的安全。

1.2.3　电力网的分类

电力网按供电范围、输送功率和电压等级分为地方电力网和区域电力网。一般来讲，电压为 110 kV 以下的电力网，电压较低，输送功率小，传输距离短，主要供电给地方负荷，称为地方网；电压为 110 kV 及以上的电力网，电压较高，输送功率大，传输距离长，主要供电给大型区域性变电所，称为区域网。

电力网按其职能可分为输电网络和配电网络。输电网络的任务，是将大容量发电厂的电能可靠而经济地输送到负荷集中地区。输电网络通常由电力系统中电压等级最高的一级或两级电力线路组成。配电网络的任务是分配电能。配电线路的额定电压一般为 0.4～35 kV，有些负荷密度较大的大城市也采用 110 kV 甚至 220 kV。

电力网按电压等级可分为低压配电线路、高压配电线路、高压输电线路、超高压输电线路和特高压输电线路。低压配电线路是指 1 kV 以下的电力线路；1～10 kV 线路为高压配电线路；35 kV 线路以前归属高压输电线路，但随着我国电力工业的发展，35 kV 线路已不再是电网之间的联络线路，在很多城市中已经成为城市配电网的一部分；110 kV（包括 66 kV）到 220 kV 线路称为高压输电线路；330 kV 和 500 kV 线路称为超高压输电线路；750 kV 以上线路称为特高压输电线路。

电力网按接线方式分为开式网络和闭式网络。负荷点只能从一个方向取得电能的网络，称为开式网络。单、双回路放射式，干线式和链式接线都属于开式网络。负荷点可从两个或两个以上方向取得电能的网络，称为闭式网络。环式和两端供电网络属于闭式网络。

1.3 电力系统的电压

1.3.1 额定电压等级和额定电压

1. 额定电压等级

为了使电力设备生产实现标准化和系列化，方便运行和维修，电压级别不能太多，为此，我国规定了一定数量的标准电压，通常称为电压等级。

我国电力系统的额定电压等级有：3 kV、6 kV、10 kV、35 kV、60 kV、110 kV（154 kV）、220 kV、330 kV、500 kV、750 kV、1 000 kV。

目前，我国电力系统额定电压等级的应用情况是，3 kV、6 kV 作为发电厂厂用电的电压等级，其余是电力网的电压等级。10 kV 既作为发电厂厂用电的电压等级，也作为电力网的电压等级。60 kV、154 kV 为历史遗留，现在已不再发展；仅西北电网有 330 kV 的电压等级。110 kV、220 kV、500 kV 的电力网已经很普遍；最高电压等级的 1 000 kV 输电线路已经试运行。

2. 额定电压

电力设备的额定电压是按长期正常工作时具有最大技术性能和经济效益所规定的电压。常用的电力网、用电设备、电源设备的额定电压如表 1.1 所示。

表 1.1　额定电压（线电压）

电力线路用电设备额定电压 / kV	电力线路平均额定电压 / kV	发电机额定电压 / kV	电力变压器额定电压 / kV	
			一次绕组	二次绕组
3	3.15	3.15	3 及 3.15	3.15 及 3.3
6	6.3	6.3	6 及 6.3	6.3 及 6.6
10	10.5	10.5	10 及 10.5	10.5 及 11
—	—	13.8，15.75，18，20	13.8，15.75，18，20	—
35	37	—	35	38.5
60	63	—	63	69
110	115	—	110	121
220	230	—	220	242
330	345	—	330	363
500	525	—	500	550
750	—	—	750	

1.3.2　电力系统各元件额定电压的确定

1. 电力线路与用电设备的额定电压

电力线路额定电压与用电设备的额定电压规定相同，也与我国电力系统额定电压等级一致。通常也把它们称为电力网的额定电压

2. 电力线路平均额定电压

在短路电流实用计算中，为了使计算简化，常会采用平均额定电压。所谓平均额定电压，是指同一电压等级中的最高额定电压与最低额定电压的算术平均值。也是电力线路首端和末端电压的算术平均值。如图 1.5 所示，线路 L 的平均额定电压为：

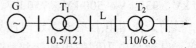

图 1.5　平均额定电压的计算说明图

$$U_{av} = \frac{121+110}{2} \approx 115 \ (kV)$$

3. 发电机额定电压

发电机接在电力线路的始端，由于电力线路存在电压损耗，因此要求发电机额定电压高于线路的额定电压。

若发电机的机端有直馈负荷，其额定电压偏移不应超过额定值的 5%，因此发电机的额定电压比线路的额定电压值高 5%。如表 1.1 中的 3.15 kV、6.3 kV、10.5 kV。

没有直馈负荷的大容量发电机，其额定电压按技术经济条件来确定，不受线路额定电压的限制，例如，国产 125 MW、200 MW、300 MW、600 MW 汽轮发电机组，其额定电压为 13.8 kV、15.75 kV、18 kV、20 kV。这些额定电压没有相应的电网额定电压。

4. 电力变压器额定电压

根据变压器在电力系统中传输功率的方向，我们规定变压器接受功率一侧的绕组为一次绕组，输出功率一侧的绕组为二次绕组。一次绕组的作用相当于受电设备，其额定电压与所接设备的额定电压相等；二次绕组的作用相当于供电设备，考虑其内部电压损耗，额定电压规定比电网的额定电压高 10% 或 5%。

对于升压变压器：一次绕组与发电机连接，所以其额定电压与发电机的额定电压相同；其二次绕组要比所连接的电力线路额定电压高 5% 或 10%。

对于降压变压器：一次绕组与电力线路连接，所以其额定电压与其所接的电力线路额定电压相同；其二次绕组要比所连接的电力线路额定电压高 5% 或 10%。

如果变压器的短路电压小于 7.5% 或直接（包括通过短距离线路）与用户连接时，则按高出 5% 计算。除此之外，都按高出 10% 计算。

【例 1.1】　如图 1.6 所示电力系统，线路额定电压已知，试求发电机、变压器的额定电压。

解　（1）发电机 G 的额定电压应比其相连的 10 kV 网络高 5%，即发电机额定电压为 10.5 kV。

（2）升压变压器 T_1 的一次侧与发电机直接相连，故其一次侧电压应等于发电机额定电压 10.5 kV；该变压器的二次侧与 220 kV 线路相连，其额定电压应比线路额定电压高 10%，所以该变压器二次侧额定电压为

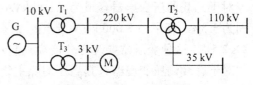

图 1.6　例 1.1 接线图

$$220 + 220 \times 10\% = 242 \quad (kV)$$

即 T_1 的变比确定为 10.5 kV/242 kV。

（3）降压变压器 T_2 的一次侧与 220 kV 线路相连，故其一次侧电压应等于 220 kV；该变压器的二次侧分别与 110 kV 和 35 kV 线路相连，其额定电压分别应比线路额定电压高 10%，所以该变压器二次侧额定电压为

$$110 + 110 \times 10\% = 121 \quad (kV)$$
$$35 + 35 \times 10\% = 38.5 \quad (kV)$$

即 T_2 的变比确定为 220 kV/121 kV/38.5 kV。

（4）降压变压器 T_3 的一次侧与发电机直接相连，故其一次侧电压应等于发电机额定电压 10.5 kV；该变压器的二次侧与 3 kV 设备直接相连，其额定电压应比线路额定电压高 5%，所以该变压器二次侧额定电压为

$$3 + 3 \times 5\% = 3.15 \quad (kV)$$

即 T_3 的变比确定为 10.5 kV/3.15kV。

1.3.3　变压器的实际变比、额定变比和平均额定电压之比

1. 变压器的分接头

为了调压的需要，变压器绕组设有若干分接头可供选择使用。对双绕组变压器，分接头设在高压绕组上；对三绕组变压器，分接头设在高、中压绕组上，若干分接头中有一分接头为主分接头，变压器高压侧（中压侧）的额定电压是指变压器的主分接头电压。如图 1.7 所示。

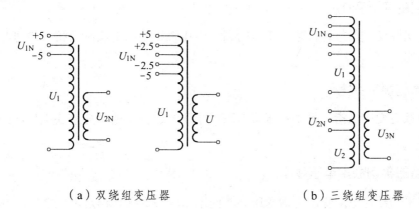

（a）双绕组变压器　　　　　　　　　（b）三绕组变压器

图 1.7　无载调压变压器的分接头

对于无载调压变压器容量为 6 300 kVA 以下者，一般有 3 个分接头（$U_N±5\%U_N$），调压范围为 ±5%；容量为 8 000 kVA 以上的变压器，有 5 个抽头（$U_N±2×2.5\%U_N$），调压范围为 ±2×2.5%，这种变压器要改变分接头只能停电进行。如图 1.7 所示。

对于有载调压变压器，其高压侧除主绕组外，还有一个可调节分接头的调压绕组，它可以在带负荷情况下手动或电动操作改变分接头，也能在远方电动控制，实现自动调压，调压范围也比较大，一般在 15% 以上。

图 1.8 所示即为内部具有调压绕组的调压变压器，它的高压绕组上连接一个具有若干个分接头的调压绕组，依靠特殊的切换装置可以在负荷电流下改换分接头。切换装置有两个可动触头，改变分接头时，先将一个可动触头移动到所选定的分接头上，然后再把另一个可动触头也移到该分接头上。这样，在分接头切换过程中才不致使变压器开路。为了防止可动触头在切换过程中产生电弧导致变压器绝缘油老化，在可动触头 K_a、K_b 的前面接入两个接触器 J_a、J_b，它们放在单独的油箱里。当变压器需要从一个分接头（例如分接头 2）切换到另一个分接头上（例如分接头 1）时，首先断开接触器 J_a，将可动触头 K_a 从分接头 2 切换到分接头 1 上，然后再将接触器 J_a 接通；接着断开接触器 J_b，将可动触头 K_b 从分接头 2 切换到分接头 1 上，然后再将接触器 J_b 接通，

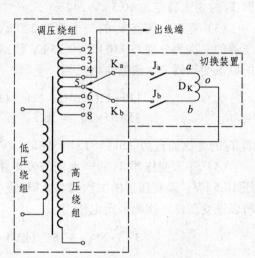

图 1.8　有载调压变压器接线图

这样就使两个触头都移到分接头 1 了。切换装置中的 DK 是为了切换过程中两个可动触头在不同的分接头上时限制两个分接头间的短路电流用的。正常运行时，变压器的负荷电流是经由电抗器绕组的 a、b 两点流向 o 点，因为电流所产生的磁动势互相抵消，因此电抗器的电抗是非常小的。对 110 kV 及以上电压等级的变压器，一般将调压绕组放在变压器中性点侧。而 110 kV 及以上电压等级的电力网，变压器的中性点是接地的，中性点侧电压很低，所以调节装置的绝缘比较容易解决。

2. 变压器的实际变比

变压器的实际变比是指运行中变压器的高、中压绕组使用的实际分接头电压与低压绕组的额定电压之比。

3. 变压器的额定变比

变压器的额定变比是指运行中变压器的高、中压绕组使用的主分接头电压与低压绕组额定电压之比。

4. 变压器的平均额定电压变比

变压器的平均额定电压变比是指变压器两侧电力线路的平均额定电压之比。

【例 1.2】　某变压器的铭牌上标明的额定电压为：110(1±2×2.5%)/11 kV，问此变压器

的分接头有几个，各分接头电压是多少？

    解 此变压器高压侧的额定电压 $U_N = 110\ \text{kV}$，有 5 个分接头（5 个挡位），各分接头电压见表 1.2。

表 1.2

挡位	分接头电压计算公式	各分接头电压计算
+5%	$1.05U_N$	$1.05 \times 110 = 115.5$（kV）
+2.5%	$1.025U_N$	$1.025 \times 110 = 112.75$（kV）
0	U_N	110 kV
-2.5%	$0.975U_N$	$0.975 \times 110 = 107.25$（kV）
-5%	$0.95U_N$	$0.95 \times 110 = 104.5$（kV）

【例 1.3】 电力系统接线如图 1.9 所示：

（1）试求发电机 G 和变压器 T_1、T_2、T_3 一、二次侧绕组的额定电压。

（2）若变压器 T_1 工作于 +2.5% 抽头，T_2 工作于主抽头，T_3 工作于 -5% 抽头，试求这些变压器的实际变比。

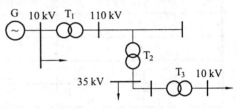

图 1.9　例 1.2 接线图

    解 （1）求额定电压。

G：发电机出口母线电压为 10 kV，所以发电机的额定电压为 10.5 kV；

T_1：变压器 T_1 的一次绕组接发电机，二次绕组接 110 kV 线路，所以变压器 T_1 的额定电压为 10.5 kV/121 kV。

T_2：变压器 T_2 的一次绕组接 110 kV 线路，二次绕组接 35 kV 线路，所以变压器 T_2 的额定电压为 110 kV/38.5kV。

T_3：变压器 T_3 的一次绕组接 35 kV 线路，二次绕组接 10 kV 线路，所以变压器 T_3 的额定电压为 35 kV/10.5 kV（或 11 kV）。

（2）求实际变比。

$$T_1: \quad \frac{1.025 \times 121}{10.5} = \frac{124.025}{10.5} = 11.81$$

$$T_2: \quad \frac{110}{38.5} = 2.86$$

$$T_3: \quad \frac{0.95 \times 35}{10.5} = 3.17 \quad \text{或} \quad \frac{0.95 \times 35}{11} = 3.02$$

1.3.4　电压等级的选择

电力系统中，三相交流输电线路传输容量为

$$S = \sqrt{3}UI \quad \text{或} \quad P = \sqrt{3}UI\cos\varphi$$

从而有
$$I = \frac{S}{\sqrt{3}UI} = \frac{P}{\sqrt{3}U\cos\varphi}$$

上式说明，在输电距离和输送功率一定的条件，电力网电压等级愈高，则电流愈小，线路上的电能损耗也就愈小，从而可以选用较小截面的导线，以节约有色金属和线路投资。但另一方面，电压等级愈高，线路绝缘就要加强，杆塔、附件及线路铺设方式等都要作相应改变，沿线变/配电所、开关器件等的投资费用都要随电压的升高而增加，因此，设计时要综合考虑，在进行技术经济比较后，才能决定所选电压的高低。

负荷的大小、输电距离远近对电压选择有很大影响。输送功率愈大、输送距离愈远，则应选择较高的电压等级。某一级别额定电压对应着合理的输送容量和输送距离，表 1.3 列出了不同等级的额定电压下合理的输送容量和合理的输送距离推荐值。

表 1.3　各级额定电压与输送功率、输送距离的关系

额定电压 / kV	传输功率 / MW	输送距离 / km
3	0.1 ~ 1	1 ~ 3
6	0.1 ~ 1.2	4 ~ 15
10	0.2 ~ 2.0	6 ~ 20
35	2 ~ 10	20 ~ 50
110	10 ~ 50	50 ~ 150
220	100 ~ 500	100 ~ 300
330	200 ~ 1 000	200 ~ 600
500	1 000 ~ 1 500	150 ~ 850

1.4　电力系统中性点的运行方式

电力系统的中性点实际是指电力系统中的发电机及各电压等级的变压器的中性点。我国电力系统中性点的运行方式主要有 3 种：中性点不接地、中性点经消弧线圈接地和中性点直接接地。前两种接地系统称为小电流接地系统，后一种接地系统又称大电流接地系统。

1.4.1　中性点不接地系统

中性点不接地系统的等值电路和相量图如图 1.10 所示。三相线路的相间及相与地间都存在着分布电容，但这里只考虑相对地间的分布电容。因三相线路是对称的，即使由于三相导线的排列不对称，而可能引起三相电气参数不平衡，但是可通过三相导线轮流换位使三相参数对称，所以每相与地间的分布电容可以看做是相等的，用 C 表示。

系统正常运行时，三相相电压 $\dot{U}_A$、$\dot{U}_B$、$\dot{U}_C$ 是对称的，三相对地电容电流 $\dot{I}_{C,A}$、$\dot{I}_{C,B}$、$\dot{I}_{C,C}$ 也是对称的。这时三相对地电容电流的相量和为零，因此没有电流在地中流过，中性点对地电压为零。

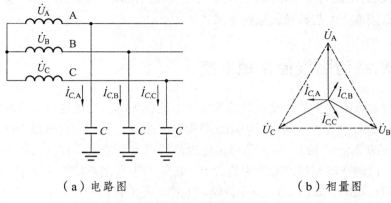

（a）电路图　　　　　　　　　（b）相量图

图 1.10　正常运行时的中性点不接地系统

当系统发生单相接地故障时，假设 C 相发生接地故障，如图 1.11 所示。故障相对地电压变为零，中性点对地电压值为相电压，非故障相对地电压升高至正常运行时相电压的 $\sqrt{3}$ 倍，变为线电压，而且 C 相接地的电容电流 $\dot{I}_C$ 为正常运行时每相对地电容电流的 3 倍。即

$$\dot{U}'_A = \dot{U}_A + (-\dot{U}_C) = \dot{U}_{AC}$$

$$\dot{U}'_B = \dot{U}_B + (-\dot{U}_C) = \dot{U}_{BC}$$

$$\dot{U}'_C = \dot{U}_C + (-\dot{U}_C) = 0$$

$$\dot{I}_C = -(\dot{I}_{C,A} + \dot{I}_{C,B}) = 3\omega C U_x$$

式中　　U_x ——系统正常运行时的相电压。

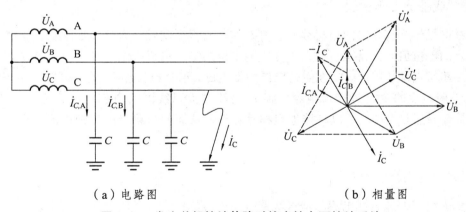

（a）电路图　　　　　　　　　（b）相量图

图 1.11　发生单相接地故障时的中性点不接地系统

由此可见，中性点不接地系统发生单相接地故障时，有以下特点：

① 未接地相对地电压升高为相电压的 $\sqrt{3}$ 倍，即等于线电压，所以在这种系统中，相对地的绝缘水平根据线电压来设计。

② 单相接地短路时，线电压不变，用电器工作不受影响，系统可继续供电，这是此系统的优点。但此时应发出信号，工作人员应尽快查清并消除故障，一般允许继续供电的时间不超过 2 h。

③ 接地点通过的电流为电容电流，其大小为原来相对地电容电流的 3 倍。这种电容电流不易熄灭，可能在接地点引起持续间歇性电弧。

1.4.2　中性点经消弧线圈接地系统

当中性点不接地系统发生单相接地故障且接地电流较大时，会出现持续间歇性电弧。由于电力线路中含有电阻、电感、电容，因此在单相弧光接地时，可能会形成串联谐振，出现过电压（正常电压的 2.5～3 倍），导致线路上绝缘薄弱点出现绝缘击穿，损坏电气设备或发展成为相间短路。因此在单相接地电容电流大于一定值的中性点不接地系统中，通常在中性点与大地间接一消弧线圈，如图 1.12 所示，即为中性点经消弧线圈接地。

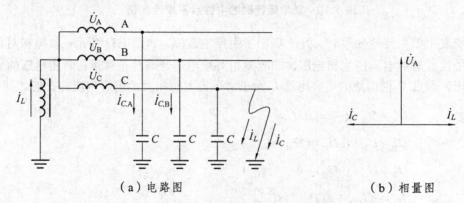

（a）电路图　　　　　　　　　（b）相量图

图 1.12　发生单相接地故障时的中性点经消弧线圈接地系统

1. 消弧线圈的工作原理

消弧线圈是一个有铁芯的电感线圈，其铁芯柱有很多间隙，以避免磁饱和，使消弧线圈有一个稳定的电抗值。正常运行时，中性点的电位为零，消弧线圈中没有电流流过。

当发生单相接地故障时，中性点的电位为相电压，这个电压加在消弧线圈上，产生电流。这时，流过接地点的电流是接地电容电流 $\dot{I}_C$ 与流过消弧线圈的电感电流 $\dot{I}_L$ 之和；$\dot{I}_C$ 超前 $\dot{U}_C 90°$，而 $\dot{I}_L$ 滞后 $\dot{U}_C 90°$，所以在接地点相互补偿，从而使短路点的接地电流减小，使电弧容易熄灭。

2. 消弧线圈的补偿方式

流过消弧线圈的纯感性电流与流过线路分布电容的纯容性电流的相对大小表明消弧线圈对线路分布电容的补偿程度。有全补偿、欠补偿、过补偿三种。

全补偿时，易产生串联谐振过电压，故电力系统不允许使用全补偿方式；

欠补偿时，在部分线路切除或系统频率下降时，可能因线路分布电容的减小而出现谐振过电压现象，故电力系统一般不使用欠补偿方式；

过补偿时，不会因部分线路切除或系统频率下降而导致出现谐振过电压现象，故电力系统一般采用过补偿方式。

中性点不接地系统和中性点经消弧线圈接地系统属同一类接地方式，因而特点是相同的。

1.4.3 中性点直接接地系统

中性点直接接地系统如图 1.13 所示。

中性点直接接地系统正常运行时，中性点的电压为零或接近于零，发生单相接地故障时，有以下特点：

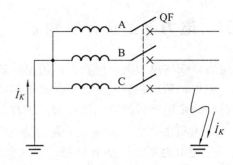

图 1.13 发生单相接地的中性点直接接地系统

① 当发生单相接地故障时，接地相对地电压为零，故障相经地形成单相短路回路，所以短路电流很大，继电保护装置立即动作，将接地相线路切除，不会产生稳定或间歇电弧。同时，未接地相对地电压基本不变，仍接近于相电压。但这将中断用户供电，影响供电的可靠性。不过，在中性点直接接地系统的线路上，广泛装设有自动重合闸装置，可弥补这一缺点。

② 单相短路时短路电流很大，甚至会超过三相短路电流，有可能必须选用较大容量的开关设备。此外，由于较大的单相短路电流只在一相内通过，在三相导线周围将形成较强的单相磁场，会对附近通讯线路产生电磁干扰。为了限制单相短路电流，通常只将系统中一部分变压器的中性点接地或经阻抗接地。

③ 中性点直接接地系统单相接地时中性点的电位接近于零，未接地相对地电压接近于相电压。这样，设备和线路对地的绝缘可以按相电压决定，从而降低了造价。

1.4.4 各种中性点运行方式的适用范围

电力系统中性点的运行方式不同，其技术特性和工作条件也不同。采用哪一种中性点运行方式，将影响到系统的供电可靠性、电气设备和线路的绝缘水平、对通讯系统的干扰程度等。所以，必须进行全面分析和比较，才能确定具体系统合适的中性点运行方式。

中性点不接地系统和中性点经消弧线圈接地系统，供电可靠性高，对通讯系统无干扰问题，只是绝缘水平要求要高；而中性点直接接地系统却相反。我国中性点运行方式的适用范围如下：

1. 中性点直接接地系统的适用范围

① 380/220 V 三相四线制系统；
② 110 kV 及以上电压等级的系统。

2. 中性点不接地系统和中性点经消弧线圈接地系统的适用范围

① 380 V 三相三线制系统；
② 3～6 kV 系统，当 $I_C \leqslant 30$ A 时，采用中性点不接地系统；否则采用经消弧线圈接地；
③ 10 kV 系统，当 $I_C \leqslant 20$ A 时，采用中性点不接地系统；否则采用经消弧线圈接地；
④ 20～60 kV 系统，当 $I_C \leqslant 10$ A 时，采用中性点不接地系统；否则采用经消弧线圈接地；
⑤ 发电机电压系统，当 $I_C \leqslant 5$ A 时，采用中性点不接地系统；否则采用经消弧线圈接地。

1.5 电力系统的负荷

1.5.1 电力系统负荷的构成

电力系统的总负荷是所有用户用电设备所需功率的总和。这些设备包括异步电动机、电热器、电炉、照明和整流设备等，对于不同行业，这些设备的构成比例不同。在工业部门用电设备中异步电动机所占比例最大。所有用户消耗功率之和称为电力系统的综合用电负荷。综合用电负荷加上电能传输和分配过程中的网络损耗称为电力系统的供电负荷，即发电厂应供出的功率。供电负荷加上各发电厂本身消耗的厂用电功率，称为电力系统的发电负荷。它们之间的关系如图 1.14 所示。

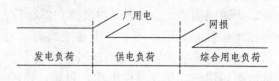

图 1.14 电力系统负荷间的关系

1.5.2 负荷曲线

实际上，电力系统负荷是随时间变化的，其变化规律可用负荷曲线来描述。负荷曲线能直观地反映出用户的用电特点和规律。对于设计人员，获取资料有助于设计分析；对于运行人员而言，可以合理地、有计划地安排用户、车间、班次或者大容量设备的用电时间等。常用的负荷曲线有：日负荷曲线、年最大负荷曲线、年持续负荷曲线等。

1. 日负荷曲线

日负荷曲线描述系统负荷一天 24 小时内所需功率的变化情况，包括有功日负荷曲线、无功日负荷曲线。日负荷曲线可根据运行记录或表计定时测量绘制出来。图 1.15 (a) 为某用户的日负荷曲线图，图中实线为有功负荷曲线，虚线为无功负荷曲线。为便于绘制和简化计算，常把连续型负荷曲线绘制成阶梯形曲线，如图 1.15 (b) 所示。

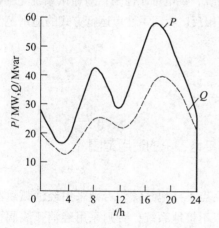

（a）有功及无功日负荷曲线

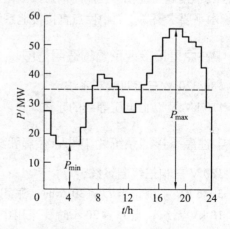

（b）阶梯形有功日负荷曲线

图 1.15 日负荷曲线

负荷曲线中最大负荷 P_{max} 称日最大负荷，又称高峰负荷；日最小负荷为 P_{min}，又称低谷负荷；最小负荷以下的部分称为基本负荷，它不随时间而变化，简称基荷；高峰负荷与低谷负荷之差称为峰谷差，反映了一天内负荷变化的极限，对系统运行有很大影响。日平均负荷以上的部分称为峰荷，最小负荷与平均负荷之间的部分称为腰荷。

日负荷曲线是运行调度和安排发电厂发电负荷的依据，它可用来计算用户在一天内消耗的电能，即

$$A = \int_0^{24} P \mathrm{d}t \tag{1.1}$$

把连续型负荷曲线绘制成阶梯形曲线时，计算可简化为

$$A = \sum_{i=1}^n P_i \Delta t_i = P_1 \Delta t_1 + P_2 \Delta t_2 + \cdots \tag{1.2}$$

日平均负荷的计算公式为

$$P_{av} = \frac{A}{24} = \frac{1}{24} \int_0^{24} P \mathrm{d}t \tag{1.3}$$

为了说明负荷曲线的起伏特性，常用负荷率 α 和最小负荷率 β 两个指标来表征。负荷率 α 为平均负荷与最大负荷之比；而最小负荷率 β 为最小负荷与最大负荷之比，即

$$\alpha = \frac{P_{av}}{P_{max}} \tag{1.4}$$

$$\beta = \frac{P_{min}}{P_{max}} \tag{1.5}$$

式（1.4）和（1.5）说明 α、β 越大，日负荷曲线就越平坦，从而可以减少机组启停，有利于调频和调压，有利于降低线损，也有利于使电力系统设备容量得到充分利用。降低负荷高峰，填补负荷低谷，这种"削峰填谷"的办法可以使负荷曲线比较平坦。这两个指标不仅用于日负荷曲线，也可用于其他的负荷曲线。

2. 年最大有功负荷曲线

年最大有功负荷曲线表明一年内每月（或每日）系统最大有功负荷的变化情况。它主要用来安排发电设备的检修计划，同时也为制订发电机组或发电厂的扩建或新建计划提供依据，也可用来决定整个系统的装机容量。图 1.16 为年最大负荷曲线，其中 A 是系统机组检修计划的时间和容量，B 是系统新建或扩建机组的容量。

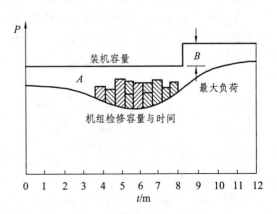

图 1.16 系统年最大有功负荷曲线

3. 年有功持续负荷曲线

年有功持续负荷曲线按一年中系统有功负荷的大小及累计时间顺序排列绘制而成，如图

1.17（a）所示。在安排发电计划、计算电能损耗和进行可靠性估算时常用到这种曲线。为便于简化计算，常把连续形曲线绘制成阶梯形曲线，如图1.17（b）所示。

年持续负荷曲线与横轴所包围的面积代表了用户全年消耗的总电能，即

$$A = \int_0^{8\,760} P \mathrm{d}t = \sum_{i=0}^{n} P_i \Delta t_i = P_1 t_1 + P_2 t_2 + P_3 t_3 + \cdots \tag{1.6}$$

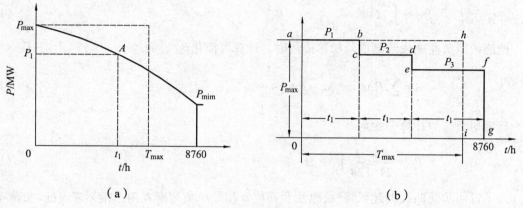

（a）   （b）

图 1.17 年有功持续负荷曲线

4. 最大负荷利用时间

将用户一年所消耗的电能 A 与其一年内的最大有功负荷 P_{max} 之比所得到的时间，称为最大负荷利用时间，记为 T_{max}，即

$$T_{max} = \frac{A}{P_{max}} \tag{1.7}$$

T_{max} 的物理意义：假定负荷始终以全年中的最大负荷运行，则经过 T_{max} 小时所消耗的电能恰好等于负荷全年按实际负荷曲线运行所消耗的电能。

T_{max} 的几何意义：若把年有功持续负荷曲线与坐标轴所围成的面积用一等值矩形来表示，矩形的高是 P_{max}，矩形的底就是 T_{max}，如图 1.17（b）中年有功持续负荷曲线的矩形 *ahio*。

已知年有功持续负荷曲线和最大有功负荷，可计算出最大负荷利用小时数：

$$T_{max} = \frac{A}{P_{max}} = \frac{\int_0^{8\,760} P \mathrm{d}t}{P_{max}} \tag{1.8}$$

在电力网的规划设计中，常用最大负荷和年最大负荷利用小时数来估算系统的全年用电量，即 $A = P_{max} T_{max}$。

【**例 1.4**】 某用户用电的年有功持续负荷曲线如图 1.18 所示，试求：

（1）全年耗电量；

（2）全年平均负荷；

（3）最大负荷利用小时数。

解

(1) $A = \sum_{i=1}^{n} P_i \Delta t_i = 100 \times 1\,500 + 60 \times (4\,000 -$

$\qquad 1\,500) + 40 \times (8\,760 - 4\,000)$

$\qquad = 490\,400 \quad (\mathrm{kW \cdot h}) = 4.904 \times 10^5 \quad (\mathrm{kW \cdot h})$

(2) $P_{\mathrm{av}} = \dfrac{A}{8760} = \dfrac{4.904 \times 10^5}{8760} = 55.98 \quad (\mathrm{kW})$

(3) $T_{\mathrm{max}} = \dfrac{A}{P_{\mathrm{max}}} = \dfrac{4.904 \times 10^5}{100} = 4\,904 \quad (\mathrm{h})$

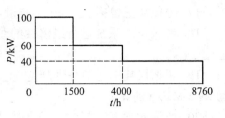

图 1.18　例 1.4 图

思考题与习题

一、填空题

1. 电力网是电力系统中输送和分配电能的部分，它包括＿＿＿＿＿＿＿和各种电压等级的＿＿＿＿＿＿＿。

2. ＿＿＿＿＿＿＿和＿＿＿＿＿＿＿是衡量电能质量的两个基本指标。

3. 我国电力系统的额定频率为＿＿＿Hz，正常运行时允许的偏移为＿＿＿＿＿Hz。

4. 电力网的接线按供电可靠性分为＿＿＿＿＿＿和＿＿＿＿＿＿两类。

5. 电力网采用无备用接线方式，其主要缺点是＿＿＿＿＿＿＿，所以只适用于向＿＿＿＿＿级负荷供电。

6. 无备用接线的主要优点在于＿＿＿＿＿＿＿＿＿＿＿＿＿＿＿，主要缺点是＿＿＿＿＿＿＿＿＿＿＿。

7. 有备用接线中，双回路的放射式、干线式、链式网络的优点在于＿＿＿＿＿＿和＿＿＿＿高，缺点是＿＿＿＿＿＿＿。

8. 电力网按其职能可分为＿＿＿＿＿＿网络和＿＿＿＿＿＿网络。

9. ＿＿＿＿＿＿＿网络的主要任务是将大容量发电厂的电能可靠而经济地输送到负荷集中地区，常采用＿＿＿＿＿＿＿的接线方式。

10. 配电网络的任务是＿＿＿＿＿＿，配电线路的电压等级一般是＿＿＿＿＿＿。

11. 电力系统的中性点是指星形连接的＿＿＿＿＿＿或＿＿＿＿＿＿＿的中性点。

12. 中性点不接地系统中，相对地的绝缘水平是根据＿＿＿＿＿＿来设计的；而中性点直接接地系统中，相对地的绝缘水平按＿＿＿＿＿＿＿＿＿＿来确定。

13. 电力系统的综合用电负荷加上＿＿＿＿＿＿＿就是电力系统的供电负荷，供电负荷再加＿＿＿＿＿＿＿就是电力系统的发电负荷。

14. 电力系统的＿＿＿＿＿＿＿加上网络中损耗的功率就是电力系统的供电负荷，供电负荷再加各发电厂的厂用电就是电力系统的＿＿＿＿＿＿。

15. 对电力系统运行的基本要求是：保证＿＿＿＿＿＿、保证＿＿＿＿＿＿和保证电力系统运行的经济性。

16. 最大负荷利用时间 T_{max} 是指＿＿＿＿＿＿＿＿＿与一年内的＿＿＿＿＿＿＿之比得到的时间。

· 19 ·

17. 电能质量包括＿＿＿＿＿＿＿＿质量、＿＿＿＿＿＿＿质量和＿＿＿＿＿＿＿质量三个方面。

18. 考核电力系统运行经济性的重要指标有两个, 即＿＿＿＿＿＿＿＿＿＿＿＿＿＿＿＿＿＿和
＿＿＿＿＿＿＿＿＿＿＿＿＿＿＿＿＿。

19. 所谓煤耗率是指每生产＿＿＿＿＿＿＿＿＿所消耗的标准煤重, 而标准煤则是指＿＿＿＿＿＿＿＿
为 29.3 MJ/kg 的煤。

20. 所谓线损率(或网损率)是指电力网络中＿＿＿＿＿＿＿＿＿＿＿与向电力网络＿＿＿＿＿＿＿＿＿的
百分比。

21. 某双绕组变压器的额定电压为 110(1±2×2.5%)/11 kV, 此变压器高压绕组有＿＿＿＿＿＿
个分接头; 分接头位置在 -2.5% 挡时, 分接头电压为＿＿＿＿＿＿＿kV。

22. 在括号中给出下面各元件的额定电压。

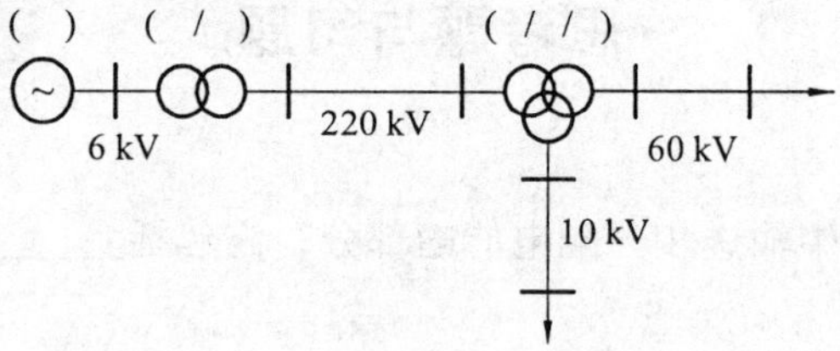

图 1.19

二、选择题

1. 若发电机出口母线电压为 10 kV, 则发电机的额定电压为 (　　)。

    A. 10 kV　　　　　　B. 10.5 kV　　　　　　C. 11 kV

2. 若发电机出口母线电压为 6 kV, 则发电机的额定电压为 (　　)。

    A. 6 kV　　　　　　B. 6.3 kV　　　　　　C. 6.6 kV

3. 一台 220 kV 的双绕组升压变压器, 一次侧接额定电压为 15.75 kV 的发电机, 二次侧
接 220 kV 的线路, 则这台变压器一、二次侧的额定电压为 (　　)。

    A、15.75/220 kV　　B. 15.75/231 kV　　　C. 15.75/242 kV

4. 一台 110 kV 的双绕组降压变压器, 一次侧接额定电压为 110 kV 的线路, 二次侧接
35 kV 的线路, 则这台变压器一、二次侧的额定电压为 (　　)

    A. 110/3 kV　　　　B. 110/38.5 kV　　　　C. 121/35 kV

5. (　　) 是电力系统运行的首要要求。

    A. 保证系统运行的经济性　　　　　　B. 保证良好的电能质量

    C. 保证发电和供电的安全可靠性

6. 在中性点经消弧线圈接地系统中, 广泛采用的补偿方式为 (　　)。

    A. 全补偿　　　　　B. 欠补偿　　　　　　C. 过补偿

7. 在中性点直接接地系统中发生单相接地时, 其中性点的电位 (　　)。

    A. 接近于零　　　　B. 接近于相电压　　　C. 接近于线电压

8. 在中性点直接接地系统中发生单相接地时, 中性点的电位被固定为零, 非故障相对地
电压 (　　)。

    A. 也为零　　　　　B. 不升高　　　　　　C. 升高 $\sqrt{3}$ 倍

9. 降压变压器一次绕组的额定电压应等于 (　　) 的额定电压。

A. 发电机　　　　　　B. 电力网　　　　　　C. 用户

10. 变压器的（　　）电压与低压绕组额定电压之比，称为其额定变比。

　　　A. 主分接头　　　B. 实际使用的分接头　　　C. 平均额定

11. 目前我国电压为 220 kV 及以上的系统和大多 110 kV 系统都采用中性点（　　）的运行方式。

　　　A. 不接地　　　　B. 经消弧线圈接地　　　C. 直接接地

12. 10 kV 中性点不接地系统中发生 A 相接地短路时，B、C 相的对地电压为（　　）。

　　　A. 10 kV　　　B. $10/\sqrt{3}$ kV　　　C. $10\sqrt{3}$ kV

三、判断题（对的划"√"，错的划"×"）

1. 电力线路的额定电压和用电设备的额定电压相等。（　　）

2. 中性点不接地系统的最大优点，是在发生单相接地短路时系统可以继续供电。（　　）

3. 在中性点经消弧线圈接地系统中，采用过补偿的方式，可能会引起串联谐振过电压而危及电网的绝缘。（　　）

四、问答题

1. 电力网、电力系统和动力系统的定义是什么？

2. 电力系统包括哪些主要组成部分？分别起什么作用？

3. 电力系统运行的特点是什么？对电力系统运行的基本要求是什么？

4. 电能质量的主要指标是什么？

5. 考核电力系统运行经济性的指标是什么？

6. 电力系统的电气接线图和地理接线图有何区别？

7. 电力网的接线方式有哪些？各自的优、缺点有哪些？

8. 电力系统各元件的额定电压如何确定？

9. 什么是"平均额定电压"？

10. 目前我国电力系统的额定电压等级有哪些？额定电压等级选择确定原则有哪些？

11. 何为电力系统的中性点？其运行方式如何？它们有什么特点？

12. 消弧线圈的工作原理是什么？补偿方式有哪些？电力系统一般采用哪种补偿方式？为什么？

13. 各种中性点运行方式的适用范围如何？

14. 什么是负荷曲线？日负荷曲线和年负荷曲线各有何用处？

五、计算题

1. 电力系统接线如图 1.20 所示，图中标明了各级电力线路的额定电压，试求：

（1）发电机和变压器各绕组的额定电压。

（2）若变压器 T_1 工作于 +2.5% 抽头，T_2 工作于主抽头，T_3 工作于 −5% 抽头，试求这些变压器的实际变比。

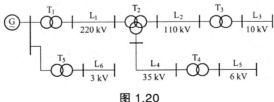

图 1.20

2. 电力系统接线如图 1.21 所示:

(1) 试求发电机 G 和变压器 T_1、T_2、T_3 一、二次侧绕组的额定电压。

(2) 若变压器 T_1 工作于 +2.5% 抽头,T_2 工作于主抽头,T_3 工作于 −5% 抽头,试求这些变压器的实际变比。

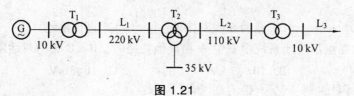

图 1.21

3. 如图 1.22 所示网络中,线路的额定电压已知,试求发电机、变压器、电动机、电灯的额定电压。

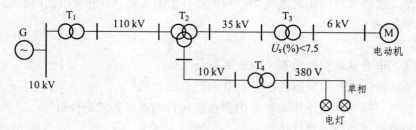

图 1.22

4. 某工厂用电的年持续负荷曲线如图 1.23 所示,试求:工厂全年耗电量 A、平均负荷 P_{av} 和最大负荷利用小时数 T_{max}。

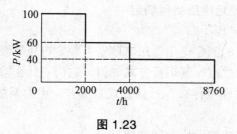

图 1.23

第 2 章

电力系统分析和计算的基础

电力系统各元件的参数和等值电路是电力系统分析和计算的基础。在进行分析计算时，必须借助电力系统的等值电路，而在作电力系统的等值电路时，首先要将组成电力系统的元件用相应的参数表示。

电力系统元件的参数有两类，一类是运行参数，如电流、电压、功率等；另一类是电气参数，它与元件的结构有关。这里要讨论的元件参数指的是电气参数。电力系统元件的电气参数有四个：电阻、电导、电抗、电纳。

本章仅研究正常运行时电力系统各元件的参数和等值电路，故障时电力系统各元件的参数和等值电路在第 4 章中叙述。

电力系统正常运行时，三相电路是对称的，因而三相电路的参数相等。所以，本章讨论的参数和等值电路都是指一相而言。

2.1 电力线路的参数和等值电路

2.1.1 电力线路的结构

电力线路是用来传送电能的，按结构不同可分为架空线路和电缆线路两大类。

1. 架空线路

架空线路架设在露天的杆塔上。它的投资比电缆线路少，且施工、维护、检修方便，所以应用比电缆线路广泛。

1）架空线路的结构及作用

架空线路由导线、避雷线（又称架空地线或简称地线）、杆塔、绝缘子和金具等元件构成，如图 2.1 所示。

导线用来传导电流、输送电能。

避雷线用来把雷电流引入大地，保护线路绝缘，使其免遭大气过电压的破坏。

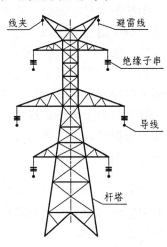

图 2.1 架空线路的构成

杆塔用来支撑导线和避雷线，并使带电体之间、带电体与接地体之间保持必要的安全距离。

绝缘子用来使导线与杆塔间保持绝缘。它应能承受线路最高运行电压和各种过电压而不致击穿或闪络。

金具是用来固定、悬挂、连接和保护以上各主要元件的金属件。

2）架空线路导线材料的选用

架空线路的导线因为架设在空中，经常会受到风吹、覆冰和气温变化的作用，还可能受到空气中各种物质的腐蚀，因此，对导线的主要要求是：有良好的导电性能、较高的机械强度和抗腐蚀能力、经济性好。

导线主要由铜、铝、钢、铝合金等材料制成，这几种材料的物理性能如表 2.1 所示。

表 2.1　导线材料物理性能比较

材料	20 ℃ 时的电阻率 （Ω · mm²/m）	比重 （g/cm³）	抗拉强度 （kg/mm²）
铜	0.018 2	8.9	39
铝	0.029	2.7	16
钢	0.103	7.85	120
铝合金	0.033 9	2.7	30

从表 2.1 可以看出：

铜是较理想的导线材料，但因铜的用途较广且总产量较少，因此除特殊需要外，架空线路一般不采用铜导线。

铝的电导率仅次于铜，比重小，产量多，价格低，但机械强度较低。所以，铝绞线一般只用在挡距较小的 10 kV 及以下的线路上。此外，由于酸、碱、盐对铝腐蚀性较大，因此在沿海地区与化工厂附近不宜采用铝绞线。

钢线的电导率低而且是磁性材料，集肤效应显著，不宜作为导线使用。但钢线的机械强度高，故可用作避雷线。为了防止氧化，钢线应经过镀锌处理。

铝中加少量的镁、硅等元素制成的铝合金绞线，其抗张强度比铝绞线提高很多。

为了充分利用铝和钢的优点，可把两者结合制成钢芯铝绞线。由于交流电的集肤效应，表面上的铝在导电方面得到了充分利用，而钢芯则仅承受机械张力。钢芯铝绞线广泛地应用在 35 kV 及以上电压等级的线路上。钢芯铝绞线按铝、钢截面比的不同，又分为普通型、轻型和加强型三种。一般地区的架空线路常用普通型和轻型钢芯铝绞线；重冰区和大跨越挡距采用加强型钢芯铝绞线。

3）架空线路的导线型号

架空线路的导线型号用汉语拼音字母加数字来表示，即□□□□-□，短横前面为字母，短横后面为数字。字母代表导线的材料及型式；数字代表导线的标称截面面积，单位为 mm²。表 2.2 所示为字母所代表的含义。

表 2.2 导线型号中字母的含义

字　母	含　　义	字　母	含　　义
TJ	铜绞线	LGJJ	加强型钢芯铝绞线
LJ	裸铝绞线	HLJ	热处理型铝镁硅合金绞线
LGJ	钢芯铝绞线	HL_2J	非热处理型铝镁硅合金绞线
LGJQ	轻型钢芯铝绞线	HL_2GJ	钢芯非热处理型铝镁硅合金绞线

例如：

LJ-25：裸铝绞线，标称截面面积为 25 mm^2；

TJ-50：铜绞线，标称截面面积为 50 mm^2；

LGJ-150：钢芯铝绞线，标称截面面积为 150 mm^2；

LGJQ-400：轻型钢芯铝绞线，标称截面面积为 400 mm^2。

4）分裂导线

分裂导线是超高压和特高压输电线路为抑制电晕放电和减小线路电抗所采取的一种导线架设方式。

所谓电晕，就是当电场强度达到某一数值时，带电体表面在空气中的局部放电现象。电晕常发生在不均匀电场中电场强度很高的区域内，例如高压导线不光滑表面的周围、带电体的尖端附近。其特点为：发出嘶嘶的声音，夜间可见紫色光晕，产生臭氧、氧化氮等气体。

如图 2.2 所示，分裂导线是将每相导线用同规格、相互间隔一定距离的数根导线按对称多角形排列，相互之间用绝缘的间隔器支撑。每相分导线的数目称为分裂导线数，相邻两分裂导线之间的距离 d 称为分裂间距。

与单根导线相比，分裂导线附近的电磁场分布发生了变化，每相电荷分布在该相的各根分导线上，这样就等效地加大了该相导线的半径，减小了导线表面电荷密度，因而可以降低导线表面电场强度，从而抑制电晕放电。

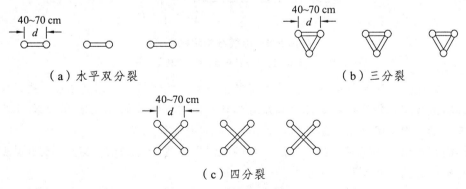

（a）水平双分裂　　　　　　　　　　　（b）三分裂

（c）四分裂

图 2.2 分裂导线的排列

分裂导线不仅能抑制电晕放电，还能减小线路电抗、加大线路电容，从而降低线路的波阻抗，提高输电线路的自然功率，有利于电力系统运行的稳定性，因而在超高压和特高压输电线路中得以广泛采用。

分裂导线一般用在220 kV及以上电压等级的输电线路中。根据国内外的运行经验，输电电压220 kV采用双分裂导体，500 kV采用3、4或6分裂导体，1 000 kV采用8分裂导体，国外特高压输电线路目前的分裂导线数达到了9根。

图2.3为实际的采用分裂导线的输电线路示例。

图2.3　采用分裂导线的输电线路示例

2. 电缆线路

电缆线路虽然有造价较高、检修不太方便的缺点，但它不受风吹、覆冰等气象条件的影响。因此，在城市、发电厂和变电所内部或附近以及穿越江海等情况下，常采用电缆线路。电缆线路一般直接埋设在地下或敷设在电缆沟道中。

1）电力电缆的结构及作用

电力电缆主要由导体、绝缘层、包护层三大部分构成，如图2.4所示。

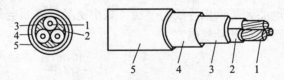

图2.4　电缆结构示意图

1—导体；2—绝缘层；3—填充物；4—铅包皮；5—外护层

电缆的导体是用来传导电流的，通常用多股铜绞线或铝绞线，以此增加电缆的柔性。

电缆的绝缘层是用来使各导体之间及导体与包皮之间绝缘的，常使用的绝缘材料有橡胶、沥青、聚乙烯、聚丁烯、棉、麻、纸、浸渍纸、矿物油等。

电缆的包护层是用来保护绝缘层的，可使绝缘层不受外力损伤，防止水分浸入或浸渍剂外流。包护层分为内护层和外护层。

除电缆本体外，还有某些附件，如连接盒和终端盒等。对于充油电缆，还有一整套供油系统。

2）电力电缆的分类

① 按电压等级分类。电力电缆都是按一定电压等级制造的。由于绝缘材料及运行情况不

同，因而可使用于不同的电压等级。我国电缆产品的电压等级有 0.6/1、1/1、3.6/6、6/6、6/10、8.7/10、8.7/15、12/15、12/20、18/20、18/30、21/35、26/35、36/63、48/63、64/110、127/220、190/330、290/500 kV 共 19 种（电压等级有两个数值，用斜杠分开，斜杠前的数值是相电压值，斜杠后的数值是线电压值）。

② 按导体标称截面分类。电力电缆的导体是按一定等级的标称截面积制造的，我国电力标称截面面积系列为：1.5、2.5、4、6、10、16、25、35、50、70、95、120、150、185、240、300、400、500、630、800、1 000、1 200、1 400、1 600、1 800、2 000 mm²，共 26 种。

③ 按导体芯数分类。电力电缆导体芯数有单芯、二芯、三芯、四芯和五芯共 5 种。

④ 按绝缘材料分类。第一类为挤包绝缘电力电缆，包括聚氯乙烯电力电缆、交联聚乙烯绝缘电力电缆、聚乙烯电力电缆、橡胶绝缘电力电缆、阻燃电力电缆、耐火电力电缆、架空绝缘电缆等。第二类为油浸纸绝缘电力电缆，根据浸渍情况和绝缘结构的不同，又可分为普通黏性油浸新纸绝缘电缆、滴干绝缘电缆、不滴流油浸纸绝缘电缆、油压油浸纸绝缘电缆、气压油浸纸绝缘电缆等。

3）电力电缆的型号

我国电缆产品的型号由几个大写的汉语拼音字母和阿拉伯数字组成，表示为：

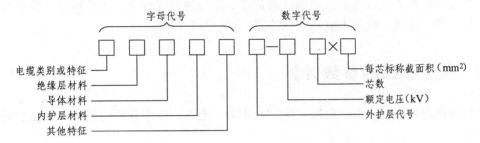

电缆型号中字母代号的含义如表 2.3 所示，外护层数字代号的含义如表 2.4 所示。

表 2.3 电缆产品型号中字母代号的含义

电缆类别或特征	绝缘层材料	导体材料	内护层材料	其他特征
电力电缆（省略）	Z——纸	T——铜芯（省略）	Q——铅包	D——不滴油
K——控制	X——橡胶	L——铝芯	L——铝包	F——分相金属套
C——船用	V——聚氯乙烯（PVC）		Y——PE	P——屏蔽
P——信号	Y——聚乙烯（PE）		V——PVC	CY——充油
B——绝缘电线	YJ——交联聚乙烯（XLPE）			
ZR——阻燃				

表 2.4 外护层数字代号的含义

代号	加强层	铠装层	外被层
0	—	无	—
1	径向铜带	联锁钢带	纤维外被
2	径向不锈钢带	双钢带	聚氯乙烯外护套

代号	加强层	铠装层	外被层
3	径、纵向铜带	细圆钢丝	聚乙烯外护套
4	径、纵向不锈钢带	粗圆钢丝	—
5	—	皱纹钢带	—
6	—	双铝带或铝合金带	—

例如：

ZLQ02-10　3×70：表示纸绝缘、铝芯、铅护套（内）、无铠装、聚氯乙烯护套（外）、额定电压 10 kV、三芯、每芯标称截面积为 70 mm² 的电力电缆。

VTV42-10　3×50：表示聚氯乙烯绝缘、铜芯、PVC 护套（内）粗钢线铠装、聚氯乙烯护套（外）、额定电压 10 kV、三芯、每芯标称截面积为 50 mm² 的电力电缆。

YJLV22-10　3×150：表示交联聚乙烯绝缘、铝芯、PVC 护套（内）、双钢带铠装、聚氯乙烯护套（外）、额定电压 10 kV、三芯、每芯标称截面积为 150 mm² 的电力电缆。

以上简单地介绍了电力线路的构成、各部分的作用及架空线路和电缆的型号。下面我们要对电力线路的参数进行计算。电缆线路的参数难以用公式计算，可根据厂家提供的数据或通过实测求得。这里，我们主要对架空线路的参数进行计算。

2.1.2　架空线路的参数计算

架空线路的参数有 4 个：电阻、电抗、电导、电纳。以下分别讨论每一个参数的物理意义及计算。

1. 电　阻

电阻是一个用来反映导线流过电流时产生有功功率损耗效应的参数。其计算方法有公式法和查表法两种。

1）公式法

r_1 的大小与电力线路材料的电阻率 ρ 和额定截面积 S 有关。

单导线每相单位长度电阻为

$$r_1 = \frac{\rho}{S} \ (\Omega/\text{km}) \tag{2.1}$$

分裂导线每相单位长度电阻为

$$r_1 = \frac{\rho}{Sn} \ (\Omega/\text{km}) \tag{2.2}$$

式中　ρ ——导线材料的电阻率，$\rho_{铝} = 31.5 \ \Omega \cdot \text{mm}^2/\text{km}$，$\rho_{铜} = 18.8 \ \Omega \cdot \text{mm}^2/\text{km}$；

　　　S ——导线的标称截面面积，mm^2；

　　　n ——分裂导线的根数。

这里铝和铜的电阻率比直流时的电阻率略大，主要是因为：

ⓐ 考虑了三相交变电流产生的集肤效应；

ⓑ 考虑了绞线每股长度略大于导线长度；

ⓒ 导线的标称截面面积略小于实际截面积。

2）查表法

架空导线每相单位长度的电阻可通过产品目录或手册查出。

例如，对 LJ-35、LGJ-150，查附录 1 中的附表 1.3 和附表 1.4，可得到导线的每相单位长度电阻 r_1 分别为 0.92 Ω/km、0.21 Ω/km。

注意：通过公式（2.1）、（2.2）或查表所得出的每相单位长度电阻值均为 20 ℃ 时的值。如果线路实际运行时的大气温度不为 20 ℃，则电阻值应进行修正，修正公式为

$$r_t = r_{20}[1 + \alpha(t - 20)] \tag{2.3}$$

式中　r_t——t ℃ 时的每相单位长度电阻；

　　　r_{20}——20 ℃ 时的每相单位长度电阻。

长度为 L 的架空线路每相电阻 R 的计算公式为

$$R = r_1L \ (\Omega) \tag{2.4}$$

2. 电　抗

当三相交流电流通过导线时，在导线周围产生交变磁场。这个磁场既包括了导线通过交流电时本身产生的自感作用，又包括了各相导线间的互感作用。电抗就是用来反映导线通过交变电流时产生磁场效应的参数。其计算方法介绍如下。

1）公式法

单位长度电力线路的电抗 x_1 与导线的半径 r、三相导线的几何均距 D_m 有关。当三相导线对称排列或不对称排列经整循环换位后，每相导线单位长度的电抗按以下方法进行计算：

① 单导线每相单位长度电抗为

$$x_1 = 2\pi f\left(4.6\lg\frac{D_m}{r} + 0.5\mu_r\right)\times10^{-4} \ (\Omega/km) \tag{2.5}$$

式中　r——单根导线的计算半径（mm），可通过查表得到数据；

　　　μ_r——导线材料的相对导磁系数，对于非磁性物质的铝和铜，$\mu_r = 1$；

　　　f——交流电的频率（Hz）；

　　　D_m——三相导线间的几何均距（mm）。当三相导线等边三角形排列时，$D_m = D$；当三相导线水平排列时，$D_m = 1.26D$；三相导线任意排列时，则按 $D_m = \sqrt[3]{D_{AB}\times D_{BC}\times D_{CA}}$ 进行计算。三相导线的排列如图 2.5 所示。

将 $f = 50$ Hz、$\mu_r = 1$ 代入公式（2.5），得

$$x_1 = 0.1445\lg\frac{D_m}{r} + 0.0157 \ (\Omega/km) \tag{2.6}$$

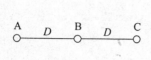
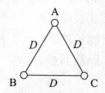
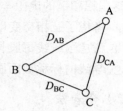

（a）水平排列　　　　　（b）等边三角形排列　　　　（c）任意排列

图 2.5　三相导线的排列（用于计算几何均距）

在式（2.6）中，前一部分为架空线路的外电抗，后一部分为架空线路的内电抗。

② 分裂导线每相单位长度电抗为

$$x_1 = 0.1445 \lg \frac{D_m}{r_{eq}} + \frac{0.015\,7}{n} \ (\Omega / km) \tag{2.7}$$

式中　n——分裂导线的根数；

r_{eq}——分裂导线的等值半径（mm），可用下式计算：

$$r_{eq} = \sqrt[n]{r \prod_{i=2}^{n} d_{1i}} \tag{2.8}$$

其中　r——分裂导线每一根导线的计算半径；

d_{1i}——一相分裂导线中第 1 根与第 i 根间的距离，$i = 2$, 3, $\cdots$, n。

对于双分裂导线有 $r_{eq} = \sqrt{rd}$ ；

对于三分裂导线有 $r_{eq} = \sqrt{rd^2}$ ；

对于四分裂导线有 $r_{eq} = \sqrt[4]{r\sqrt{2}d^3} \approx 1.09\sqrt[4]{rd^3}$ 。

可以看出，分裂导线的等值半径 r_{eq} 比单根导线的半径 r 要大，所以分裂导线的等值电抗 x_1 较单根导线的电抗 x_1 要小。因此，分裂导线能有效减小线路的电抗。

2）查表法或近似计算

对于单导线每相单位长度电抗，可先计算出导线的几何均距 D_m，然后通过产品目录或手册查出相应的 x_1；在工程计算中，对于高压架空线路一般可近似取 $x_1 = 0.4 \ \Omega/km$ ；对于分裂导线每相单位长度电抗，近似计算时，当分裂根数分别为 2、3、4 根时，x_1 可分别取为 0.33、0.30、0.28 Ω/km。

长度为 L 的架空线路每相电抗 X 的计算公式为

$$X = x_1 L \ (\Omega) \tag{2.9}$$

3. 电　纳

电力线路通过电流时，三相导线间以及导线与大地间建立了电场。由正常运行的三相电力线路中两相导线之间的电容及一相导线与地之间的电容便组成了一相工作电容。电纳是用来反映导线之间和导线对大地之间电容效应的参数。其计算方法如下：

1）公式法

① 单导线每相单位长度电力线路的电纳 b_1 与导线的半径 r、三相导线的几何平均距离 D_m 有关。

单导线每相单位长度的电容 c_1 为

$$c_1 = \frac{0.024\ 1}{\lg \dfrac{D_m}{r}} \times 10^{-6}\ (\mathrm{F/km}) \tag{2.10}$$

因此单导线每相单位长度的电纳就为

$$b_1 = 2\pi f c_1 = 2\pi f \frac{0.024\ 1}{\lg \dfrac{D_m}{r}} \times 10^{-6}\ (\mathrm{S/km}) \tag{2.11}$$

式中的 r 和 D_m 与电抗计算时相同。

当 $f = 50\ \mathrm{Hz}$ 时，单导线每相单位长度的电纳为

$$b_1 = \frac{7.58}{\lg \dfrac{D_m}{r}} \times 10^{-6}\ (\mathrm{S/km}) \tag{2.12}$$

由上式可见，D_m 和 r 对 b_1 的影响不大，一般 b_1 的大小在 2.85×10^{-6} S/km 左右。

② 分裂导线每相单位长度的电纳为

$$b_1 = \frac{7.58}{\lg \dfrac{D_m}{r_{eq}}} \times 10^{-6}\ (\mathrm{S/km}) \tag{2.13}$$

式中的 r_{eq} 同电抗计算中的分裂导线等值半径。

2）查表法或近似计算

对于单导线，先计算出导线的几何均距 D_m，然后通过产品目录或手册查出相应的每相单位长度电纳 b_1。

长度为 L 的架空线路每相电纳 B 的计算公式为

$$B = b_1 L\ (\mathrm{S}) \tag{2.14}$$

4. 电　导

电力线路运行时，绝缘子上的泄漏电流和导线的电晕现象会引起有功功率损耗。电导就是用来反映架空线路的泄漏电流和电晕所引起的有功功率损耗的参数。一般来说，线路正常运行时绝缘子泄漏电流很小，可以忽略不计。所以线路的电导主要由电晕所引起的有功损耗来决定。

是否发生电晕，不仅取决于导线表面电场强度大小、导线是否光滑（导线表面状态），还与导线的布置方式、气象条件等因素有关，它与线路的电流值无关。

1）电晕临界相电压 U_{cr}

线路开始出现电晕的相电压，称作电晕临界相电压 U_{cr}。线路不会出现全面电晕的条件是

$$U < U_{cr} \tag{2.15}$$

式中 U 为线路运行时的相电压。

当线路采用单导线时，电晕临界相电压 U_{cr} 的计算公式为

$$U_{cr} = 44.388 mr\delta \left(1 + \frac{0.298}{\sqrt{r\delta}}\right) \lg \frac{D_m}{r} \ (kV) \tag{2.16}$$

$$\delta = \frac{2.94 \times 10^{-3}}{273 + t} p$$

式中　m —— 导线光滑系数，对于光滑的单导线 $m = 1.0$，对于绞线 $m = 0.9$；

　　　D_m —— 三相导线的几何均距（mm）；

　　　r —— 导线的半径（mm）；

　　　δ —— 空气的相对密度，晴天时 δ 一般取 1.0；

　　　p —— 大气压强（Pa）；

　　　t —— 环境温度（℃）。

当采用分裂导线时，由于分裂导线减小了电场强度，电晕临界相电压的计算公式变为

$$U_{cr} = 44.388 mr\delta \left(1 + \frac{0.298}{\sqrt{r\delta}}\right) \frac{n}{1 + \dfrac{r\beta}{d}} \lg \frac{D_m}{r_{eq}} \ (kV) \tag{2.17}$$

式中　r_{eq} —— 分裂导线的等值半径（mm）；

　　　n —— 分裂导线的根数；

　　　d —— 每相各分裂导线间的距离（mm）；

　　　r —— 每根导线的半径（mm）；

　　　β —— 与分裂导线根数 n 有关的常数，β 与分裂根数 n 的关系见表 2.5。

表 2.5　β 与分裂根数 n 的关系

n	2	3	4	5	6	7	8	9
β	2.0	3.48	4.24	4.7	5.0	5.2	5.38	5.58

2）电导 g_1 的计算

晴天时，若电力线路运行的相电压等于或小于电晕临界相电压，则电力线路不会出现电晕现象，此时有 $g_1 = 0$。

当电力线路运行的相电压高于电晕临界相电压时，与电晕相对应的导线单位长度的电导为

$$g_1 = \frac{\Delta P_g}{U^2} \times 10^{-3} \ (S/km) \tag{2.18}$$

式中　ΔP_g —— 实测三相线路每公里的电晕损耗（MW）；

U——线路运行时的线电压（kV）。

长度为 L 的架空线每相电导 G 的计算公式为

$$G = g_1 L \text{ (S)} \tag{2.19}$$

在设计电力线路时，不允许导线在晴天发生全面电晕，以此来作为选择导线半径和截面的标准之一。一般情况下，线路绝缘良好，泄漏电流很小。对于 60 kV 及以下电压等级的电力线路，可忽略电晕损耗，认为 $g_1 = 0$；对于 110 kV 及以上电压等级的电力线路，在设计时就已经考虑了电晕问题。若导线的实际运行电压没有超过电晕临界电压，则认为电导 $g_1 \approx 0$。

综上所述，电力线路参数的计算为

$$R = r_1 L,\ X = x_1 L,\ B = b_1 L \quad \text{（在近似计算中认为 } G = 0\text{）}$$

在实用计算中，常采用查表法求线路单位长度上的参数。见附表 1.1 至附表 1.10。

2.1.3　电力线路的等值电路

电力线路的等值电路可用集中参数和分布参数来表示。电力线路的等值电路因电力线路的长短而异。各种线路的等值电路如图 2.6 所示。

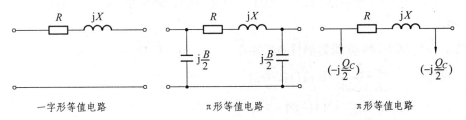

（a）集中参数表示的等值电路

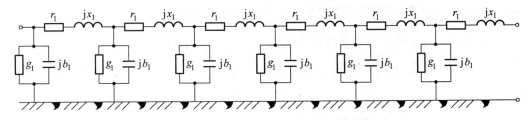

（b）分布参数表示的 Π 形等值电路

图 2.6　电力线路的等值电路

1. 短线路的等值电路

长度不超过 100 km 的电力线路称为短电力线路，其等值电路中可忽略线路的电导和电纳，用一字形等值电路来表示，按集中参数来考虑。在工程上，这种等值电路适用于 35 kV 及以下电压等级的架空线路和 10 kV 及以下电压等级的电缆线路。

2. 中长线路的等值电路

长度在 100～300 km 的电力线路称为中等长度电力线路，其等值电路中可忽略线路的电导，用Ⅱ形等值电路来表示，按集中参数来考虑。在工程上，这种等值电路适用于长度在300 km以内的110～220 kV架空线路和长度在100 km以内的电缆线路。

在潮流计算中，常将等值电路中的电纳支路 $\mathrm{j}\dfrac{B}{2}$ 用对应的电容功率 $\left(-\mathrm{j}\dfrac{Q_C}{2}\right)$ 来表示。见图2.6（a）。Q_C 计算式为

$$Q_C = U^2 B \text{ (kvar)} \tag{2.20}$$

式中　U —— Q_C 计算处的线电压。

3. 长线路的等值电路

长度超过300 km的电力线路称为长电力线路。长度超过300 km的电力线路其电压等级都比较高，等值电路要用分布参数的Ⅱ形或T形电路来表示。

【例2.1】　某110 kV单回架空输电线路，长度为60 km，导线型号为LGJ-240，导线水平布置，线间距离为4 m，试用公式法和查表法分别计算此线路参数并绘制等值电路。

解　查表得：LGJ-240导线的计算直径为21.28 mm，则半径 $r = 10.64$ mm。

（1）电阻。

① 查表得：LGJ-240导线的单位长度电阻为　$r_1 = 0.132\ \Omega/\text{km}$

② 计算得：$r_1 = \dfrac{\rho}{S} = \dfrac{31.5}{240} = 0.131\ (\Omega/\text{km})$

线路每相电阻：$R = r_1 L = 0.131 \times 60 = 7.86\ (\Omega)$

（2）电抗。

几何均距为　$D_\mathrm{m} = \sqrt[3]{4\,000 \times 4\,000 \times 8\,000} = 1.26 \times 4\,000 = 5\,040\ (\text{mm})$

① 查表得：LGJ-240导线的单位长度电抗为　$x_1 \approx 0.401\ (\Omega/\text{km})$

② 计算得单位长度电抗：$x_1 = 0.144\,5 \lg \dfrac{D_\mathrm{m}}{r} + 0.015\,7 = 0.144\,5 \lg \dfrac{5\,040}{10.64} + 0.015\,7 = 0.402\ (\Omega/\text{km})$

线路每相电抗：$X = x_1 L = 0.402 \times 60 = 24.12\ (\Omega)$

（3）电纳。

① 查表得：LGJ-240导线的单位长度电纳为　$b_1 \approx 2.85 \times 10^{-6}\ (\text{S/km})$

② 计算得：$b_1 = \dfrac{7.58}{\lg \dfrac{D_\mathrm{m}}{r}} \times 10^{-6} = \dfrac{7.58}{\lg \dfrac{5\,040}{10.64}} \times 10^{-6} = 2.83 \times 10^{-6}\ (\text{S/km})$

线路每相电纳：$B = b_1 L = 2.85 \times 10^{-6} \times 60 = 169.8 \times 10^{-6}\ (\text{S})$

（4）电导　　　$G \approx 0$

（5）充电功率　$Q_C = U^2 B = 110^2 \times 169.8 \times 10^{-6} = 2.055\ (\text{kvar})$

根据计算结果画出等值电路如图2.7所示。

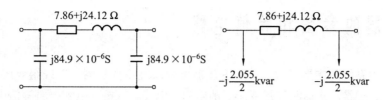

图 2.7 例 2.1 的线路等值电路

【例 2.2】 一条 330 kV 的电力线路，长 220 km，三相导线三角形排列，完全换位，相间距离为 8 m，每相采用 LGJQ-2×300 分裂导线，分裂间距 400 mm。试求线路参数并画等值电路图。

解 查表得：LGJQ-300 的计算直径为 23.5 mm，每相导线等值半径为

$$r_{\mathrm{eq}} = \sqrt{rd} = \sqrt{\frac{23.5}{2} \times 400} = 68.56 \ (\mathrm{mm})$$

因为采用三角形排列，所以几何均距为 $D_{\mathrm{m}} = 8 \ \mathrm{m} = 8\ 000 \ \mathrm{mm}$。

（1）电阻。

单位长度电阻　$r_1 = \dfrac{\rho}{nS} = \dfrac{31.5}{2 \times 300} = 0.053 \ (\Omega/\mathrm{km})$

线路每相电阻　$R = 0.053 \times 220 = 11.66 \ (\Omega)$

（2）电抗。

单位长度电抗　$x_1 = 0.144\ 5\lg\dfrac{D_{\mathrm{m}}}{r_{\mathrm{eq}}} + \dfrac{0.015\ 7}{n} = 0.144\ 5\lg\dfrac{8\ 000}{68.56} + \dfrac{0.015\ 7}{2} = 0.306\ 5 \ (\Omega)$

线路每相电抗　$X = 0.306\ 5 \times 220 = 67.43 \ (\Omega)$

（3）电纳。

单位长度电纳　$b_1 = \dfrac{7.58}{\lg\dfrac{D_{\mathrm{m}}}{r_{\mathrm{eq}}}} \times 10^{-6} = \dfrac{7.58}{\lg\dfrac{8\ 000}{68.56}} \times 10^{-6} = 3.67 \times 10^{-6} \ (\mathrm{S/km})$

线路每相电纳　$B = 3.67 \times 10^{-6} \times 220 = 807.4 \times 10^{-6} \ (\mathrm{S})$

（4）电导　　　$G \approx 0$

（5）充电功率　$Q_C = U^2 B = 330^2 \times 807.4 \times 10^{-6} = 87.926 \ (\mathrm{kvar})$

由此可见，超高压输电线路的充电功率数值较大，线路空载时，会导致线路末端的电压比首端高得多。

根据计算结果画出等值电路如图 2.8 所示。

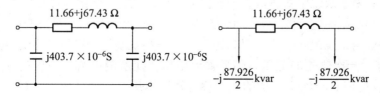

图 2.8 例 2.2 的线路等值电路

2.2　变压器的参数和等值电路

变压器是电力系统的主要元件之一。变压器可分双绕组变压器、三绕组变压器和自耦变压器。不管是哪种变压器，其参数都是 4 个，即电阻、电导、电抗、电纳，而等值电路各有异同。

2.2.1　变压器参数的物理意义

在学习《电机学》时，曾讲过变压器的空载试验和短路试验。为了说明变压器参数的物理意义，我们重温一下。

1. 变压器的空载试验

空载试验时，一次侧加额定电压 U_N（为了安全，通常在低压侧加额定电压），其余侧开路。接线图如 2.9 所示。

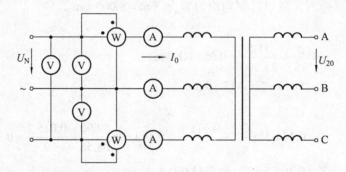

图 2.9　变压器空载试验时的接线示意图（三相双绕组变压器）

变压器空载试验的目的，是通过测量空载电流 I_0、一次侧和二次侧电压及空载功率 P_0，来计算其变比 k、铁耗 P_{Fe} 和励磁阻抗 Z_m。

由于变压器空载，其输入功率 P_0 全部消耗在内部损耗上，所以又称为空载损耗。

当一次侧所加电压为额定电压 U_N 时，所记录的一次侧电流即为空载电流 I_0。空载电流百分数 $I_0\%$ 等于空载电流与变压器额定电流的比值乘以百分之百，即 $I_0\% = (I_0 / I_N) \times 100\%$。

2. 变压器的短路试验

变压器短路试验的目的，是通过测量短路电流 I_K、短路电压 U_K 及短路功率 P_K，来计算变压器的短路电压百分数 $U_K\%$、铜损 P_{Cu} 和短路阻抗 Z_K。

短路试验时，对于双绕组变压器，一次侧加低压，二次侧绕组短接；对于三绕组变压器，短路试验是在两两绕组间进行的，即一个绕组加压，一个绕组短路，第三个绕组开路，所求得的各项数值均是前两个绕组间的值。图 2.10 所示为三相双绕组变压器短路试验接线示意图。

短路试验时，一次侧先加低压，然后调节电压，使所测电流为该侧的额定电流 I_N，即 $I_K = I_N$。当 $I_K = I_N$ 时，一次侧所加的电压称为短路电压（或阻抗电压）U_K。短路电压百分数 $U_K\%$ 等于短路电压 U_K 与额定电压 U_N 的比值乘以百分之百，即 $U_N\% = (U_K / U_N) \times 100\%$。

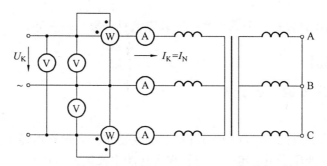

图 2.10　变压器短路试验接线示意图（三相双绕组变压器）

此时所测量的功率即为短路损耗（或负载损耗）P_K。

变压器参数的计算，就要利用前面空载试验和短路试验测得的数据：空载电流（%）、空载损耗（kW）、短路损耗（kW）、短路电压（%）。通常，这些技术数据在变压器出厂时的铭牌或产品说明书上都有提供。

3. 变压器参数的物理意义

1）电阻 R_T

变压器绕组的电阻 R_T 主要取决于变压器绕组的短路损耗 P_K。变压器绕组的短路损耗 P_K 应包括短路时绕组电阻的损耗和变压器电导的损耗。由于短路时变压器所加的电压很低，所以电导的损耗远小于电阻的损耗，计算中可近似认为变压器的短路损耗等于变压器绕组电阻的损耗，所以利用变压器的短路损耗可计算出变压器的电阻。

2）电抗 X_T

变压器绕组的电抗 X_T 主要取决于变压器绕组的短路电压百分数 $U_K\%$。变压器的短路电压 U_K 是短路时绕组电阻上和电抗上的电压的相量和。由于变压器电抗比电阻大得多，电阻电压可忽略不计，所以计算中可近似认为变压器的短路电压就等于变压器绕组电抗上的电压，所以由变压器的短路电压百分数可计算出变压器的电抗。

3）电导 G_T

变压器的电导 G_T 对应的是变压器中的铁损，而铁损与变压器的空载损耗近似相等，所以在计算变压器的电导时，可近似认为电导上的有功损耗等于空载损耗。

4）电纳 B_T

变压器的电纳 B_T 主要取决于变压器的空载电流或空载电流百分数 $I_0\%$。变压器的空载电流应为流过变压器电导和电纳上的电流相量和，但由于变压器的电导 G_T 比变压器的电纳 B_T 小得多，从而流过变压器电导的电流远小于流过电纳的电流，所以计算中近似认为变压器的空载电流等于流过变压器电纳的电流，由此可计算出电纳。

2.2.2　变压器参数的计算与等值电路

变压器参数的计算要根据变压器出厂时做的短路试验和空载试验得到的 4 个技术数据

（短路损耗、短路电压百分数、空载损耗、空载电流百分数）来进行。

1. 双绕组变压器

1）双绕组变压器的参数计算

（1）电阻 R_T。

变压器的电阻可通过短路试验中的短路损耗 P_K 值求得。短路损耗 P_K 近似地等于额定电流通过变压器时，高低压绕组总电阻中的三相有功功率损耗，即有

$$
\left.\begin{array}{l}
P_K \approx 3I_N^2 R_T \\
I_N = \dfrac{S_N}{\sqrt{3}U_N}
\end{array}\right\}
$$

因此得 $\qquad R_T = \dfrac{P_K U_N^2}{S_N^2}$ （Ω） $\qquad\qquad$ (2.21)

式（2.21）中，U_N、S_N、P_K 均采用国际单位。

在工程计算中，常采用实用单位进行计算，U_N 以 kV、S_N 以 MV·A、P_K 以 kW 来表示，这样公式就变为

$$
R_T = \frac{P_K U_N^2}{10^3 S_N^2} \text{ （}\Omega\text{）} \qquad\qquad (2.22)
$$

式中　　R_T——变压器一相高低压绕组间的电阻（Ω）；

$\qquad\quad P_K$——变压器三相总的短路损耗（kW）；

$\qquad\quad S_N$——变压器的额定容量（MV·A）；

$\qquad\quad U_N$——变压器绕组的额定电压（kV）。

注意，这里的公式针对的是三相双绕组变压器。计算中，采用的是哪一侧的额定电压 U_N（线电压），则计算出的电阻值 R_T 即为归算到该侧的值。

如果是单相变压器，则 U_N、S_N、P_K 均为单相值。

（2）电抗 X_T。

变压器的电抗 X_T 可通过短路试验中的短路电压百分数 $U_K\%$ 求得，即有

$$
\left.\begin{array}{l}
U_K(\%) = \dfrac{\sqrt{3}I_N Z_T}{U_N} \times 100 \approx \dfrac{\sqrt{3}I_N X_T}{U_N} \times 100 \\
I_N = \dfrac{S_N}{\sqrt{3}U_N}
\end{array}\right\}
$$

因此得 $\qquad X_T = \dfrac{U_K(\%)}{100} \times \dfrac{U_N}{\sqrt{3}I_N} = \dfrac{U_K(\%)U_N^2}{100S_N}$ （Ω） $\qquad\qquad$ (2.23)

式中　$U_K(\%)$——变压器短路电压百分数×100；

$\qquad\quad X_T$——变压器一相高低压绕组间的电抗（Ω）；

$\qquad\quad S_N$——变压器的额定容量（MV·A）；

$\qquad\quad U_N$——变压器绕组的额定电压（kV）。

（3）电导 G_T。

电导 G_T 可通过空载试验中的空载损耗 P_0 求得。电导 G_T 对应的是变压器中的铁损 P_{Fe}。因为 $P_{Fe} \approx P_0$，所以

$$G_T = \frac{P_0}{10^3 U_N^2} \text{ (S)} \tag{2.24}$$

式中　G_T——变压器的电导（S）；

　　　P_0——变压器三相总的空载损耗（kW）；

　　　S_N——变压器的额定容量（MV·A）；

　　　U_N——变压器绕组的额定电压（kV）。

（4）电纳 B_T。

电纳可通过空载试验中的空载电流百分数 $I_0\%$ 求得，即有

$$\left. \begin{array}{l} I_0 = \dfrac{U_N}{\sqrt{3}} B_T \\[2mm] I_0(\%) = \dfrac{I_0}{I_N} \times 100 \\[2mm] I_N = \dfrac{S_N}{\sqrt{3} U_N} \end{array} \right\}$$

因此得　　　　　$$B_T = \frac{I_0(\%) S_N}{100 U_N^2} \text{ (S)} \tag{2.25}$$

式中　B_T——变压器的电纳（S）；

　　　$I_0(\%)$——变压器空载电流百分数×100；

　　　S_N——变压器的额定容量（MV·A）；

　　　U_N——变压器绕组的额定电压（kV）。

2）双绕组变压器的等值电路

求出变压器的参数后，即可作出变压器的等值电路。变压器的电阻和电抗构成阻抗支路，变压器的电导和电纳构成导纳支路（或励磁支路）。

《电机学》中，变压器可以用 T 形也可以用 Γ 形等值电路来表示。但在电力系统计算中，为了减少网络的节点数，减少网络的计算量，将励磁支路接在电源侧，即变压器采用 Γ 形等值电路。

由于三相变压器在正常运行时是三相对称的电气元件，所以其等值电路可用一相来表示。双绕组变压器的等值电路有三种表示方法，如图 2.11 所示。

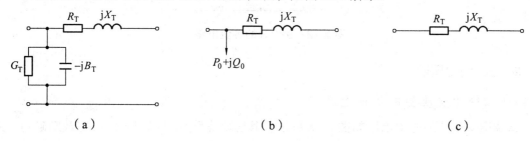

图 2.11　双绕组变压器的等值电路

（a）图为励磁支路用导纳表示的 Γ 形等值电路。电纳 B_T 因是感性的，所以是负的。这种等值电路用在 110 kV 及以上电压等级的变压器中。

（b）图为励磁支路用功率（空载损耗）表示的 Γ 形等值电路。在这种等值电路中，励磁支路用空载有功损耗 P_0 和空载无功损耗 Q_0 表示。P_0 是铭牌数据，$Q_0 = \dfrac{I_0\%}{100} S_N$。这种等值电路常用在电力系统的潮流计算中。

（c）图为简化的变压器等值电路。35 kV 及以下电压等级的变压器常采用这种等值电路，因为其励磁支路中损耗较小，可以略去不计。

【例 2.3】 一台有载调压双绕组变压器型号为 SFZ7-20000/110，其铭牌上的参数如表 2.6 所示，试计算变压器的参数（折算到高压侧），并画出等值电路。

表 2.6 例 2.3 中变压器的技术参数

空载电流（%）	空载损耗（kW）	负载损耗（kW）	短路电压（%）
1	26	97	10.5

解 ① 电阻：$R_T = \dfrac{P_K U_N^2}{10^3 S_N^2} = \dfrac{97 \times 110^2}{10^3 \times 20^2} = 2.934$ （Ω）

② 电抗：$X_T = \dfrac{U_K(\%) U_N^2}{100 S_N} = \dfrac{10.5 \times 110^2}{100 \times 20} = 63.525$ （Ω）

③ 电导：$G_T = \dfrac{P_0}{10^3 U_N^2} = \dfrac{26}{10^3 \times 110^2} = 2.149 \times 10^{-6}$ （S）

④ 电纳：$B_T = \dfrac{I_0(\%) S_N}{100 U_N^2} = \dfrac{1 \times 20}{100 \times 110^2} = 1.653 \times 10^{-5} = 16.53 \times 10^{-6}$ （S）

或空载有功损耗：$P_0 = 26$ （kW）

空载无功损耗：$Q_0 = \dfrac{I_0\%}{100} S_N = \dfrac{1}{100} \times 20\,000 = 200$ （kvar）

⑤ 等值电路如图 2.12 所示。

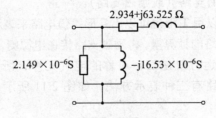

图 2.12 例 2.3 的等值电路

2. 三绕组变压器

1）三绕组变压器的等值电路

三绕组变压器的等值电路如图 2.13 所示，其励磁支路也可以用导纳或空载励磁功率来表示。

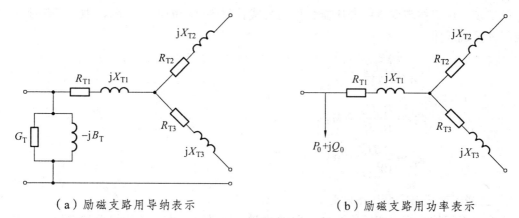

（a）励磁支路用导纳表示　　　　　　　　（b）励磁支路用功率表示

图 2.13　三绕组变压器的等值电路

2）三绕组变压器的参数计算

三绕组变压器电阻和电抗的计算比双绕组变压器要复杂一些，因为：

一方面，由于三绕组变压器的短路试验是两两绕组间进行的，所以其短路损耗和短路电压百分数均有 3 个值。每个短路损耗值都是该试验两个绕组总电阻的损耗，每个短路电压百分数也都是每两个绕组总电抗的短路电压百分数。所以，要先求出每个绕组中的短路损耗和短路电压百分数。

另一方面，三绕组变压器电阻和电抗的计算还和三绕组变压器的容量比有关。我国目前生产的变压器三个绕组的容量比，按高、中、低压绕组的顺序有 100/100/100、100/100/50、100/50/100 三种。三绕组变压器的额定容量是指容量最大的绕组的容量。所以，在计算中应将短路损耗和短路电压百分数归算到额定容量下。

三绕组变压器电导和电纳的计算与双绕组变压器是相同的。

（1）三绕组变压器的电阻 R_{T1}、R_{T2}、R_{T3}。

制造厂在三绕组变压器的铭牌上提供了 3 个绕组两两做短路试验时测得的短路损耗，如表 2.7 所示。

表 2.7　三绕组变压器短路损耗

绕　　组	高-中	中-低	低-高
短路损耗	$P_{K(1\text{-}2)}$	$P_{K(2\text{-}3)}$	$P_{K(3\text{-}1)}$

① 三绕组变压器容量比相同时（容量比为 100/100/100）。

第一步，先求取高、中、低压各个绕组的短路损耗：

$$\left.\begin{aligned}
P_{K1} &= \frac{1}{2}\left[P_{K(1\text{-}2)} + P_{K(3\text{-}1)} - P_{K(2\text{-}3)}\right]\\
P_{K2} &= \frac{1}{2}\left[P_{K(1\text{-}2)} + P_{K(2\text{-}3)} - P_{K(3\text{-}1)}\right]\\
P_{K3} &= \frac{1}{2}\left[P_{K(2\text{-}3)} + P_{K(3\text{-}1)} - P_{K(1\text{-}2)}\right]
\end{aligned}\right\} \tag{2.26}$$

第二步，可以按与双绕组变压器相似的公式计算各绕组的电阻。高、中、低压绕组的每相电阻计算公式为：

$$R_{T1} = \frac{P_{K1}U_N^2}{10^3 S_N^2} \ (\Omega) \left.\begin{array}{l}\\ \\ \\ \\ \\ \\ \\ \\ \end{array}\right\}$$

$$R_{T2} = \frac{P_{K2}U_N^2}{10^3 S_N^2} \ (\Omega)$$

$$R_{T3} = \frac{P_{K3}U_N^2}{10^3 S_N^2} \ (\Omega)$$

(2.27)

② 三绕组变压器容量比不同时。

容量比不同的三绕组变压器在做短路试验时，要受到较小容量绕组额定电流的限制。因此，制造厂提供的短路损耗是两个绕组中容量较小的一个绕组达到其额定电流时的值。在进行电阻计算时，必须先将短路损耗折算至变压器的额定容量下。

以容量比为 100/100/50 的三绕组变压器为例，因其低压绕组的容量最小，出厂数据中的 $P_{K(2-3)}$、$P_{K(3-1)}$ 是按低压绕组容量给出的。因此计算这种变压器的电阻时：

第一步，将与低压绕组有关的短路损耗 $P_{K(2-3)}$、$P_{K(3-1)}$ 折算到变压器的额定容量下：

$$P'_{K(2-3)} = P_{K(2-3)}\left(\frac{S_N}{S_{3N}}\right)^2 \left.\begin{array}{l}\\ \\ \\ \\ \\ \end{array}\right\}$$

$$P'_{K(3-1)} = P_{K(3-1)}\left(\frac{S_N}{S_{3N}}\right)^2$$

(2.28)

式中　$P'_{K(2-3)}$、$P'_{K(3-1)}$——折算到额定容量下的中低、低高绕组间的短路损耗（kW）；

$P_{K(2-3)}$、$P_{K(3-1)}$——厂家提供的中低、低高绕组间的短路损耗（kW）；

S_N——三绕组变压器的额定容量（MVA）；

S_{3N}——变压器低压绕组的额定容量（MVA）。

第二步，求取各绕组的短路损耗，计算式与式（2.26）相同。

第三步，求取高、中、低压绕组的每相电阻，计算式与式（2.27）相同。

（2）三绕组变压器的电抗 X_{T1}、X_{T2}、X_{T3}。

与计算三绕组变压器的电阻相似，先计算高、中、低压绕组的短路电压百分数，再用它们计算高、中、低压绕组的电抗。

注意：不论三绕组变压器的容量比是哪一种，厂家提供的短路电压百分数都已经折算至变压器的额定容量下，所以不需要再进行折算了。

第一步，计算高、中、低压绕组的短路电压百分数。

$$U_{K1}(\%) = \frac{1}{2}[U_{K(1-2)}(\%) + U_{K(3-1)}(\%) - U_{K(2-3)}(\%)] \left.\begin{array}{l}\\ \\ \\ \\ \\ \\ \\ \end{array}\right\}$$

$$U_{K2}(\%) = \frac{1}{2}[U_{K(1-2)}(\%) + U_{K(2-3)}(\%) - U_{K(3-1)}(\%)]$$

$$U_{K3}(\%) = \frac{1}{2}[U_{K(2-3)}(\%) + U_{K(3-1)}(\%) - U_{K(1-2)}(\%)]$$

(2.29)

第二步，计算高、中、低压绕组的电抗。

$$\left. \begin{array}{l} X_{\text{T1}} = \dfrac{U_{\text{K1}}(\%)U_{\text{N}}^2}{100S_{\text{N}}} \\[3mm] X_{\text{T2}} = \dfrac{U_{\text{K2}}(\%)U_{\text{N}}^2}{100S_{\text{N}}} \\[3mm] X_{\text{T3}} = \dfrac{U_{\text{K3}}(\%)U_{\text{N}}^2}{100S_{\text{N}}} \end{array} \right\} \qquad (2.30)$$

（3）三绕组变压器的导纳。

求取三绕组变压器导纳的方法和公式与双绕组变压器完全相同。

3. 自耦变压器

自耦变压器的等值电路和三绕组变压器的等值电路相同。

对于三绕组自耦变压器，因其第三绕组的额定容量总小于变压器的额定容量，且在制造商提供的数据中，不仅短路损耗未归算，而且短路电压百分数也未归算至变压器额定容量，因此要将与第三绕组有关的短路损耗和短路电压百分数先归算至变压器额定容量，才能计算电阻和电抗。归算式为

$$\left. \begin{array}{l} P'_{\text{K(2-3)}} = P_{\text{K(2-3)}} \left(\dfrac{S_{\text{N}}}{S_{\text{3N}}} \right)^2 \\[4mm] P'_{\text{K(3-1)}} = P_{\text{K(3-1)}} \left(\dfrac{S_{\text{N}}}{S_{\text{3N}}} \right)^2 \end{array} \right\} \qquad (2.31)$$

$$\left. \begin{array}{l} U'_{\text{K(2-3)}}(\%) = U_{\text{K(2-3)}}(\%) \dfrac{S_{\text{N}}}{S_{\text{3N}}} \\[4mm] U'_{\text{K(3-1)}}(\%) = U_{\text{K(3-1)}}(\%) \dfrac{S_{\text{N}}}{S_{\text{3N}}} \end{array} \right\} \qquad (2.32)$$

上两式中，$P'_{\text{K(2-3)}}$、$P'_{\text{K(3-1)}}$、$U'_{\text{K(2-3)}}(\%)$、$U'_{\text{K(3-1)}}(\%)$ 为归算以后的值，$P_{\text{K(2-3)}}$、$P_{\text{K(3-1)}}$、$U_{\text{K(2-3)}}$、$U_{\text{K(3-1)}}$ 为厂家提供的原始数据，S_{N} 为自耦变压器的额定容量，S_{3N} 为低压绕组的额定容量。

归算以后，即可按普通三绕组变压器的公式求取电阻和电抗，导纳计算式与普通三绕组变压器相同。

2.2.3　三绕组变压器绕组的排列方式

三绕组变压器按其三个绕组的排列方式不同有两种结构，即升压结构和降压结构，如图 2.14 所示。

各绕组等值电抗的大小，与三个绕组在铁芯上的排列有关。高玉绕组因绝缘要求排在外层，中压和低压绕组均有可能排在中层。

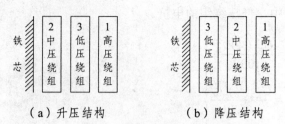

图 2.14 三绕组变压器绕组的两种排列方式

排在中层的绕组，其等值电抗较小，或具有不大的负值。出现负值的原因，是由于内、外侧绕组对中间的绕组互感作用很强，当超过中间绕组本身自感时，中间绕组的电抗便出现了负值。所以负值并不表示该绕组是容性电抗。

（a）图的排列方式是低压绕组位于中层，与高、中压绕组均有紧密联系，有利于功率从低压侧向高、中压侧传送，因此常用于升压变压器中。

（b）图的排列方式是中压绕组位于中层，与高压绕组联系紧密，有利于功率从高压侧向中压侧传送，也有利于限制低压侧的短路电流。因此，这种排列方式常用于降压变压器中。

【例 2.4】 有一容量比为 100/50/100、型号为 SFSL-25000/110 的三绕组变压器，额定电压为 110 kV，铭牌上的参数见表 2.8。求变压器的参数（折算到高压侧），画出等值电路，并说明此变压器的绕组排列方式。

表 2.8 例 2.4 中变压器的铭牌技术数据

空载损耗（kW）	空载电流百分数（%）	短路损耗（kW）			短路电压百分数（%）		
		高-中	中-低	低-高	高-中	中-低	低-高
50.2	4.1	52	47	148	18	6.5	10.5

解 ① 电阻。

先折算短路损耗，根据式（2.28）有

$$P'_{K(2\text{-}3)} = P_{K(2\text{-}3)}\left(\frac{S_N}{S_{3N}}\right)^2 = 52\times\left(\frac{100}{50}\right)^2 = 208\ (\text{kW})$$

$$P'_{K(3\text{-}1)} = P_{K(3\text{-}1)}\left(\frac{S_N}{S_{3N}}\right)^2 = 47\times\left(\frac{100}{50}\right)^2 = 188\ (\text{kW})$$

$$P_{K(3\text{-}1)} = 148\ (\text{kW})$$

根据式 (2.26)，各绕组的短路损耗分别为

$$P_{K1} = \frac{1}{2}[P_{K(1\text{-}2)} + P_{K(3\text{-}1)} - P_{K(2\text{-}3)}] = \frac{1}{2}(208+148-188) = 84\ (\text{kW})$$

$$P_{K2} = \frac{1}{2}[P_{K(1\text{-}2)} + P_{K(2\text{-}3)} - P_{K(3\text{-}1)}] = \frac{1}{2}(208+188-148) = 124\ (\text{kW})$$

$$P_{K3} = \frac{1}{2}[P_{K(2\text{-}3)} + P_{K(3\text{-}1)} - P_{K(1\text{-}2)}] = \frac{1}{2}(188+148-208) = 64\ (\text{kW})$$

根据式（2.27），各绕组的电阻分别为

$$R_{\mathrm{T1}} = \frac{P_{\mathrm{K1}} U_{\mathrm{N}}^2}{10^3 S_{\mathrm{N}}^2} = \frac{84 \times 110^2}{10^3 \times 25^2} = 1.626 \ (\Omega)$$

$$R_{\mathrm{T2}} = \frac{P_{\mathrm{K2}} U_{\mathrm{N}}^2}{10^3 S_{\mathrm{N}}^2} = \frac{124 \times 110^2}{10^3 \times 25^2} = 2.4 \ (\Omega)$$

$$R_{\mathrm{T3}} = \frac{P_{\mathrm{K3}} U_{\mathrm{N}}^2}{10^3 S_{\mathrm{N}}^2} = \frac{64 \times 110^2}{10^3 \times 25^2} = 1.24 \ (\Omega)$$

② 电抗。

根据式（2.29），各绕组短路电压分别为

$$U_{\mathrm{K1}}(\%) = \frac{1}{2}[U_{\mathrm{K(1\text{-}2)}}(\%) + U_{\mathrm{K(3\text{-}1)}}(\%) - U_{\mathrm{K(2\text{-}3)}}(\%)] = \frac{1}{2}(18 + 10.5 - 6.5) = 11$$

$$U_{\mathrm{K2}}(\%) = \frac{1}{2}[U_{\mathrm{K(1\text{-}2)}}(\%) + U_{\mathrm{K(2\text{-}3)}}(\%) - U_{\mathrm{K(3\text{-}1)}}(\%)] = \frac{1}{2}(18 + 6.5 - 10.5) = 7$$

$$U_{\mathrm{K3}}(\%) = \frac{1}{2}[U_{\mathrm{K(2\text{-}3)}}(\%) + U_{\mathrm{K(3\text{-}1)}}(\%) - U_{\mathrm{K(1\text{-}2)}}(\%)] = \frac{1}{2}(10.5 + 6.5 - 18) = -0.5$$

根据式（2.30），各绕组的等值电抗分别为

$$X_{\mathrm{T1}} = \frac{U_{\mathrm{K1}}(\%) U_{\mathrm{N}}^2}{100 S_{\mathrm{N}}} = \frac{11 \times 110^2}{100 \times 25} = 53.24 \ (\Omega)$$

$$X_{\mathrm{T2}} = \frac{U_{\mathrm{K2}}(\%) U_{N}^2}{100 S_{\mathrm{N}}} = \frac{7 \times 110^2}{100 \times 25} = 33.88 \ (\Omega)$$

$$X_{\mathrm{T3}} = \frac{U_{\mathrm{K3}}(\%) U_{N}^2}{100 S_{\mathrm{N}}} = \frac{-0.5 \times 110^2}{100 \times 25} = -2.42 \ (\Omega)$$

③ 变压器的励磁功率。

$$P_0 = 50.2 \ (\mathrm{kW}) = 0.050\,2 \ (\mathrm{MW})$$

$$Q_0 = \frac{I(\%)}{100} \times S_{\mathrm{N}} = \frac{4.1}{100} \times 25 = 1.025 \ (\mathrm{Mvar})$$

④ 等值电路如图 2.15 所示。

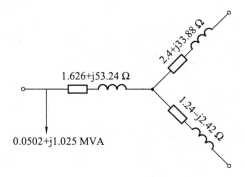

1.626+j53.24 Ω

2.4+j33.88 Ω

1.24-j2.42 Ω

0.0502+j1.025 MVA

图 2.15　例 2.4 的等值电路

⑤ 变压器的绕组排列方式。

通过计算得知 X_{T3} 是负值，即此变压器的低压绕组位于中间，是升压结构的变压器。

变压器的绕组排列方式也可以根据三个短路电压百分数来判断：升压结构的变压器高、中压绕组相隔较远，高、中压绕组之间的漏抗最大，从而短路电压百分数最大，其他两个短路电压百分数较小；而降压结构的变压器是高、低压绕组相隔较远，则短路电压百分数最大，其他两个短路电压百分数较小。

2.3 发电机、负荷和电抗器的参数及等值电路

发电机的参数和等值电路与发电机的结构和运行状态有很大的关系。为了简单起见，在这里我们不考虑结构和运行状态的因素。电抗器在电力系统中常用来限制短路电流，有普通电抗器和分裂电抗器之分。在这里我们只讲普通电抗器的参数计算，同时介绍用复功率来表示负荷。

2.3.1 发电机的参数和等值电路

1. 发电机的参数

1）发电机的电抗

由于发电机定子绕组的电阻比电抗小得多，所以一般在计算中电阻可忽略不计，只计及发电机的电抗。

在电力系统计算中，发电机的电抗有三种：同步电抗 X_G、暂态电抗 X_G'、次暂态电抗 X_G''。电力系统稳态分析计算中，用同步电抗 X_G；电力系统暂态分析计算中，用暂态电抗 X_G' 和次暂态电抗 X_G''。后两种电抗我们在第 4 章中有详细讨论。

制造商一般以电抗百分值 X_G（%）的形式给出发电机的电抗。

以同步电抗百分值 X_G（%）为例，它是以发电机的额定容量为基准值的。发电机同步电抗百分值 X_G（%）的定义式为

$$X_G(\%) = \frac{\sqrt{3} I_N X_G}{U_N} \times 100 \tag{2.33}$$

则发电机一相同步电抗的有名值为

$$X_G = \frac{X_G(\%)}{100} \times \frac{U_N}{\sqrt{3} I_N} = \frac{X_G(\%)}{100} \times \frac{U_N^2}{S_N} \ (\Omega) \tag{2.34}$$

式中　　X_G——发电机的同步电抗（Ω）；

　　　　U_N——发电机的额定电压（kV）；

　　　　I_N——发电机的额定电流（kA）；

　　　　S_N——发电机的额定容量（kV·A）；

　　　　$X_G(\%)$——发电机的同步电抗百分值。

暂态电抗、次暂态电抗有名值的计算可套用上式。

2）发电机的电势

与发电机的电抗相对应，发电机的电势也有三种：同步电势 E_G、暂态电势 E'_G、次暂态电势 E''_G，可按下式计算：

$$\dot{E} = \dot{U}_G + j\dot{I}X \qquad (2.35)$$

式中的 E 和 X 可代表任一种电势和电抗。

$\dot{E}$ ——发电机的相电势（kV）；

$\dot{U}_G$ ——发电机的相电压（kV）；

$\dot{I}$ ——发电机定子的相电流（kA）。

2. 发电机的等值电路

发电机的等值电路如图 2.16 所示。

图中的 X 和 E 可代表发电机的任一种电抗和电势。

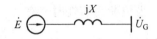

图 2.16 发电机的等值电路

2.3.2 电抗器的参数和等值电路

1）电抗器的电抗

电抗器制造商一般以电抗百分数 $X_R(\%)$ 的形式给出电抗器的电抗，电抗百分数 $X_R(\%)$ 是以电抗器的额定电压和额定电流为基准值的，电抗百分数 $X_R(\%)$ 的定义为

$$X_R(\%) = \frac{\sqrt{3}I_N X_R}{U_N} \times 100$$

则电抗有名值为

$$X_R = \frac{X_R(\%)U_N}{100\sqrt{3}I_N} \ (\Omega) \qquad (2.36)$$

式中　X_R ——电抗器的电抗（Ω）；

　　　U_N ——电抗器的额定电压（kV）；

　　　I_N ——电抗器的额定电流（kA）；

　　　$X_R(\%)$ ——电抗器的电抗百分数。

2）电抗器的等值电路

因为电抗器的电阻远比电抗小，所以电阻可忽略不计，所以电抗器的等值电路就为纯电抗电路，在此省略。

2.3.3 负荷的表示

在电力系统计算中，负荷常用复数功率表示。复数功率有两种表示方法，即

$$\tilde{S} = \dot{U}\overset{*}{I} \quad \text{或} \quad \tilde{S} = \overset{*}{U}\dot{I} \tag{2.37}$$

式中　$\tilde{S}$——复数功率；

　　　$\dot{U}$、$\overset{*}{U}$——电压相量及其共轭相量；

　　　$\dot{I}$、$\overset{*}{I}$——电流相量及其共轭相量。

本书采用公式（2.37）中的第一种来表示负荷。电力系统的负荷有感性和容性之分，感性和容性负荷的复功率虚部差一个负号。

当负荷为感性时，由图 2.17 可得

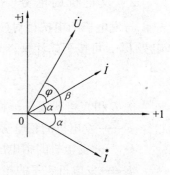

图 2.17　感性负荷的电流、电压相量图

$$\tilde{S} = \dot{U}\overset{*}{I} = Ue^{j\beta} \times Ie^{-j\alpha} = UIe^{j(\beta-\alpha)}$$
$$= S(\cos\varphi + j\sin\varphi) = P + jQ \tag{2.38}$$

同样，当负荷为容性时，有

$$\tilde{S} = P - jQ \tag{2.39}$$

公式（2.38）和（2.39）适用于单相和三相电路中的负荷表示。

2.4　电力系统的等值电路

电力系统有两种等值电路，即有名值等值电路和标么值等值电路。一般在电力系统的稳态分析和计算中，多用有名值等值电路；在电力系统的暂态分析和计算中，多用标么值等值电路。

2.4.1　电力系统等值电路的概念

1. 基本概念

电力系统是一个多电压等级的网络，电力系统中的各元件（变压器、电抗器、电力线路等）处于不同电压等级。在前面我们计算这些元件参数的有名值时，是以其所处的电压级的电压值求得的。如果把不同电压级的参数连接起来是不能成其为等值电路的。

为了建立一个给定电力系统的等值电路，需要将组成这个电力系统的各元件的参数归算到同一电压等级上，才能将各元件的等值电路连接起来，组成电力系统的等值电路。

所以，电力系统的等值电路，就是将电力系统的各元件参数归算到统一电压等级后连接而成的电路（简称连网）。

2. 制定电力系统等值电路的步骤

对一个给定的电力系统，制定其等值电路的步骤如下：

① 计算组成这个电力系统的各元件的参数,这些参数必须是归算到同一电压等级下的参数,即参数归算。

② 将组成这个电力系统各元件的等值电路按给定的接线形式连接起来,标上计算好的参数，即得到该电力系统的等值电路。

制定电力系统的等值网络，关键是参数的归算。电力系统的参数表示有两种方法：有名值和标么值。因此，电力系统的等值电路也有两种，以有名值表示的等值电路和以标么值表示的等值电路。

2.4.2　以有名值表示的等值电路

制定一个给定电力系统的有名值等值电路时，其步骤如下：

第一步，应确定电压基本级。在电力系统稳态计算中，一般取给定电力系统的最高电压等级为基本级；在电力系统短路计算中，一般以短路点所在的电压等级为基本级。

第二步，将所有元件的参数归算到基本电压级，即可连网。各元件的归算公式为

$$
\left.\begin{array}{c}
R = R'\,k^2, \quad X = X'\,k^2 \\[2mm]
G = \dfrac{G'}{k^2}, \quad B = \dfrac{B'}{k^2} \\[2mm]
U = U'k, \quad I = \dfrac{I'}{k}
\end{array}\right\} \tag{2.40}
$$

式中　R'、X'、G'、B'、U'、I'——归算前的有名值；

　　　R、X、G、B、U、I——归算后的有名值；

　　　k——变压器的变比。

需要对变压器的变比作进一步说明：

① 当 k 取的是变压器的额定变比或实际变比时，为精确计算法；当 k 取的是变压器的平均额定变比时，为近似算法。

② 变比 k 计算时，其方向应从基本级到待归算的一级，即变比的分子为靠近基本级一侧的电压，而分母为待归算级一侧的电压，即

$$
k = \frac{U_{(\text{靠近基本级侧})}}{U_{(\text{靠待归算级侧})}} \tag{2.41}
$$

③ 对多电压等级有 $k = k_1 \cdot k_2 \cdots k_n$。

现以一个多电压级的电力系统接线图 2.18 为例，将线路 L_2 的参数归算至基本级 U_b。

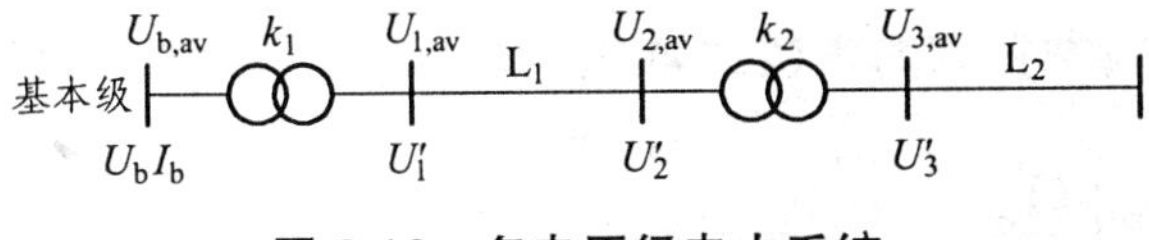

图 2.18　多电压级电力系统

① 精确计算时，图中的 U_b、U_1'、U_2'、U_3' 为变压器的额定电压或实际电压，则 k 分别为

$$
k_1 = \frac{U_b}{U_1'}, \quad k_2 = \frac{U_2'}{U_3'}
$$

线路 L_2 未归算的参数用 R'、X'、G'、B' 来表示，则归算后的有名值分别为

$$R = R'(k_1 k_2)^2 = R'\left(\frac{U_b}{U_1'} \times \frac{U_2'}{U_3'}\right)^2$$

$$X = X'(k_1 k_2)^2 = X'\left(\frac{U_b}{U_1'} \times \frac{U_2'}{U_3'}\right)^2$$

$$G = \frac{G'}{(k_1 k_2)^2} = \frac{G'}{\left(\dfrac{U_b}{U_1'} \times \dfrac{U_2'}{U_3'}\right)^2}$$

$$B = \frac{B'}{(k_1 k_2)^2} = \frac{B'}{\left(\dfrac{U_b}{U_1'} \times \dfrac{U_2'}{U_3'}\right)^2}$$

② 近似计算时，$U_{b,av}$、$U_{1,av}$、$U_{2,av}$、$U_{3,av}$ 为电网的平均额定电压，其中 $U_{1,av} = U_{2,av}$，k 分别为

$$k_1 = \frac{U_{b,av}}{U_{1,av}}, \quad k_2 = \frac{U_{2,av}}{U_{3,av}}$$

L_2 线路未归算的参数用 R'、X'、G'、B' 来表示，则归算后的有名值分别为

$$R = R'(k_1 k_2)^2 = R'\left(\frac{U_{b,av}}{U_{1,av}} \times \frac{U_{2,av}}{U_{3,av}}\right)^2 = R'\left(\frac{U_{b,av}}{U_{3,av}}\right)^2$$

$$X = X(k_1 k_2)^2 = X'\left(\frac{U_{b,av}}{U_{1,av}} \times \frac{U_{2,av}}{U_{3,av}}\right)^2 = X'\left(\frac{U_{b,av}}{U_{3,av}}\right)^2$$

$$G = \frac{G'}{(k_1 k_2)^2} = \frac{G'}{\left(\dfrac{U_{b,av}}{U_{1,av}} \times \dfrac{U_{2,av}}{U_{3,av}}\right)^2} = G'\left(\frac{U_{3,av}}{U_{b,av}}\right)^2$$

$$B = \frac{B'}{(k_1 k_2)^2} = \frac{B'}{\left(\dfrac{U_{b,av}}{U_{1,av}} \times \dfrac{U_{2,av}}{U_{3,av}}\right)^2} = B'\left(\frac{U_{3,av}}{U_{b,av}}\right)^2$$

由上面计算可看出，在近似计算中，引入平均额定电压后，电力系统元件参数的归算大为简化。

近似计算中元件各参数归算的表达式如下

$$\left. \begin{array}{ll}
R = R'\left(\dfrac{U_{b,av}}{U_{n,av}}\right)^2, & X = X'\left(\dfrac{U_{b,av}}{U_{n,av}}\right)^2 \\[3mm]
G = G'\left(\dfrac{U_{n,av}}{U_{b,av}}\right)^2, & B = B'\left(\dfrac{U_{n,av}}{U_{b,av}}\right)^2 \\[3mm]
U = U'\left(\dfrac{U_{b,av}}{U_{n,av}}\right), & I = I'\left(\dfrac{U_{n,av}}{U_{b,av}}\right)
\end{array} \right\} \tag{2.42}$$

式中　$U_{b,av}$——基本级的平均额定电压；

　　　$U_{n,av}$——待归算级的平均额定电压。

2.4.3　以标么值表示的等值电路

1. 标么值的概念

一个物理量的标么值等于该量的有名值除以相应的基准值，即

$$标么值 = \frac{有名值}{相应的基准值}(有名值和基准值有相同的量纲)$$

通常用物理量带下标"*"来表示其标么值。

基准值可以任意选择，所以一个物理量的有名值只有一个，而标么值则有无限多个。

2. 标么值的基准值选择

在电力系统稳态计算中，经常涉及的 5 个物理量是：功率 S、电压 U、电流 I、阻抗 Z 和导纳 Y。

单从标么值的定义来看，其相应的 5 个基准值都可以任意选择。但是为了体现采用标么值的优越性，使得采用标么值后原来的计算公式基本不变，在 5 个基准值中，我们规定选择 2 个基准值（功率基准值 S_B 和电压基准 U_B），其余 3 个基准值必须满足下列关系：

$$\left.\begin{array}{l} I_B = \dfrac{S_B}{\sqrt{3}U_B} \\[3mm] Z_B = \dfrac{U_B}{\sqrt{3}I_B} = \dfrac{U_B^2}{S_B} \\[3mm] Y_B = \dfrac{1}{Z_B} = \dfrac{S_B}{U_B^2} \end{array}\right\} \tag{2.43}$$

功率基准值 S_B 一般选择系统中某一发电厂的总容量或系统总容量，也可选择某发电机或变压器的额定容量，而较多地选定为 $100~MV \cdot A$、$1\,000~MV \cdot A$ 等整数。

电压基准值 U_B 一般选择基本级的额定电压或各电压级的平均额定电压，选额定电压时是精确计算法；选平均额定电压时是近似计算法。

3. 采用标么值的优点

① 采用标么值易于比较电力系统各元件的特性和参数。

例如，一台铭牌数据为 $110~kV$、$10\,000~kV \cdot A$ 的变压器，其短路电压为 $U_{K1} = 11.6~kV$；另一台铭牌数据为 $10.5~kV$、$7\,500~kV \cdot A$ 的变压器，其短路电压为 $U_{K2} = 1.05~kV$。从有名值看，这两个短路电压相差很大，不好比较。如果都取它们各自的额定电压为基准，则其标么值为

$$U_{K1*} = \frac{11.6}{110} = 0.105, \quad U_{K2*} = \frac{1.05}{10.5} = 0.1$$

计算说明这两台变压器的短路电压都是其额定电压的 10% 左右。

② 采用标么值便于判断电气设备的运行状态。

例如，一台运行中的发电机，测量到其端电压为 10.5 kV，相电流为 1 000 A。从这些数值不能马上判断运行情况是否正常。但如果得到的数据是以发电机额定值为基准的标么值，$U_* = 1.0$、$I_* = 0.8$，便可以立即判断出发电机的运行情况为：运行电压正常，负荷电流小于额定电流。

③ 采用标么值可简化计算。

例如，在对称三相系统中，线电压和相电压的标么值相等；当电压等于基准值时，电流的标么值和功率（包括视在功率、有功功率、无功功率）的标么值相等；变压器阻抗的标么值不论归算到哪一侧都一样，并等于短路电压的标么值。

4. 制定标么值的等值电路

制定一个给定电力系统的标么值等值电路，有以下步骤：

① 选基本级及基本级的基准值。确定基本级上的基准值 S_B、U_B。S_B、U_B 取定后，可计算出 I_B、Z_B、Y_B 的值。

② 把各元件的有名值参数归算为以基本级上的基准值为基准的标么值，即可连网。

各元件参数标么值的归算途径有两个：

途径一：先将元件参数的有名值归算至同一基本级，然后取标么值。

$$\text{元件有名值归算至基本级}\begin{cases} Z = k^2 Z' \\ Y = \dfrac{1}{k}Y' \\ U = kU' \\ I = \dfrac{1}{k}I' \end{cases} \Rightarrow \text{取标么值}\begin{cases} Z_* = \dfrac{Z}{Z_B} = Z\dfrac{S_B}{U_B^2} \\ Y_* = \dfrac{Y}{Y_B} = Y\dfrac{U_B^2}{S_B} \\ U_* = \dfrac{U}{U_B} \\ I_* = \dfrac{I}{I_B} = I\dfrac{\sqrt{3}U_B}{S_B} \end{cases} \tag{2.44}$$

式中　Z'、Y'、U'、Y'——归算前的元件参数有名值；

$\quad\quad$ Z、Y、U、I——归算到同一基本级的元件参数有名值；

$\quad\quad$ S_B、U_B、Z_B、Y_B、I_B——与基本级相对应的各基准值；

$\quad\quad$ Z_*、Y_*、U_*、I_*——阻抗、导纳、电压、电流的标么值。

途径二：先将各参数（阻抗、导纳、电压、电流）基准值归算至同一基本级，后取各元件参数的标么值。

$$\text{基准值归算至基本级} \begin{cases} Z'_B = \dfrac{Z_B}{k^2} \\ Y'_B = k^2 Y_B \\ U'_B = \dfrac{1}{k} U_B \\ I'_B = k I_B \end{cases} \Rightarrow \text{取标么值} \begin{cases} Z_\ast = \dfrac{Z'}{Z'_B} = Z' \dfrac{S_B}{(U'_B)^2} \\ Y_\ast = \dfrac{Y'}{Y'_B} = Y' \dfrac{(U'_B)^2}{S'_B} \\ U_\ast = \dfrac{U'}{U'_B} \\ I_\ast = \dfrac{I'}{I'_B} = I' \dfrac{\sqrt{3} U'_B}{S_B} \end{cases} \tag{2.45}$$

这里的 Z'_B、Y'_B、U'_B、I'_B 为阻抗、导纳、电压、电流的基准值归算到同一基本级的值，其余符号含义同式（2.44）。

以上两种归算途径，得到的标么值参数是相同的。

2.4.4 电力系统等值电路的使用和简化

对电力系统稳态运行的分析和计算，一般可用精确的以有名值表示的等值电路；网络较大时，可用精确的以标么值表示的等值电路。对电力系统故障的分析和计算，大多用近似计算的标么值表示的等值电路。

在电力系统计算中，由于计算内容和要求不同，有时可将某些元件的参数略去，从而简化等值电路。可以略去的参数有：

① 发电机定子绕组的电阻可以略去。

② 变压器的电阻和导纳有时可以略去。

③ 电力线路电导通常都可以略去，当其电阻小于电抗的 1/3 时，一般可以略去其电阻；100 km 以下架空电力线路的电纳也可以略去；100～300 km 架空线路的电纳有时以具有定值的容性或感性无功功率损耗的形式出现在电路中。

④ 电抗器的电阻通常都略去。

⑤ 变压器的电导有时以具有定值的有功功率损耗的形式出现在电路中。

⑥ 有时整个元件甚至部分系统都不包括在电路中，如将某些发电厂的高压母线看作可维持给定电压、输出给定功率的等值电源时，这些发电厂的内部元件不再出现在等值电路中。

在电力系统的短路计算中，常常只需要制定只有电抗参数的标么值等值电路。所以电力系统各元件的电抗标么值计算显得比较重要。

现将求取电力系统各元件电抗标么值的常用计算公式归纳至表 2.9 中。

表 2.9　电力系统各元件电抗标么值的计算公式

元件名称	精确归算时	近似归算时
发电机电抗	$X_{G\ast} = \dfrac{X_G(\%)}{100} \times \dfrac{U_N^2}{S_N} \times \dfrac{S_B}{(U'_B)^2}$	$X_{G\ast} = \dfrac{X_G(\%)}{100} \times \dfrac{S_B}{S_N}$
变压器电抗	$X_{T\ast} = \dfrac{U_K(\%)}{100} \times \dfrac{U_N^2}{S_N} \times \dfrac{S_B}{(U'_B)^2}$	$X_{T\ast} = \dfrac{U_K(\%)}{100} \times \dfrac{S_B}{S_N}$

元件名称	精确归算时	近似归算时
线路电抗	$X_{L*} = x_1 L \dfrac{S_B}{(U'_B)^2}$	$X_{L*} = x_1 L \times \dfrac{S_B}{U_{B,av}^2}$
电抗器电抗	$X_{R*} = \dfrac{X_R(\%)}{100} \times \dfrac{U_N}{\sqrt{3}I_N} \times \dfrac{S_B}{(U'_B)^2}$	$X_{R*} = \dfrac{X_R(\%)}{100} \times \dfrac{U_N}{\sqrt{3}I_N} \times \dfrac{S_B}{U_{B,av}^2}$

【例 2.5】 试用精确归算法和近似归算法计算图 2.19 所示输电系统各元件的标么值电抗，并将参数标于等值电路中。

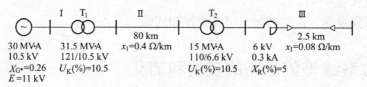

图 2.19 例 2.5 图

解 （1）精确计算。

① 选取基准值。

功率基准值为： $S_B = 100 \ (MV \cdot A)$

第 I 段基准电压为： $U_{B\,I} = 10.5 \ (kV)$

第 II 段基准电压为： $U_{B\,II} = 10.5 \times \dfrac{121}{10.5} = 121 \ (kV)$

第 III 段基准电压为： $U_{B\,III} = 10.5 \times \dfrac{121}{10.5} \times \dfrac{6.6}{110} = 7.26 \ (kV)$

② 各元件的电抗标么值。

发电机： $X_{G*} = 0.26 \times \dfrac{10.5^2}{30} \times \dfrac{100}{10.5^2} = 0.87$

变压器 T_1： $X_{T1*} = \dfrac{10.5}{100} \times \dfrac{10.5^2}{31.5} \times \dfrac{100}{10.5^2} = 0.33$

架空线路： $X_{L1*} = 0.4 \times 80 \times \dfrac{100}{121^2} = 0.22$

变压器 T_2： $X_{T2*} = \dfrac{10.5}{100} \times \dfrac{110^2}{15} \times \dfrac{100}{121^2} = 0.58$

电抗器： $X_{R*} = \dfrac{5}{100} \times \dfrac{6}{\sqrt{3} \times 0.3} \times \dfrac{100}{7.26^2} = 1.10$

电缆线路： $X_{L2*} = 2.5 \times 0.08 \times \dfrac{100}{7.26^2} = 0.38$

（2）近似计算。

① 选取基准值。

功率基准值为： $S_B = 100 \ (MV \cdot A)$

电压基准为平均额定电压，即

$$U_{B\,I} = 10.5 \ (kV)\,, \quad U_{B\,II} = 115 \ (kV)\,, \quad U_{B\,III} = 6.3 \ (kV)$$

② 各元件的电抗标么值。

发电机： $X_{G*} = 0.26 \times \dfrac{100}{30} = 0.87$

变压器 T_1： $X_{T1*} = \dfrac{10.5}{100} \times \dfrac{100}{31.5} = 0.33$

架空线路： $X_{L1*} = 0.4 \times 80 \times \dfrac{100}{115^2} = 0.24$

变压器 T_2： $X_{T2*} = \dfrac{10.5}{100} \times \dfrac{100}{15} = 0.70$

电抗器： $X_{R*} = \dfrac{5}{100} \times \dfrac{6}{\sqrt{3} \times 0.3} \times \dfrac{100}{6.3^2} = 1.45$

电缆线路： $X_{L2*} = 2.5 \times 0.08 \times \dfrac{100}{6.3^2} = 0.504$

（3）等值电路如图 2.20 所示。

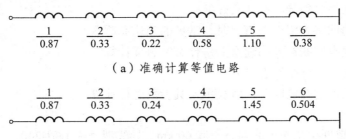

（a）准确计算等值电路

（b）近似计算等值电路

图 2.20 例 2.5 的等值电路

思考题和习题

一、填空题

1. 架空线路由导线、避雷线、_____、_____和金具组成。

2. 升压结构变压器的_____绕组最靠近铁芯，_____绕组居中，高压绕组在最外层；降压结构变压器的_____绕组最靠近铁芯，_____绕组居中，高压绕组在最外层。

3. 电力系统元件参数标么值有两种算法，按_____计算为精确计算法；按_____计算为近似计算法。

4. 架空导线的型号为 LGJ-240，其中"LGJ"表示该导线是_____；"240"表示该导线的_____为 240 mm²。

5. 变压器的电阻是用来表示_____的参数；而电纳是用来表示_____的参数。

6. 架空线路采用分裂导线，可使线路的_____减小，线路的_____增加，以避免发生电晕现象。

7. 在计算三绕组变压器的电抗时，除要注意到各绕组的_____关系外，还要考虑到绕组的_____。

8. 对于三绕组降压变压器，如果功率主要是由低压侧向高压侧传送，则宜把_____绕组放在中层；如果功率主要是由高压侧向中压侧传送，则宜把_____绕组放在中层。

9. 在电力系统的等值电路中，对各元件的参数进行归算时，按变压器_____变比进行的是精确归算；按变压器的_____变比进行的是近似归算。

10. 变压器的_____是用来表示绕组铜耗的参数；而_____是用来表示铁芯损耗的参数。

二、选择题

1. （　　）是反映架空线路沿绝缘子的泄漏电流和电晕现象的参数。

  A. 电阻   B. 电抗   C. 电纳

2. （　　）是反映架空线路在空气介质中电场效应的参数。

  A. 电阻   B. 电抗   C. 电纳

三、判断题（对的划"√"，错的划"×"）

1. 实际运行表明，35 kV 及以下电压等级的架空线路一般不会发生电晕现象。（　　）

2. 电晕损耗是有功功率损耗。（　　）

四、问答题

1. 架空线路采用分裂导线有什么好处？

2. 在制定电力网络等值电路模型时，常见的简化有哪些？

3. 线路的参数有哪些？其物理意义是什么？怎样计算？

4. 线路有几种等值电路？怎样划分？

5. 双绕组变压器的等值电路如何表示？其参数怎样计算？

五、计算题

1. 某 110 kV 单回架空输电线路，长度 60 km，导线型号为 LGJ-240，导线水平布置，线间距离为 4 m，试用公式法和查表法分别计算此线路参数并绘制等值电路。

2. 一台 121 kV/10.5 kV，容量为 31 500 kV·A 的三相双绕组变压器，其铭牌数据为 $P_0 = 47$ kW，$I_0(\%) = 2.7$，$P_K = 200$ kW，$U_K(\%) = 10.5$。试计算此变压器归算到高压侧的参数并绘制等值电路。

3. 电力网的接线如图 2.21 所示，线路和变压器的技术数据见图中，试计算线路和变压器的参数，并作此网络的有名值等值电路。

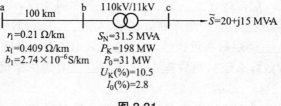

  a 100 km b 110kV/11kV c $\tilde{S} = 20 + j15$ MV·A

$r_1 = 0.21$ Ω/km $S_N = 31.5$ MV·A
$x_1 = 0.409$ Ω/km $P_K = 198$ MW
$b_1 = 2.74 \times 10^{-6}$ S/km $P_0 = 31$ MW
       $U_K(\%) = 10.5$
       $I_0(\%) = 2.8$

图 2.21

4. 简单电力系统接线如图 2.22 所示，有关数据标于图中，试分别作出各元件阻抗有名值和标么值表示的等值电路。

5. 系统接线如图 2.23 所示，已知各元件参数如下：

发电机 G_1、G_2：$P_N = 30$ MW，$U_N = 10.5$ kV，$X''_{d*} = 0.27$，$E'' = 11$ kV，$\cos \varphi = 0.8$；

变压器 T：$S_N = 60$ MV·A，$k_T = 121/10.5$ kV，$U_K(\%) = 10.5$；

线路 L：$L = 100$ km，$x_1 = 0.4$ Ω/km；

电抗器 R：$U_N = 10$ kV，$I_N = 1.5$ kA，$X_R(\%) = 10$。

试绘制此电力系统标么值等值电路，并计算其等值参数。（选 $S_B = 100$ MV·A，$U_B = U_{av}$）

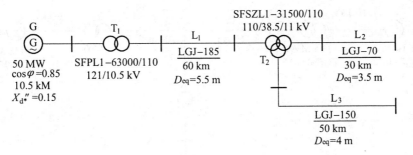

图 2.22

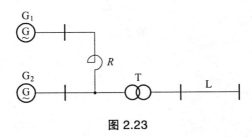

图 2.23

6. 如图 2.24 所示输电系统，有关数据标示在图中，试计算各元件的有名值参数并绘制等值电路。（设 110 kV 为基本级，采用变压器额定变比计算）

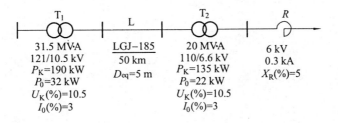

图 2.24

7. 系统接线如图 2.25 所示，已知各元件参数如下：

发电机 G：$S_N = 30\ \text{MV·A}$，$U_N = 10.5\ \text{kV}$，$X''_{d*} = 0.27$；

变压器 T_1：$S_N = 31.5\ \text{MV·A}$，$k = 121/10.5\ \text{kV}$，$U_K(\%) = 10.5$；

变压器 T_2、T_3：$S_N = 15\ \text{MV·A}$，$k = 110/6.6\ \text{kV}$，$U_K(\%) = 10.5$

线路 L：$L = 100\ \text{km}$，$x_1 = 0.4\ \Omega/\text{km}$

电抗器 R：$U_N = 6\ \text{kV}$，$I_N = 1.5\ \text{kA}$，$X_R(\%) = 6$。

试绘制此电力系统标么值等值电路，并计算其等值参数。（选 $S_B = 100\ \text{MV·A}$，$U_B = U_{av}$）

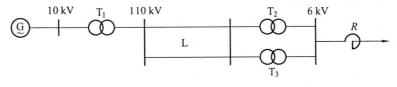

图 2.25

8. 系统接线如图 2.26 所示，各元件参数标于图中，计算各元件的电抗标么值，并画出等值电路。

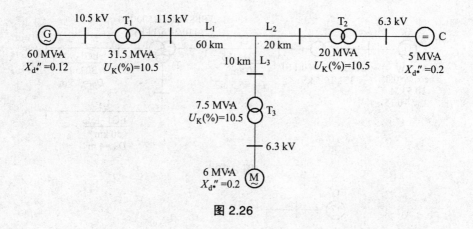

图 2.26

第3章

电力系统的潮流分布计算

所谓电力系统潮流，是指电力系统在给定的运行条件和接线方式下，系统中从电源经网络到负荷各处母线电压的大小和相位、通过网络各元件的功率大小和方向的分布情况。在电力系统，习惯上把功率和电压的分布称为为潮流分布。潮流分布计算是分析和研究电力系统运行状态的基础。本章主要介绍简单电力系统正常运行状态下潮流分布的手算方法。借此帮助我们正确理解电力系统稳态运行方面的一些基本概念及计算原理。用这些计算原理可以解释电力系统运行中的问题和现象。

电力系统的潮流分布，主要取决于负荷的分布、电力网参数以及和供电电源的关系。潮流分布计算就是对已知结构和参数的电力网络，在给定的运行方式下进行功率分布和电压分布的计算，因此有以下内容：

① 电力网元件的功率损耗计算；

② 通过电力网元件的功率大小和方向计算；

③ 电力网元件的电压降落计算；

④ 电力网节点电压（母线电压）的大小和相位计算。

潮流分布计算的目的主要有：

① 为电力系统规划设计提供选择接线方式、电气设备和导线截面的依据；

② 为确定电力系统的运行方式、制定检修计划、实施相应的调压措施提供依据；

③ 提供继电保护、自动化操作的设计与整定数据；

④ 通过潮流分布计算，还可以发现系统中的薄弱环节，检查设备元件是否过负荷，各节点电压是否符合要求，以便提出必要的改进措施，从而保证电力系统的电能质量，并使整个电力系统获得最大的经济性。

3.1　电力网的功率分布计算

电力网主要由电力线路和变压器组成。电力网的功率分布计算在电力线路和变压器功率损耗计算的基础上进行。

3.1.1 电力网的功率损耗概述

1. 电力网元件的阻抗和导纳支路

电力线路和变压器的等值电路如图 3.1 所示。

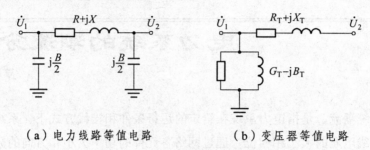

（a）电力线路等值电路　　　（b）变压器等值电路

图 3.1　电力网元件的等值电路

由此可知，电力线路和变压器的等值电路都由两条支路组成，一条是阻抗支路，另一条是导纳支路。

电力线路的阻抗 $Z = R + jX$ ，电力线路的导纳 $Y = j\frac{1}{2}B$ ；

变压器的阻抗 $Z = R_T + jX_T$ ，变压器的导纳 $Y = G_T - jB_T$ 。

2. 电力网的功率损耗

电力网在传输功率的过程中要产生功率损耗，其功率损耗由两部分组成：一部分是与传输功率有关的损耗，产生在电力线路和变压器阻抗上，其值正比于传输电流的平方，随传输功率的增大而增大，称为可变损耗，它在电力网的总损耗中所占比重较大；另一部分损耗仅与电压有关，它产生在电力线路和变压器导纳上，与传输功率无关，这种损耗称为固定损耗。

从另一角度看，电力网的功率损耗有两种，一种是有功功率损耗，它产生在电力网元件（电力线路和变压器）的电阻 R 和电导 G 中。另一种是无功功率损耗，它产生在电力网元件的电抗 X 和电纳 B 中。在这里，无功功率损耗又有感性和容性之分。在电力线路的电抗和变压器的电抗、电纳中，因建立磁场要消耗感性无功功率；而在电力线路的对地电纳中，因建立电场要消耗容性无功功率。感性无功功率和容性无功功率可以相互抵消。因此，可以把电力线路的对地电纳中消耗的容性无功功率看做是向电力线路发出的感性无功功率。电力系统元件大多数是感性元件，所以这里说的无功功率损耗主要是指感性无功功率损耗。

3. 电力网功率损耗的影响

电力网的有功功率损耗要由发电机提供，也就是说有部分发电容量要用来抵消功率在电力网中传输时所引起的功率损耗，即要占用发电容量。

电力网的无功功率损耗要比有功功率损耗大，这是因为电力网元件的电抗要比电阻大得多。如果电力网的无功功率损耗也要由发电机提供的话，发电机在视在功率一定的条件下，无功功率增大，有功功率要减小，即减少了有功功率输出。要保证对用户的供电，则要加大发电容量。再者，较大的无功功率损耗在电力网中传输，也会影响电力线路输送容量和变压器容量的有效利用。

综上所述，可知电力系统运行过程中，功率损耗是不可避免的。它的存在，影响到发电、供电设备的利用率，影响到电力系统的经济运行。我们要通过对功率损耗的计算，加深对它的理解。为采取措施降低功率损耗奠定理论基础。

3.1.2 电力线路的功率损耗计算

电力线路的功率分布如图 3.2 所示。

1. 阻抗上的功率损耗 $\Delta \tilde{S}_Z$ 计算

根据图 3.2，如果通过线路阻抗首、末端的电流为 $\dot{I}_1$、$\dot{I}_2$，则阻抗中的功率损耗为

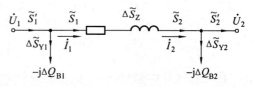

图 3.2 电力线路的功率损耗和功率分布

$$\Delta \tilde{S}_Z = 3I_1^2(R + jX) = 3I_2^2(R + jX)$$

由于 $I_1 = \dfrac{S_1}{\sqrt{3}U_1}$，$I_2 = \dfrac{S_2}{\sqrt{3}U_2}$，且 $I_1 = I_2$，所以功率损耗又可表示为

$$
\begin{aligned}
\Delta \tilde{S}_Z &= \frac{P_1^2 + Q_1^2}{U_1^2}(R + jX) = \frac{P_2^2 + Q_2^2}{U_2^2}(R + jX) \\
&= \frac{P_1^2 + Q_1^2}{U_1^2}R + j\frac{P_1^2 + Q_1^2}{U_1^2}X \\
&= \frac{P_2^2 + Q_2^2}{U_2^2}R + j\frac{P_2^2 + Q_2^2}{U_2^2}X \\
&= \Delta P_1 + j\Delta Q_1 \\
&= \Delta P_2 + j\Delta Q_2
\end{aligned}
\tag{3.1}
$$

对式（3.1）需要说明以下几点：

① 同时用阻抗支路首端的数据 $\tilde{S}_1 = P_1 + jQ_1$ 和 $\dot{U}_1$ 或同时用阻抗支路末端的数据 $\tilde{S}_2 = P_2 + jQ_2$ 和 $\dot{U}_2$，都可以计算阻抗上的功率损耗。

② 阻抗上的功率损耗 $\Delta \tilde{S}_Z = \Delta P + j\Delta Q$，它包括两部分：有功功率损耗 $\Delta P = \dfrac{P^2 + Q^2}{U^2}R = \dfrac{S^2}{U^2}R$ 和无功功率损耗 $\Delta Q = \dfrac{P^2 + Q^2}{U^2}X = \dfrac{S^2}{U^2}X$。从公式可知，当电力线路通过的有功功率 P 为一定时，在线路中流通的无功功率 Q 大，会使有功功率损耗增加。选择截面大的电力线路可减小有功功率损耗，因为截面大的导线电阻小。

③ 当 U_2（或 U_1）未知时，一般可用线路额定电压 U_N 代替 U_2（或 U_1）做近似计算。则 $\Delta \tilde{S}_Z = \dfrac{P_1^2 + Q_1^2}{U_N^2}(R + jX) = \dfrac{P_2^2 + Q_2^2}{U_N^2}(R + jX)$。

④ 采用有名值计算时，若 U 和 P、Q 取单相电压和单相功率，则计算出来的功率损耗

为一相功率损耗值；若 U 和 P、Q 取三相电压和三相功率，则计算出来的功率损耗为三相功率损耗值。采用标幺值计算时，则无单相、三相之分。

2. 导纳上的功率损耗 $\Delta \tilde{S}_{Y1}$、$\Delta \tilde{S}_{Y2}$ 计算

由于电力线路中电导 $G \approx 0$，故导纳支路有功功率损耗忽略不计。在外施电压作用下，线路对地电纳中产生的无功功率损耗是容性的（也称充电功率），它起着抵消感性无功功率的作用。如果已知线路首、末端的运行电压分别为 U_1 和 U_2，则有

$$\left.\begin{aligned}\Delta \tilde{S}_{Y1} = -\mathrm{j}\Delta Q_{B1} = \frac{1}{2}BU_1^2 \\ \Delta \tilde{S}_{Y2} = -\mathrm{j}\Delta Q_{B2} = \frac{1}{2}BU_2^2\end{aligned}\right\} \tag{3.2}$$

在工程计算中通常按 U_N 近似计算线路的充电功率的大小，即

$$\Delta Q_{B1} \approx \Delta Q_{B2} \approx \frac{1}{2}BU_\mathrm{N}^2 \tag{3.3}$$

从公式可以看出，充电功率与 B 和 U 有关。对长线路来说，这个功率是较大的，它的存在，可能会使得线路末端的电压高于首端。

式（3.2）中的负号仅说明线路对地电纳中产生的无功功率损耗是容性的。

电力线路总的功率损耗为

$$\Delta \tilde{S} = \Delta \tilde{S}_Z + \Delta \tilde{S}_{Y1} + \Delta \tilde{S}_{Y2} = \Delta P_Z + \mathrm{j}(\Delta Q_Z - \Delta Q_{B1} - \Delta Q_{B2}) \tag{3.4}$$

式（3.4）可以说明，对地导纳的作用使电力线路总的无功功率损耗减少。

3. 力线路中的功率分布计算

由图 3.2 可知，电力线路中的功率分布情况为：流入线路的功率 $\tilde{S}_1'$（线路首端功率）；流入线路阻抗支路的功率 $\tilde{S}_1$（阻抗支路首端功率）；$\tilde{S}_1$ 流过阻抗支路产生的功率损耗 $\Delta \tilde{S}_Z$；流出线路阻抗支路的功率 $\tilde{S}_2$（阻抗支路末端的功率）；流出线路的功率 $\tilde{S}_2'$（线路末端功率）。对于流过对地导纳的功率损耗，若看成负值，是流出线路，是容性无功功率损耗；若看成正值，是向线路注入感性无功功率损耗。计算这些功率就是电力线路功率分布计算的任务。

在电力线路的功率损耗已计算好的基础上，电力线路中的功率分布计算可以根据已知条件，从两个方向进行。若已知线路末端的功率，就从线路的末端向首端推算；若已知线路首端的功率，就从线路的首端向末端推算。

下面以已知线路末端的功率为例，说明电力线路中的功率分布计算。

从图 3.2 可以看出，若已知线路末端的功率 $\tilde{S}_2'$，则电力线路阻抗支路末端流出的功率为

$$\tilde{S}_2 = \tilde{S}_2' + \Delta \tilde{S}_{Y2} = P_2' + \mathrm{j}(Q_2' - \Delta Q_{B2}) = P_2 + \mathrm{j}Q_2$$

流入电力线路阻抗支路首端的功率为

$$\begin{aligned}\tilde{S}_1 &= \tilde{S}_2 + \Delta \tilde{S}_Z = (P_2 + \mathrm{j}Q_2) + (\Delta P_Z + \mathrm{j}\Delta Q_Z) \\ &= (P_2 + \Delta P_Z) + \mathrm{j}(Q_2 + \Delta Q_Z)\end{aligned}$$

电力线路首端的功率为

$$\tilde{S}_1' = \tilde{S}_1 + \Delta\tilde{S}_{Y1} = P_1 + j(Q_1 - \Delta Q_{B1}) = P_1' + jQ_1'$$

读者可以自己练习从线路的首端向末端推算电力线路中的功率分布。

不管是从末端开始推算，还是从首端开始推算，电力线路首末两端功率的关系为输出功率加上所有的功率损耗等于输入功率。即

$$\tilde{S}_1 = \tilde{S}_2 + \Delta\tilde{S} = \tilde{S}_2 + \Delta\tilde{S}_Z + \Delta\tilde{S}_{Y1} + \Delta\tilde{S}_{Y2}$$

3.1.3　变压器的功率损耗计算

以双绕组变压器为例，变压器的功率分布如图 3.3 所示。

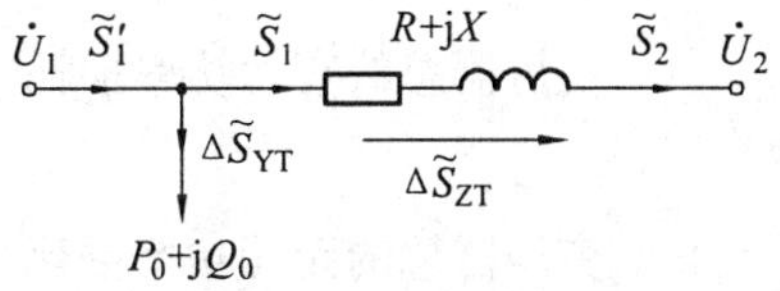

图 3.3　变压器的功率损耗和功率分布

1. 阻抗支路上的功率损耗 $\Delta\tilde{S}_{ZT}$ 计算

变压器阻抗支路上的功率损耗计算与电力线路类似，即

$$\Delta\tilde{S}_{ZT} = \frac{P_1^2 + Q_1^2}{U_1^2}(R_T + jX_T) = \frac{P_2^2 + Q_2^2}{U_2^2}(R_T + jX_T) = \Delta P_{ZT} + j\Delta Q_{ZT} \tag{3.5}$$

若认为 $U_1 \approx U_2 = U_N$，且有 $P^2 + Q^2 = S^2$，再将变压器参数 R_T 和 X_T 的计算公式代入式 (3.5) 得到

$$\begin{aligned}
\Delta\tilde{S}_{ZT} &= P_K\left(\frac{S_1}{S_N}\right)^2 + j\frac{U_K(\%)}{100}\left(\frac{S_1}{S_N}\right)^2 \\
&= P_K\left(\frac{S_2}{S_N}\right)^2 + j\frac{U_K(\%)}{100}\left(\frac{S_2}{S_N}\right)^2 \\
&= \Delta P_{ZT} + j\Delta Q_{ZT}
\end{aligned} \tag{3.6}$$

在式 (3.6) 中，变压器阻抗支路的有功功率损耗和无功功率损耗分别为

$$\left.\begin{aligned}
\Delta P_{ZT} &= P_K\left(\frac{S_1}{S_N}\right)^2 = P_K\left(\frac{S_2}{S_N}\right)^2 \\
\Delta Q_{ZT} &= \frac{U_K(\%)}{100}\left(\frac{S_1}{S_N}\right)^2 = \frac{U_K(\%)}{100}\left(\frac{S_2}{S_N}\right)^2
\end{aligned}\right\} \tag{3.7}$$

2. 导纳支路上的功率损耗 $\Delta\tilde{S}_{YT}$ 计算

变压器导纳支路上的功率损耗根据其等值电路和功率分布，得

$$\Delta\tilde{S}_{YT} = (G_T - jB_T)U_1^2 \tag{3.8}$$

若认为 $U_1 \approx U_N$，将变压器参数 G_T 和 B_T 的计算公式代入式 (3.8) 得到

$$\Delta \tilde{S}_{YT} = \frac{P_0 U_1^2}{1\,000 U_N^2} + j \frac{I_0(\%) S_N U_1^2}{100 U_N^2}$$

$$\approx \frac{P_0}{1\,000} + j \frac{I_0(\%)}{100} S_N = \Delta P_0 + j \Delta Q_0$$

在式（3.6）中，变压器导纳支路的有功功率损耗和无功功率损耗分别为

$$\left.\begin{array}{l} \Delta P_0 = P_0(\text{单位为MW时的空载损耗}) \\[2mm] \Delta Q_0 = \dfrac{I_0(\%) S_N}{100} = Q_0 \end{array}\right\} \ \text{即} \Delta \tilde{S}_{YT} = P_0 + j Q_0$$

从变压器阻抗支路流出的功率 S_2 就是变压器带的负荷 S ，则

$$\left.\begin{array}{ll} \text{变压器总的有功功率损耗} & \Delta P_T = P_0 + P_K \left(\dfrac{S}{S_N}\right)^2 \\[3mm] \text{变压器总的无功功率损耗} & \Delta Q_T = Q_0 + \dfrac{U_K(\%)}{100} S_N \left(\dfrac{S}{S_N}\right)^2 \\[3mm] \text{变压器总的功率损耗} & \Delta \tilde{S}_T = \Delta P_T + j \Delta Q_T \end{array}\right\} \quad (3.9)$$

当变电站（所）的总负荷为 S 时，n 台变压器并联运行的总功率损耗为

$$\Delta P_n = n P_0 + n P_K \left(\frac{S}{n S_N}\right)^2 = n P_0 + \frac{P_K}{n} \left(\frac{S}{S_N}\right)^2$$

$$\Delta Q_n = n Q_0 + \frac{U_K(\%)}{100 n} S_N \left(\frac{S}{S_N}\right)^2$$

强调一点，在以上的公式中，功率的单位为 MW、MVar，MV · A；电压的单位为 kV，阻抗的单位为 Ω，导纳的单位为 S。

仿照以上的方法，读者可以自己推导三绕组变压器功率损耗的计算。

3. 变压器中的功率分布计算

由图 3.3 可知，变压器中的功率分布情况为：流入变压器的功率 $\tilde{S}_1'$（变压器首端功率）；流入变压器阻抗支路的功率 $\tilde{S}_1$（阻抗支路首端功率）；$\tilde{S}_1$ 流过阻抗支路产生的功率损耗 $\Delta \tilde{S}_{ZT}$；流出变压器阻抗支路的功率 $\tilde{S}_2$（阻抗支路末端的功率，也是变压器的末端功率）；流出变压器导纳支路的功率 $\Delta \tilde{S}_{YT}$ 是变压器空载有功功率损耗 P_0 和空载无功功率损耗 Q_0。

与电力线路的功率分布计算类似，在变压器的功率损耗已计算好的基础上，以已知变压器负荷功率 $\tilde{S}_2$ 为例，说明变压器中的功率分布计算。

从图 3.3 可以看出，若已知变压器末端的功率 $\tilde{S}_2$ ，则流入变压器阻抗支路首端的功率为

$$\tilde{S}_1 = \tilde{S}_2 + \Delta \tilde{S}_{ZT} = (P_2 + \Delta P_{ZT}) + j(Q_2 + \Delta Q_{ZT}) = P_1 + j Q_1$$

变压器首端的功率为

$$\tilde{S}_1' = \tilde{S}_1 + \Delta \tilde{S}_{YT} = (P_1 + P_0) + j(Q_1 + Q_0)$$

变压器首末两端功率的关系为，输出功率加上所有的功率损耗等于输入功率。即

$$\tilde{S}_1 = \tilde{S}_2 + \Delta\tilde{S}_\mathrm{T} = \tilde{S}_2 + \Delta\tilde{S}_\mathrm{ZT} + \Delta\tilde{S}_\mathrm{YT}$$

以上的讨论可以推广到三绕组变压器。

3.2　电力网的电压分布计算

电力网某两个节点之间的等值电路如图 3.4 所示，它可以是电力线路的阻抗支路，也可以是变压器的阻抗支路。我们要用图 3.4 所示的等值电路来讨论电力网的电压计算（电力网的导纳支路不影响电压的大小）。

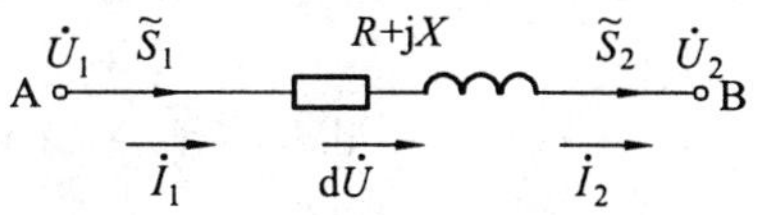

图 3.4　电力网某两个节点之间的等值电路

3.2.1　电力网节点电压的分析

从图 3.4 所示等值电路中可知，当有电流在节点 A、B 之间传输时，要在阻抗上产生一个电压降落，使两节点的电压 $\dot{U}_1$ 和 $\dot{U}_2$ 不相等。这个电压降落为

$$\begin{aligned}
\mathrm{d}\dot{U} &= \dot{U}_1 - \dot{U}_2 = \dot{I}_1(R + \mathrm{j}X) = \dot{I}_2(R + \mathrm{j}X) \\
&= \dot{I}_1 R + \mathrm{j}\dot{I}_1 X = \dot{I}_2 R + \mathrm{j}\dot{I}_2 X
\end{aligned} \tag{3.10}$$

根据式（3.10），可以得到两种已知条件下的相量图，如图 3.5 所示。

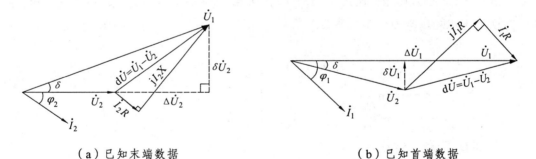

（a）已知末端数据　　　　　　　　（b）已知首端数据

图 3.5　电力网电压降落的相量图

从图 3.5 中可以看出：

① 这个电压降落使两节点的电压 $\dot{U}_1$ 和 $\dot{U}_2$ 大小不相等，相位不相同；

② 这个电压降落可分解为两个分量 $\Delta\dot{U}$ 和 $\delta\dot{U}$。习惯上把 $\Delta\dot{U}$ 称为纵分量，而把 $\delta\dot{U}$ 称为横分量。在不同的已知条件下，它们的值有差异，但电压降落不随已知条件改变，即 $\mathrm{d}\dot{U} = \dot{U}_1 - \dot{U}_2 = \Delta U_1 + \mathrm{j}\delta U_1 = \Delta U_2 + \mathrm{j}\delta U_2$。$\mathrm{d}U$、$\Delta U$、$\delta U$ 三者是直角三角形的关系。

③ 只要求得电压降 $\mathrm{d}\dot{U}$，就可已知一个节点电压，求另一个节点电压。即

$$\dot{U}_1 = \dot{U}_2 + \mathrm{d}\dot{U} , \quad \dot{U}_2 = U_1 - \mathrm{d}\dot{U}$$

3.2.2 电力网的电压计算

根据上面的分析思路来进行电力网中的电压计算。首先确定已知条件计算电压降落，然后计算节点电压。

1. 已知 $\dot{U}_2$ 和 $\tilde{S}_2$，求 $\dot{U}_1$

在图 3.5（a）中，设末端电压为 $\dot{U}_2 = U_2\angle 0°$，由 $\tilde{S}_2 = \dot{U}_2 \overset{*}{\dot{I}}_2$ 得 $\dot{I}_2 = \left(\dfrac{\tilde{S}_2}{U_2}\right)^* = \dfrac{P_2 - jQ_1}{U_2}$

$$\therefore \quad d\dot{U} = \dot{I}_2(R + jX) = \frac{P_2 - jQ_2}{U_2}(R + jX)$$

$$= \frac{P_2R + Q_2X}{U_2} + j\frac{P_2X - Q_2R}{U_2}$$

$$= \Delta U_2 + j\delta U_2 \tag{3.11}$$

其中

$$\left.\begin{array}{l} \text{纵分量} \quad \Delta U_2 = \dfrac{P_2R + Q_2X}{U_2} \\[3mm] \text{横分量} \quad \delta U_2 = \dfrac{P_2X - Q_2R}{U_2} \end{array}\right\} \tag{3.12}$$

于是有 $\qquad \dot{U}_1 = U_2 + d\dot{U} = (U_2 + \Delta U_2) + j\delta U_2 \tag{3.13}$

从相量图 3.5（a）可知，在式（3.13）中，$\dot{U}_1$ 和 $(\dot{U}_2 + \Delta \dot{U}_2)$ 及 $\delta \dot{U}_2$ 组成直角三角形，由此可求得 $\dot{U}_1$ 的大小和相位为

$$\left.\begin{array}{l} U_1 = \sqrt{(U_2 + \Delta U_2)^2 + (\delta U_2)^2} \\[3mm] \delta = \arctan\dfrac{\delta U_2}{U_2 + \Delta U_2} \end{array}\right\} \tag{3.14}$$

2. 已知 $\dot{U}_1$ 和 $\tilde{S}_1$，求 $\dot{U}_2$

同理，设图 3.5（b）中 $\dot{U}_1 = U_1\angle 0°$，由 $\tilde{S}_1 = \dot{U}_1 \overset{*}{\dot{I}}_1$ 得 $\dot{I}_1 = \left(\dfrac{\tilde{S}_1}{U_1}\right)^* = \dfrac{P_1 - jQ_1}{U_1}$

$$d\dot{U} = \dot{I}_1(R + jX) = \frac{P_1 - jQ_1}{U_1}(R + jX)$$

$$= \frac{P_1R + Q_1X}{U_1} + j\frac{P_2X - Q_2R}{U_1}$$

$$= \Delta U_1 + j\delta U_1 \tag{3.15}$$

其中

$$\text{纵分量}\quad \Delta U_1 = \frac{P_1R + Q_1X}{U_1} \left.\vphantom{\frac{P_1R + Q_1X}{U_1}}\right\}$$
$$\text{横分量}\quad \delta U_1 = \frac{P_1X - Q_1R}{U_1}$$
$$\tag{3.16}$$

于是有 $\quad \dot{U}_2 = \dot{U}_1 - \mathrm{d}\dot{U} = (U_1 - \Delta U_1) - \mathrm{j}\delta U_1 \tag{3.17}$

由图 3.5（b）所示的相量图可知，$\dot{U}_2$ 和 $(\dot{U}_1 + \Delta \dot{U}_1)$ 及 $\delta \dot{U}_1$ 组成直角三角形，由此可求得 $\dot{U}_2$ 的大小和相位为

$$U_2 = \sqrt{(U_1 - \Delta U_1)^2 + (\delta U_1)^2}$$
$$\delta = \arctan \frac{\delta U_1}{U_1 - \Delta U_1}$$
$$\tag{3.18}$$

3. 小 结

为了清楚起见，现将电力网电压分布的计算归纳如下：

1）电压降落两个分量的计算

不考虑已知条件，电压降两个分量的计算可用一个通式表示为

$$\text{纵分量}\quad \Delta U = \frac{PR + QX}{U}$$
$$\text{横分量}\quad \delta U = \frac{PX - QR}{U}$$
$$\tag{3.19}$$

应用公式时，注意 P、Q、U 必须取同一点的值。若 U_1 或 U_2 未知，可用电力网的额定电压 U_N 替代。

2）电压降落的计算

电压降落根据已知条件，有两种分解，见图 3.6。

从图 3.6 知，电压降落的大小与已知条件无关。即有

$$\mathrm{d}U = \sqrt{(\Delta U_1)^2 + (\delta U_1)^2}$$
$$= \sqrt{(\Delta U_2)^2 + (\delta U_2)^2} \tag{3.20}$$

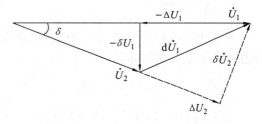

图 3.6　电压降落相量的两种分解法

但电压降落的纵分量和横分量则随已知条件的不同而异，即 $\Delta U_1 \neq \Delta U_2, \delta U_1 \neq \delta U_2$。

对于 110 kV 及以下电压等级的电力网，电压降落的横分量 δU 可忽略不计，则 $\mathrm{d}U = \Delta U_1 = \Delta U_2$，电压降落就等于其纵分量。但对 220 kV 及以上的高压、超高压电网而言，其横分量不能忽略。

3）节点电压的计算

节点电压的计算在电压降落的纵分量和横分量计算好的基础上进行。需已知一节点电压

去计算另一节点电压。

若已知 $\dot{U}_2$，求 $\dot{U}_1$，则有

$$\left.\begin{array}{l} U_1 = \sqrt{(U_2 + \Delta U_2)^2 + (\delta U_2)^2} \\ \delta = \arctan\dfrac{\delta U_2}{U_2 + \Delta U_2} \end{array}\right\}$$

(3.21)

若已知 $\dot{U}_1$，求 $\dot{U}_2$，则有

$$\left.\begin{array}{l} U_2 = \sqrt{(U_1 - \Delta U_1)^2 + (\delta U_1)^2} \\ \delta = \arctan\dfrac{\delta U_1}{U_1 - \Delta U_1} \end{array}\right\}$$

(3.22)

若忽略横分量，则有

$$\left.\begin{array}{l} U_1 = U_2 + \Delta U_2 \\ U_2 = U_1 + \Delta U_1 \end{array}\right\} \Rightarrow \Delta U = U_1 - U_2$$

(3.23)

3.2.3　电力网的电压质量指标

1. 电压降落

所谓电压降落是指电力网任意两点 $\dot{U}_1$、$\dot{U}_2$ 的电压相量差。记为 $\mathrm{d}\dot{U}$。根据前面的分析，电压降落用数学式子表示为

$$\mathrm{d}\dot{U} = \dot{U}_1 - \dot{U}_2 = \Delta U + \mathrm{j}\delta U$$

其中 ΔU 和 δU 分别为电压降落的纵分量与横分量。关于它们的计算见式（3.19）和（3.20）。

2. 电压损耗

所谓电压损耗是指电力网中任意两点电压 $\dot{U}_1$、$\dot{U}_2$ 的代数差，记为 ΔU。根据前面的分析，电压损耗用数学式子表示为

$$\Delta U = U_1 - U_2$$

关于 U_1 和 U_2 的计算见式（3.21）和（3.22）。

在近似计算中，电压损耗即为电压降落的纵分量，见式（3.23）。即

$$\Delta U = \frac{PR + QX}{U} = \frac{PR}{U} + \frac{QX}{U}$$

(3.24)

式（3.24）中第一部分 $\dfrac{PR}{U}$ 与有功功率和电阻有关，第二部分 $\dfrac{QX}{U}$ 与无功功率和电抗有关，而这些因素对电压损耗值的影响程度是由电网特性所决定的。一般说来，在高压、超高压电网中，因为输电线路的截面较大，$X \gg R$，所以 QX 的数值对电压影响较大；反之，在电压不太高的地区性电网中，由于电阻 R 的值相对较大，PR 项的影响将不可忽略。

通常电压损耗以网络额定电压 U_N 的百分数表示，即

$$\Delta U\% = \frac{U_1 - U_2}{U_N} \times 100\% \tag{3.25}$$

电压损耗百分数的大小直接反映了电力网任意两点电压偏差的大小。规程规定，电力网正常运行时的最大电压损耗一般不应超过 10%。

3. 电压偏移

在电力网中，某指定点的实际电压 U 与该处网络额定电压 U_N 的代数差称为电压偏移，常用额定电压的百分数表示。即

$$m\% = \frac{U - U_N}{U_N} \times 100\% \tag{3.26}$$

当 $m\%$ 为正值时，说明实际电压高于额定电压；当 $m\%$ 为负值时，说明实际电压低于额定电压。电压偏移的大小，直接反映了供电电压的质量。一般来说，网络中的电压损耗愈大，各点的电压偏移也就愈大。

在实际工作中，不太关心两点间电压的相位关系，而关心某指定点的电压及与额定电压的差距。因此，常以电压损耗和电压偏移作为电压质量的主要指标。

【例 3.1】 如图 3.7 所示，有一条 35 kV 输电线路，共长 40 km，导线型号为 LGJ-120，几何均距 $D = 2\ \text{m}$，查得线路参数 $r_1 = 0.27\ \Omega/\text{km}$，$x_1 = 0.365\ \Omega/\text{km}$。导纳可忽略不计，已知线路末端有功功率 $P_2 = 4\ 000\ \text{kW}$，功率因数 $\cos\varphi_2 = 0.8$，如果要求该线路末端电压维持 $U_2 = 35\ \text{kV}$，试求：

① 该线路首端电压 U_1 应为多少千伏？线路上的电压降落为多少千伏？

② 计算电压损耗及首端电压偏移，并判断电压偏移是否在允许的范围内。

解 ① 计算线路参数，作等值电路图。

$$R = r_1 L = 0.27 \times 40 = 10.8\ (\Omega)$$
$$X = x_1 L = 0.365 \times 40 = 14.6\ (\Omega)$$

画等值电路如图 3.8 所示。

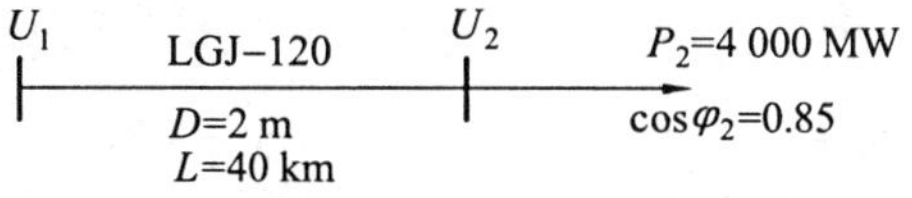

图 3.7 例 3.1 的接线图

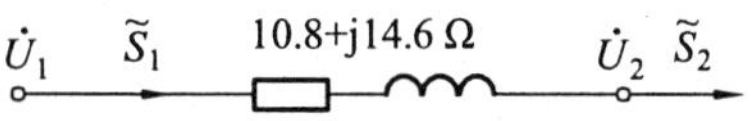

图 3.8 例 3.1 的等值电路

② 将末端功率表示为复功率的形式。

已知 $P_2 = 4\ 000\ \text{kW}$，$\cos\varphi_2 = 0.8$，则

$$Q_2 = \tan(\cos^{-1} 0.85) \times P_2 = 0.62 \times 4\ 000 = 2\ 479\ (\text{kvar})$$

所以 $\quad \tilde{S}_2 = P_2 + jQ_2 = 4\ 000 + j2479\ (\text{kVA}) = 4 + j2.479\ (\text{MV·A})$

③ 求 U_1 和电压降落。

电压降落的纵分量 $\quad \Delta U_2 = \dfrac{P_2 R + Q_2 X}{U_2} = \dfrac{4 \times 10.8 + 2.479 \times 14.6}{35} = 2.27 \ (\text{kV})$

电压降落的横分量 $\quad \delta U_2 = \dfrac{P_2 X - Q_2 R}{U_2} = \dfrac{4 \times 14.6 - 2.479 \times 10.8}{35} = 0.9 \ (\text{kV})$

电压降落 $\quad \text{d}U = \sqrt{\Delta U_2 + \delta U_2} = \sqrt{2.27^2 + 0.9^2} = 2.44 \ (\text{kV})$

线路首端电压 $\quad U_1 = \sqrt{(U_2 + \Delta U_2)^2 + {\delta U_2}^2} = \sqrt{(35 + 2.27)^2 + 0.9^2} = 37.28 \ (\text{kV})$

$$\delta = \arctan \dfrac{\delta U_2}{U_2 + \Delta U_2} = \arctan \dfrac{0.9}{35 + 2.27}$$

为了保持 $U_2 = 35 \ \text{kV}$，U_1 应等于 $37.28 \ \text{kV}$。

④ 求电压损耗和电压偏移。

电压损耗 $\left\{\begin{array}{l} \text{考虑横分量时：} \ \Delta U = U_1 - U_2 = 37.28 - 35 = 2.28 \ (\text{kV}) \\ \text{忽略横分量时：} \ \Delta U = \Delta U_2 = 2.27 \ (\text{kV}) \end{array}\right.$ 两者相差甚小。

首端电压偏移 $m\% = \dfrac{U_1 - U_{1\text{N}}}{U_{1\text{N}}} \times 100 = \dfrac{37.28 - 35}{35} \times 35 = 6.5 > 5$

显然首端电压偏移过大，超过允许范围，需采取其他措施。

【例 3.2】 有一电力网接线如图 3.9（a）所示，有关数据注明于图中，已知首端电压为 115 kV，试求末端电压。

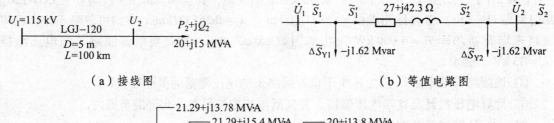

（a）接线图　　　　　　　　　　　　（b）等值电路图

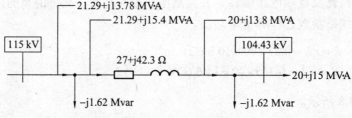

（c）潮流分布图

图 3.9　例 3.2 题图

解

① 求线路参数，作等值电路如图 3.9（b）所示。计算过程略。

② 求线路的潮流分布。

负荷功率 $\quad \tilde{S}_2 = 20 + \text{j}15 \ (\text{MV} \cdot \text{A})$

线路电容功率 $\quad \Delta \tilde{S}_{Y1} = \Delta \tilde{S}_{Y2} = -\text{j}1.62 \ \text{Mvar}$

线路阻抗支路末端功率

$$\tilde{S}_2' = \tilde{S}_2 + \Delta \tilde{S}_{Y2} = 20 + \text{j}15 - \text{j}1.62 = 20 + \text{j}13.38 \ (\text{MV} \cdot \text{A})$$

线路阻抗中功率损耗 $\quad \Delta \tilde{S} = \dfrac{20^2 + 13.38^2}{110^2}(27 + j42.3) = 1.29 + j2.02 \ (\text{MV} \cdot \text{A})$

对上式说明一点：因为 U_2 为未知数，所以用 U_N 代替 U_2。

线路阻抗支路首端功率

$$\tilde{S}_1' = \tilde{S}_2' + \Delta \tilde{S} = 20 + j13.38 + 1.29 + j2.02 = 21.29 + j15.4 \ (\text{MV} \cdot \text{A})$$

线路首端功率 $\quad \tilde{S}_1 = \tilde{S}_1' + \Delta \tilde{S}_{Y1} = 21.29 + j15.4 - j1.62 = 21.29 + j13.78 \ (\text{MV} \cdot \text{A})$

③ 求节点电压。已知线路首端电压 $U_1 = 115 \ \text{kV}$，以此电压为参考相量，则末端电压为

$$\dot{U}_2 = U_1 - \frac{P_1 R + Q_1 X}{U_1} - j\frac{P_1 X - Q_1 R}{U_1}$$

$$= 115 - \frac{21.29 \times 27 + 15.4 \times 42.3}{115} - j\frac{21.29 \times 42.3 - 15.4 \times 27}{115}$$

$$= 115 - 10.66 - j4.22 = 104.34 - j4.22 \ (\text{kV})$$

$$U_2 = \sqrt{104.34^2 + 4.22^2} = 104.43 \ (\text{kV})$$

$$\delta = \arctan \frac{-4.22}{104.34} = -2.3°$$

若忽略横分量不计，则 $U_2 \approx 104.34 \ (\text{kV})$。这说明 110 kV 及以下线路，电压降落横分量对 U_2 数值影响较小。潮流分布计算结果如图 3.9（c）所示。

3.3　开式网络的潮流分布

开式网络潮流分布计算的步骤和内容如下：

① 根据电力网接线图求各元件参数，并作出等值电路图。

② 化简等值电路。具体做法是：假设网络全网电压额定，计算电力网中各变电所的运算负荷和各电源的运算功率，并将其接至相应节点，从而消去变压器阻抗支路和所有导纳支路，化简后的等值电路中只包含了线路阻抗、运算负荷和运算功率。

下面以图 3.10（a）所示的电力网为例，来说明运算负荷和运算功率的概念和计算。

如图 3.10（a）所示的电力网络，它由发电厂 c、变电站 b 和线路 ab、线路 bc 组成。作出它的等值电路如图 3.10（b）所示。化简后的等值电路如图 3.10（c）所示。

在图 3.10（c）中：$\tilde{S}_b$ 称为变电站 b 的运算负荷，它等于变电站低压母线负荷，加上变压器 T_b 阻抗与导纳中的功率损耗，再加上变电站高压母线所连的所有线路电容功率的一半。即 $\tilde{S}_b = \tilde{S}_{Fb} + \Delta \tilde{S}_{ZTb} + \Delta \tilde{S}_{YTb} + \left(-j\dfrac{1}{2}Q_{ab}\right) + \left(-j\dfrac{1}{2}Q_{bc}\right)$。由此可见，运算负荷实际上就是降压变电站高压母线上从电网吸取的等值功率。

$\tilde{S}_c$ 称为发电厂 c 的运算功率。它等于发电厂的功率减去厂用或地方负荷，再减去升压变压器 T_c 阻抗与导纳中的功率损耗，再减去发电厂高压母线所连的所有线路电容功率的一半。

即 $\tilde{S}_c = \tilde{S}_{Gc} - \tilde{S}_{Fc} - \Delta\tilde{S}_{YTc} - \Delta\tilde{S}_{ZTc} - \left(-j\dfrac{1}{2}Q_{bc}\right)$。由此可见，运算功率实际上就是从发电厂高压母线向电网输入的等值功率。

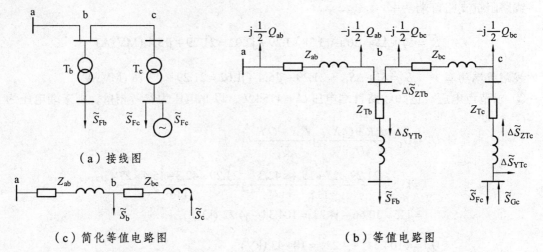

（a）接线图

（c）简化等值电路图　　　　　　　　（b）等值电路图

图 3.10　运算功率和运算负荷

③ 求功率分布。

④ 求电压分布。

对开式网络的潮流分布计算，分区域网和地方网来讨论。

3.3.1　开式区域网的潮流分布计算

在进行开式区域网的潮流分布计算时，一般给出的已知条件有：

① 某种运行方式下降压变电所低压侧的负荷（末端功率）；

② 线路和变压器的技术数据；

③ 降压变电所低压侧母线电压（末端电压）或电源侧母线电压（首端的电压）。

因为在电压降落和功率损耗的公式中均要求使用同一点的功率和电压，因此，根据已知条件的不同，开式区域网的潮流分布计算有三种基本的算法。

第一种：已知同一端的电压和功率。

利用功率损耗和电压降落的公式直接进行潮流计算。根据基尔霍夫第一定律，由已知端往未知端推算。

第二种：已知末端的功率和首端的电压。

先假设末端及供电支路各点的电压为额定电压，用末端的功率和额定电压由末端向首端计算出各段功率损耗，求出各段近似功率分布和首端功率；然后用首端电压和求得的首端功率及各段近似功率分布，再由首端往末端求出末端在内的各点电压，依此类推逐步逼近，直到同时满足已给出的末端功率及首端电压为止。实践中，经过一两次往返就可获得足够精确的结果。

第三种：只知道末端负荷功率。

此时，先假设一个略低于网络额定电压的值作为末端电压，然后由末端往首端计算各点电压和功率，如果算得首端电压偏移小于 10% 即可，否则需重新假设末端电压，重新推算。

下面举例说明常用的第二种方法。

【例 3.3】 有一额定电压为 110 kV 的一端电源供电区域网如图 3.11（a）所示，有关数据标注于图中，若系统高压母线电压 $U_A = 116$ kV，试作潮流分布和电压偏移计算。

解 （1）求元件的参数，作等值电路如图 3.11（b）所示（过程略）。

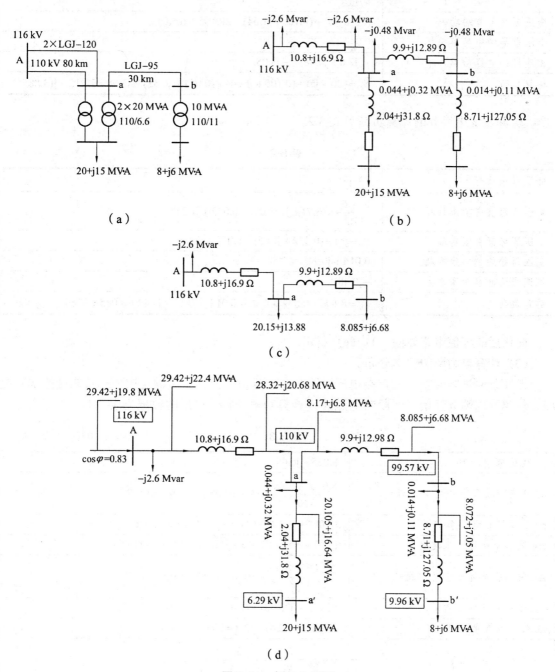

（a）

（b）

（c）

（d）

图 3.11 例 3.3 题图

（2）化简等值电路。

① 降压变电所 a 的运算负荷见表 3.1。

表 3.1

（单位：MV·A）

低压母线负荷	$20 + j15$
变压器阻抗中功率损耗	$\dfrac{20^2 + 15^2}{110^2}(2.04 + j31.8) = 0.105 + j1.64$
变压器环节首端功率	$(20 + j15) + (0.105 + j1.64) = 20.105 + j16.64$
变压器导纳中功率损耗	$0.044 + j0.32$
相连线路电容功率一半	$-(j2.6 + j0.48) = -j3.08$
运算负荷	$\tilde{S}_a = (20 + j5) + (0.105 + j1.64) + (0.044 + j0.32) - j3.08 = 20.15 + j13.88$

② 降压变电所 b 的计算负荷见表 3.2。

表 3.2

（单位：MV·A）

低压母线负荷	$8 + j6$
变压器阻抗中功率损耗	$\dfrac{8^2 + 6^2}{110^2} \times (8.71 + j127.05) = 0.072 + j1.05$
变压器环节首端功率	$(8 + j6) + (0.072 + j1.05) = 8.072 + j7.05$
变压器导纳中功率损耗	$0.014 + j0.11$
相连线路电容功率之半	$-j0.48$
运算负荷	$\tilde{S}_b = 8 + j6 + 0.072 + j1.05 + 0.014 + j0.11 - j0.48 = 8.085 + j6.68$

简化后的等值电路如图 3.11（c）所示。

（3）计算电力网的功率分布。

已知条件是末端功率和首端电压，因此在计算功率损耗时用额定电压代替末端的实际电压，从电网末端 b 开始，逐段向电源端 A 推算功率分布。得出的数据见表 3.3。

表 3.3

（单位：MV·A）

ab 线路末端功率	$8.085 + j6.68$
ab 线路阻抗环节中功率损耗	$\dfrac{8.085^2 + 6.68^2}{110^2}(9.9 + j12.89) = 0.09 + j0.117$
ab 线路阻抗环节首端功率	$(8.085 + j6.68) + (0.09 + j0.117) = 8.17 + j6.8$
Aa 线路阻抗环节末端功率	$(8.17 + 6.8) + (20.15 + j13.88) = 28.32 + j20.68$
Aa 线路阻抗环节中功率损耗	$\dfrac{28.32^2 + 20.68^2}{110^2}(10.8 + j16.9) = 1.097 + j1.72$
Aa 线路阻抗环节首端功率	$(28.32 + j20.68) + (1.097 + j1.72) = 29.42 + j22.4$
注入母线 A 的功率	$(29.42 + j22.4) - j2.6 = 29.42 + j19.6$
母线 A 的功率因数	$\cos\varphi_A = \dfrac{P_A}{S_A} = \dfrac{29.42}{\sqrt{29.42^2 + 19.6^2}} = 0.83$

功率分布的计算结果如图 3.11（d）所示。

（4）计算电力网各母线电压（忽略电压降的横分量 δU，并以 kV 为单位）。

用已知的首端电压和求得的各环节的首端功率，由首端向末端推算各母线（节点）电压。

当 $U_A = 116$ kV 时，有：

变电所 a 高压母线电压为　　　$U_a = 116 - \dfrac{29.42 \times 10.8 + 22.4 \times 16.9}{116} = 110$ (kV)

变电所 a 低压母线归算到高压侧的值为

$$110 - \frac{20.105 \times 2.04 + 16.64 \times 31.8}{110} = 104.82 \text{ (kV)}$$

变电所 a 低压母线实际电压为 $U'_a = 104.82 \times \dfrac{6.6}{110} = 6.29$ (kV)

变电所 b 高压母线电压为 $U_b = 110 - \dfrac{8.17 \times 9.9 + 6.8 \times 12.87}{110} = 108.47$ (kV)

变电所 b 的变压器低压母线归算到高压侧的值为

$$108.47 - \frac{8.072 \times 8.71 + 7.05 \times 127.05}{108.47} = 99.57 \text{ (kV)}$$

变电所 b 低压母线实际电压为 $U'_b = 99.57 \times \dfrac{11}{110} = 9.96$ (kV)

（5）计算各母线的电压偏移。

变电所 a 高压母线　　　$m_a\% = \dfrac{110 - 110}{110} \times 100 = 0$

变电所 a 低压母线　　　$m_{a'}\% = \dfrac{6.29 - 6}{6} \times 100 = 4.83$

变电所 b 高压母线　　　$m_b\% = \dfrac{9.96 - 10}{10} \times 100 = -0.4$

3.3.2　开式地方网的潮流计算

地方网的特点是电压低、线路短、输送功率小，在潮流计算中可以采取下列简化：

① 等值电路不计导纳，即等值电路只有阻抗支路；

② 不计阻抗中的功率损耗，即元件的首端功率等于其末端功率；

③ 不计电压降落的横分量；

④ 在计算公式中，可用额定电压代替实际电压。

下面分两种情况说明开式地方网的潮流分布计算。

1. 具有集中负荷的开式地方网

【例 3.4】　如图 3.12（a）所示，有一条额定电压为 10 kV 的配电线路，供电给 4 个单位，已知数据在图上标注。若 $U_A = 10.4$ kV，试作潮流分布计算。

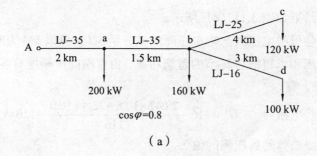

（a）

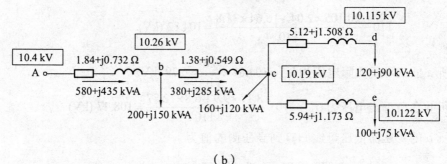

（b）

图 3.12　例 3.4 题图

解　（1）画出等值电路，求出各段参数并标注在图上（过程略），如图 3.12（b）所示。
（2）计算各负荷点的复数功率。

根据 $\cos\varphi = 0.8$ 可得 $\tan\varphi = 0.75$，而 $Q = P\tan\varphi$，所以有

$$\tilde{S}_a = 200 + j200 \times 0.75 = 200 + j150 \ (kV \cdot A)$$

$$\tilde{S}_b = 160 + j160 \times 0.75 = 160 + j120 \ (kV \cdot A)$$

$$\tilde{S}_c = 120 + j120 \times 0.75 = 120 + j90 \ (kV \cdot A)$$

$$\tilde{S}_d = 100 + j100 \times 0.75 = 100 + j75 \ (kV \cdot A)$$

（3）功率分布计算。

各线路的功率分布，由各负荷点向电源推算。由于可以不计线路阻抗中的功率损耗，所以线路的功率分布为

$$\tilde{S}_{bc} = 120 + j90 \ (kV \cdot A)$$

$$\tilde{S}_{bd} = 100 + j75 \ (kV \cdot A)$$

$$\tilde{S}_{ab} = (120 + 100 + 160) + j(90 + 75 + 120) = 380 + j285 \ (kV \cdot A)$$

$$\tilde{S}_{Aa} = (380 + 200) + j(285 + 150) = 580 + j435 \ (kV \cdot A)$$

（4）电压分布计算。
① 各线路电压损耗计算。

$$\Delta U_{Aa} = \frac{580 \times 1.84 + 435 \times 0.732}{10} = 138.6 \ (V)$$

$$\Delta U_{ab} = \frac{380 \times 1.38 + 285 \times 0.549}{10} = 68.1 \ (V)$$

$$\Delta U_{bc} = \frac{120 \times 5.12 + 90 \times 1.508}{10} = 75 \text{ (V)}$$

$$\Delta U_{bd} = \frac{100 \times 5.94 + 75 \times 1.173}{10} = 68.2 \text{ (V)}$$

② 最大电压损耗计算。

$$\Delta U_{Ac} = 138.6 + 68.1 + 75 = 281.7 \text{ (V)}$$

$$\Delta U_{Ad} = 138.6 + 68.1 + 68.2 = 274.9 \text{ (V)}$$

所以　　　　　$\Delta U_{max} = 281.7 \text{ (V)}$

③ 各负荷点实际电压与电压偏移计算。

当 $U_A = 10.4 \text{ kV}$ 时，有

$$U_a = 10.4 - 0.139 = 10.26 \text{ (kV)} \qquad m_a(\%) = \frac{10.26 - 10}{10} \times 100 = 2.6$$

$$U_b = 10.26 - 0.068 = 10.19 \text{ (kV)} \qquad m_b(\%) = \frac{10.19 - 10}{10} \times 100 = 1.9$$

$$U_c = 10.19 - 0.075 = 10.115 \text{ (kV)} \qquad m_c(\%) = \frac{10.115 - 10}{10} \times 100 = 1.15$$

$$U_d = 10.19 - 0.68 = 10.122 \text{ (kV)} \qquad m_d(\%) = \frac{10.122 - 10}{10} \times 100 = 1.22$$

以上计算结果标在图 3.12（b）中。

对开式地方网的潮流分布计算，作以下补充说明：

① 对于地方网，一般调压设备较少，线路最大电压损耗和负荷点的电压偏移是比较重要的电压质量指标。

② 若线路上有 n 个集中负荷，则最大电压损耗计算式为

$$\Delta U_{max} = \frac{1}{U_N} \sum_{i=1}^{n} (P_i r_i + Q_i x_i) \tag{3.27}$$

式中　　P_i, Q_i —— 第 i 段线路通过的有功功率（kW）和无功功率（kvar）；

　　　　r_i, x_i —— 第 i 段线路的阻抗（Ω）；

　　　　U_N —— 额定电压（kV）。

③ 若已知线路中的电流分布，可将关系式 $\begin{cases} P_i = \sqrt{3} U_N I_i \cos\varphi_i \\ Q_i = \sqrt{3} U_N I_i \sin\varphi_i \end{cases}$ 代入式（3.27），则最大电压

损耗计算式变为：$\Delta U_{max} = \sqrt{3} \sum_{i=1}^{n} (I_i r_i \cos\varphi_i + I_i x_i \sin\varphi_i)$

2. 具有均匀分布负荷的开式地方网

对于某些城市配电网、平原地区农村配电网以及路灯负荷等，分布较密且大致相等，可以近似地认为负荷沿线路均匀分布（简称匀布负荷）。

下面介绍匀布负荷线路的电压损耗计算。

在图 3.13（a）中，线路 bc 上有匀布负荷。设线路单位长度上的负荷功率为 $p+\mathrm{j}q$ （kVA/km），线路单位长度上的阻抗为 $r_0+\mathrm{j}x_0$ （Ω/km）。

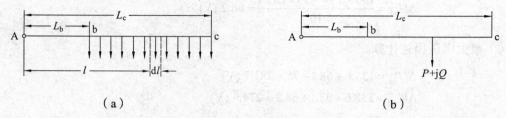

（a）　　　　　　　　　　　　　　（b）

图 3.13　匀布负荷电压损耗的计算

$\mathrm{d}l$ 线段中的负荷在 Ac 线路上产生的电压损耗为

$$\mathrm{d}\Delta U = \frac{1}{U_\mathrm{N}}(pr_0+qx_0)l\mathrm{d}l$$

匀布负荷总负荷在 Ac 线路上产生的电压损耗为

$$\Delta U_\mathrm{Ac} = \int_{L_\mathrm{b}}^{L_\mathrm{c}}\mathrm{d}(\Delta U) = \frac{pr_0+qx_0}{U_\mathrm{N}}\int_{L_\mathrm{b}}^{L_\mathrm{c}}l\mathrm{d}l = \frac{pr_0+qx_0}{U_\mathrm{N}}\left[\frac{(L_\mathrm{c}-L_\mathrm{b})(L_\mathrm{c}+L_\mathrm{b})}{2}\right]$$

$$= \frac{pr_0+qx_0}{U_\mathrm{N}}(L_\mathrm{c}-L_\mathrm{b})\left(L_\mathrm{b}+\frac{L_\mathrm{c}-L_\mathrm{b}}{2}\right) = \frac{Pr_0+Qx_0}{U_\mathrm{N}}\left(L_\mathrm{b}+\frac{L_\mathrm{c}-L_\mathrm{b}}{2}\right)$$

式中　P,Q——匀布负荷线路总有功功率（kW）和总无功功率（kvar）。

上式表明，计算匀布负荷线路的电压损耗时，可以用一个与匀布总负荷相等、位于匀布负荷中心的集中负荷等值的代替，如图 3.13（b）所示。

【例 3.5】　有一条 380 V 的电力线路，导线型号为 LJ-25，水平排列，相间距离为 0.8 m，负荷分布如图 3.14 所示，求此线路的电压损耗。

解　此线路有集中负荷，也有匀布负荷。

① 求线路参数。

几何均距　　$D_\mathrm{m}=1.26\times0.8\approx1\,\mathrm{m}$

查表得线路单位长度上的阻抗为

$$r_0+\mathrm{j}x_0 = 1.26+\mathrm{j}0.377\,(\Omega/\mathrm{km})$$

② 把负荷功率化为复数功率的形式。

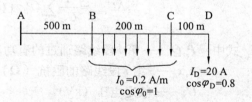

图 3.14　例 3.5 的接线图

匀布负荷　$p+\mathrm{j}q=\sqrt{3}U_\mathrm{N}I_0(\cos\varphi_0+\mathrm{j}\sin\varphi_0)$

$$=\sqrt{3}\times0.38\times0.2\times(1+\mathrm{j}0)$$

$$=0.132\,(\mathrm{kW/m})$$

集中负荷　$P_\mathrm{D}+\mathrm{j}Q_\mathrm{D}=\sqrt{3}U_\mathrm{N}I_\mathrm{D}(\cos\varphi_\mathrm{D}+\mathrm{j}\sin\varphi_\mathrm{D})$

$$=\sqrt{3}\times0.38\times20\times(0.8+\mathrm{j}0.6)$$

$$=10.53+\mathrm{j}7.9\,(\mathrm{kV\cdot A})$$

③ 电压损耗计算。

仅考虑匀布负荷时，线路 Ac 的电压损耗为

$$\Delta U_{AC} = \frac{Pr_0 + Qx_0}{U_N}\left(L_{AB} + \frac{L_{BC}}{2}\right) = \frac{0.132 \times 200 \times 1.26}{0.38}\left(0.5 + \frac{0.2}{2}\right) = 52.52 \text{ (V)}$$

仅考虑集中负荷时，线路 Ac 的电压损耗为

$$\Delta U_{AD} = \frac{P_D R_{AD} + Q_D X_{AD}}{U_N} = \frac{10.53 \times 1.26 \times 0.8 + 7.9 \times 0.377 \times 0.8}{0.38} = 34.2 \text{ (V)}$$

线路 Ac 总电压损耗为 $52.52 + 34.2 = 86.72$ (V)

3.4   闭式电力网的潮流分布

闭式电力网潮流分布计算的步骤和内容有：

① 根据电力网接线图求各元件参数，并作出等值电路图。

② 化简等值电路。化简后的等值电路中只包含了线路阻抗、运算负荷和运算功率。

这两个步骤与开式电力网的完全相同。以下的讨论都在这两个步骤完成的基础上进行。

③ 功率分布计算。闭式电力网的功率分布既与负荷功率有关，又与网络参数和电源电压等因素有关，因而其功率分布的计算要比开式电力网复杂。闭式网络功率分布通常分两步进行：第一步先忽略电力网中的功率损耗求近似的功率分布（称为初步功率分布）；第二步利用这个近似的功率分布，根据已知条件，逐段求出功率损耗，得到最终功率分布。

④ 电压分布计算。有了初步功率分布后，闭式电力网的电压分布计算与开式电力网基本相同。

本节仅讨论简单闭式电力网的潮流分布。简单闭式电力网主要有单电源环网和两端供电网两种基本类型。单电源环网可以看成两端电源电压相等的两端供电网。所以本节主要分析两端供电网的潮流分布。

3.4.1   两端供电网的潮流分布

1. 初步功率分布

如图 3.15 所示为某两端供电网络的等值电路，$\tilde{S}_a$、$\tilde{S}_b$ 为变电站的运算功率，不计功率损耗时，根据基尔霍夫第一定律可得

$$\left.\begin{array}{l} \tilde{S}_2 = \tilde{S}_1 - \tilde{S}_a \\ \tilde{S}_3 = \tilde{S}_b - \tilde{S}_2 \end{array}\right\} \tag{3.28}$$

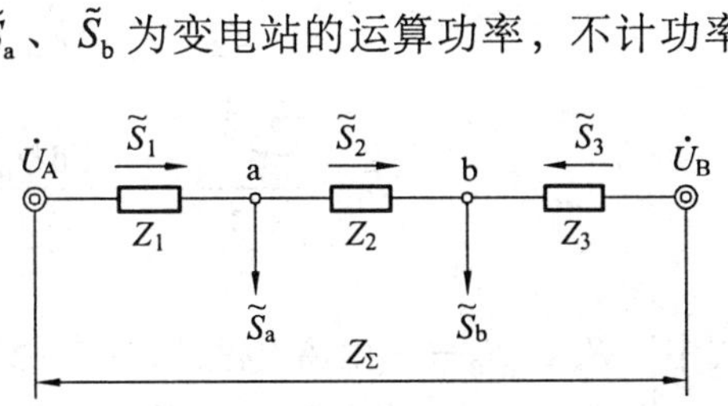

图 3.15   两端供电网络的等值电路

线路中总的电压降落为两端电源电压之差，即

$$\mathrm{d}\dot{U}_{AB} = \dot{U}_A - \dot{U}_B = (\dot{I}_1 Z_1 + \dot{I}_2 Z_2 - \dot{I}_3 Z_3)$$

不计功率损耗时，各段电流可用网络额定电压 $\dot{U}_N$ 来计算，故上式可写为

$$dU_{AB} = \dot{U}_A - \dot{U}_B = \frac{\overset{*}{S}_1}{U_N}Z_1 + \frac{\overset{*}{S}_2}{U_N}Z_2 - \frac{\overset{*}{S}_3}{U_N}Z_3 \tag{3.29}$$

将式（3.28）代入式（3.29），并整理可得

$$\tilde{S}_1 = \frac{\tilde{S}_a(\dot{Z}_2 + \dot{Z}_3) + \tilde{S}_b\dot{Z}_3}{\dot{Z}_1 + \dot{Z}_2 + \dot{Z}_3} + \frac{U_N d\overset{*}{U}_{AB}}{\dot{Z}_1 + \dot{Z}_2 + \dot{Z}_3} \tag{3.30}$$

在图 3.15 中，令 $Z_\Sigma = Z_1 + Z_2 + Z_3$，则式（3.30）可写为

$$\tilde{S}_1 = \frac{\tilde{S}_a(\dot{Z}_2 + \dot{Z}_3) + \tilde{S}_b\dot{Z}_3}{\dot{Z}_\Sigma} + \frac{U_N d\overset{*}{U}_{AB}}{\dot{Z}_\Sigma} \tag{3.31}$$

同理，可求出

$$\tilde{S}_3 = \frac{\tilde{S}_b(\dot{Z}_1 + \dot{Z}_2) + \tilde{S}_a\dot{Z}_1}{\dot{Z}_\Sigma} + \frac{U_N d\overset{*}{U}_{BA}}{\dot{Z}_\Sigma} \tag{3.32}$$

再利用式（3.28）可求出 $\tilde{S}_2$。这样得到初步的功率分布。

对于两端供电网络中有 n 个运算负荷的情况，如图 3.16 所示。

将式（3.31）、（3.32）加以推广，有

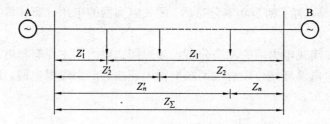

图 3.16　有 n 个运算负荷的两端供电网

$$\left.\begin{array}{l} \tilde{S}_A = \dfrac{\displaystyle\sum_{i=1}^{n}\dot{Z}_i\overset{*}{\tilde{S}}_i}{\dot{Z}_\Sigma} + \dfrac{U_N d\overset{*}{U}_{AB}}{\dot{Z}_\Sigma} \\[3ex] \tilde{S}_B = \dfrac{\displaystyle\sum_{i=1}^{n}\dot{Z}'_i\overset{*}{\tilde{S}}_i}{\dot{Z}_\Sigma} + \dfrac{U_N d\overset{*}{U}_{BA}}{\dot{Z}_\Sigma} \end{array}\right\} \tag{3.33}$$

式中　$\tilde{S}_A$、$\tilde{S}_B$——由 A 电源和 B 电源送出的功率；

$\qquad\tilde{S}_i$——第 i 个负荷点的运算负荷；

$\qquad Z_i$——第 i 个负荷点至 B 电源点的阻抗；

$\qquad Z'_i$——第 i 个负荷点至 A 电源点的阻抗。

式（3.33）为两端供电网络电源输出功率的一般表达式。由式可见，每个电源输出功率

都由两部分组成：第一部分 $\dfrac{\sum\limits_{i=1}^{n}\overset{*}{Z}_i\tilde{S}_i}{\overset{*}{Z}_\Sigma}$ 或 $\dfrac{\sum\limits_{i=1}^{n}\overset{*}{Z}_i'\tilde{S}_i}{\overset{*}{Z}_\Sigma}$ 与负荷功率和网络阻抗有关，是电源供给负荷

的功率，称为供载功率；第二部分 $\dfrac{U_N\mathrm{d}\overset{*}{U}_{AB}}{\overset{*}{Z}_\Sigma}$ 或 $\dfrac{U_N\mathrm{d}\overset{*}{U}_{BA}}{\overset{*}{Z}_\Sigma}$ 与负荷无关，只与两端电源电压差和

网络阻抗有关，称为循环功率。

2. 最终功率分布和电压计算

通过初步功率分布计算，可以找出功率分点。所谓功率分点，就是从两个方向流入的节点。如图 3.17（a）中的 b 点。在图中用▼标出。找出网络中的功率分点后，由于功率分点总是网络中的最低电压点，因此可在该点将网络拆开，使其成为两个开式网络，如图 3.17（b）所示，然后按开式网络的计算方法，分别计算其功率损耗和电压损耗，即可求得原始网络的最终功率分布和节点电压。

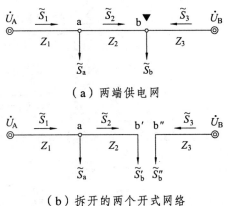

（a）两端供电网

（b）拆开的两个开式网络

图 3.17　功率分点示意图

3. 几点讨论

① 在进行网络的初步功率计算时,所得的结果可能出现有功功率分点和无功功率分点不是同一点的情况,这时, 将有功功率分用▼标出,无功功率分点用▽标出。鉴于较高电压等级网络中,电压损耗主要由无功功率流动所引起,所以无功功率分点电压往往低于有功功率分点,因此一般用无功功率分点来拆开网络。

② 闭式网络在功率分点拆开后,以哪里作为计算起点有两种情况:

第一种已知功率分点电压,可从该点分别由两侧逐段向电源端推算电压降落和功率损耗。所进行的潮流计算,完全与已知开式网的末端电压和功率时的潮流计算相同。

第二种已知电源端电压。这与已知始端电压和末端功率的开式网的潮流计算完全相同。即设全网电压均为电网额定电压,由功率分点往电源端逐段推算功率损耗；求得电源端功率后,再用电源端电压和求得的电源端功率向功率分点逐段推算电压降落,并计算各点电压。

③ 单电源环网从电源点拆开,即成为一个两端电源电压相等的两端供电网。

应用式（3.33）可知,单电源环网中只有供载功率,没有循环功率。即

$$\left.\begin{aligned} \tilde{S}_A &= \dfrac{\sum\limits_{i=1}^{n}\overset{*}{Z}_i\tilde{S}_i}{\overset{*}{Z}_\Sigma} \\[3mm] \tilde{S}_B &= \dfrac{\sum\limits_{i=1}^{n}\overset{*}{Z}_i'\tilde{S}_i}{\overset{*}{Z}_\Sigma} \end{aligned}\right\} \tag{3.34}$$

当两端电源电压大小、相位不相等时,两端供电网络各段中流通的功率可看作供载功率和循环功率的叠加。

3.4.2　闭式网络供载功率的简化计算

从式（3.34）可以看出，闭式网络的供载功率计算是比较复杂的复数运算，这种运算在网络为均一网时可以得到简化。

通常将各段线路材料、截面、几何均距相同的供电网称为均一网。对于均一网，各段线路单位长度的阻抗是相等的，因而有

$$
\left.\begin{aligned}
\tilde{S}_A &= \frac{\sum\limits_{i=1}^{n} \dot{Z}_i \tilde{S}_i}{\dot{Z}_\Sigma} = \frac{(r_1 - jx_1)\sum\limits_{i=1}^{n} \tilde{S}_i l_i}{(r_1 - jx_1)l_\Sigma} = \frac{\sum\limits_{i=1}^{n} \tilde{S}_i L_i}{l_\Sigma} = \frac{\sum\limits_{i=1}^{n} (P_i + jQ_i)l_i}{l_\Sigma} \\
\tilde{S}_B &= \frac{\sum\limits_{i=1}^{n} \dot{Z}_i' \tilde{S}_i}{\dot{Z}_\Sigma} = \frac{(r_1 - jx_1)\sum\limits_{i=1}^{n} \tilde{S}_i l_i'}{(r_1 - jx_1)l_\Sigma} = \frac{\sum\limits_{i=1}^{n} \tilde{S}_i l_i'}{l_\Sigma} = \frac{\sum\limits_{i=1}^{n} (P_i + jQ_i)l_i'}{l_\Sigma}
\end{aligned}\right\}
\tag{3.35}
$$

将式（3.35）的实部和虚部分开，可得

$$
\left.\begin{aligned}
P_A &= \frac{\sum\limits_{i=1}^{n} P_i l_i}{l_\Sigma}, \quad Q_A = \frac{\sum\limits_{i=1}^{n} Q_i l_i}{l_\Sigma} \\
P_B &= \frac{\sum\limits_{i=1}^{n} P_i l_i'}{l_\Sigma}, \quad Q_B = \frac{\sum\limits_{i=1}^{n} Q_i l_i'}{l_\Sigma}
\end{aligned}\right\}
\tag{3.36}
$$

式中　l_i——第 i 个负荷点至 B 电源点的线路长度（km）；

　　　l_i'——第 i 个负荷点至 A 电源点的线路长度（km）；

　　　l_Σ——A、B 两电源点之间的线路长度（km）。

式（3.36）表明：均一网中的供载功率可用长度代替阻抗进行计算，且有功功率和无功功率的计算互不相关，可分开进行。这就避免了繁琐的复数计算。实际工程计算中，对于导线截面相差不超过 2~3 种规格，可以近似按均一网计算。

【例 3.6】　110 kV 简单环网如图 3.18 所示，导线型号均为 LGJ-95，已知：线路 AB 段为 40 km，AC 段 30 km，BC 段 30 km；变电站负荷为 $S_B = 20 + j15\ \text{MV·A}$，$S_C = 10 + j10\ \text{MV·A}$。电源点 A 点电压为 115 kV。试求：

（1）电压最低点和此网络的最大电压损耗及有功总损耗；

（2）此网络一条线路断开时的最大电压损耗和有功总损耗；

（3）若 BC 段导线换为 LGJ-70，重作（1）的内容；

（4）比较前 3 问的结果。

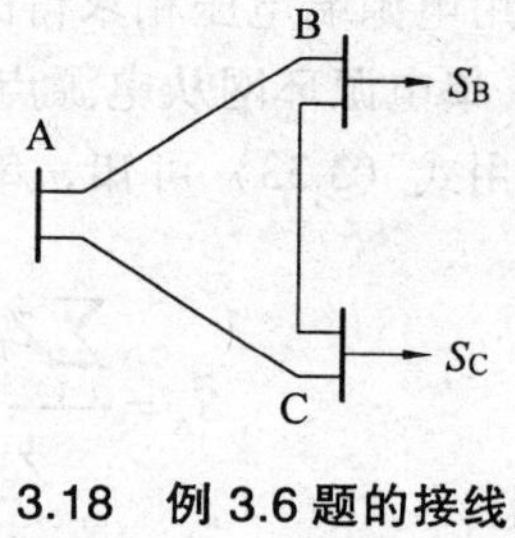

图 3.18　例 3.6 题的接线图

导线参数：LGJ-95：$r_1 = 0.33\ \Omega/\text{km}$，$x_1 = 0.429\ \Omega/\text{km}$，$b_1 = 2.65 \times 10^{-6}\ \text{S/km}$

　　　　　LGJ-70：$r_1 = 0.45\ \Omega/\text{km}$，$x_1 = 0.440\ \Omega/\text{km}$，$b_1 = 2.58 \times 10^{-6}\ \text{S/km}$

解 （1）先求线路参数和变电站 B、C 的运算负荷。

$$Z_{AB} = (0.33 + j0.429) \times 40 = 13.2 + j17.16 \ (\Omega)$$

$$Z_{AC} = Z_{BC} = (0.33 + j0.429) \times 30 = 9.9 + j12.87 \ (\Omega)$$

$$Q_{AB} = -2.65 \times 10^{-6} \times 40 \times 110^2 = -1.283 \ (\text{Mvar})$$

$$Q_{AC} = Q_{BC} = -2.65 \times 10^{-6} \times 30 \times 110^2 = -0.962 \ (\text{Mvar})$$

运算负荷：
$$S_B' = 20 + j15 + j\frac{Q_{AB} + Q_{BC}}{2} = 20 + j15 - j\frac{(1.283 + 0.962)}{2} = 20 + j13.88 \ (\text{MV} \cdot \text{A})$$

$$S_C' = 10 + j10 - j\frac{2 \times 0.962}{2} = 10 + j9.038 \ (\text{MV} \cdot \text{A})$$

初步功率分布计算如下（不计功率损耗时功率分布）：

$$\tilde{S}_{AC} = \frac{\tilde{S}_C(l_{AB} + l_{BC}) + \tilde{S}_B l_{AB}}{l_{AB} + l_{BC} + l_{AC}} = \frac{(10 + j9.038)(40 + 30) + (20 + j13.88) \times 30}{40 + 30 + 30}$$
$$= 15 + j11.878 \ (\text{MV} \cdot \text{A})$$

$$\tilde{S}_{AB} = \frac{\tilde{S}_C l_{AC} + \tilde{S}_B (l_{AC} + l_{BC})}{l_{AB} + l_{BC} + l_{AC}} = \frac{(10 + j9.038) \times 30 + (20 + j13.88) \times (30 + 30)}{40 + 30 + 30}$$
$$= 15 + j11.038 \ (\text{MV} \cdot \text{A})$$

$$\tilde{S}_{BC} = \tilde{S}_{AB} - \tilde{S}_B = (15 + j11.038) - (20 + j13.88) = -5 - j2.84 \ (\text{MV} \cdot \text{A})$$

检验：由以上数据可知，$\tilde{S}_{AC} + \tilde{S}_{AB} = \tilde{S}_B' + \tilde{S}_C' = 30 + j22.92 \ (\text{MV} \cdot \text{A})$，故以上计算正确。画出功率分布如图 3.19（a）所示。

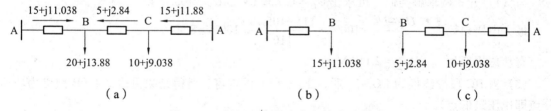

图 3.19 例 3.6 功率分布和功率分点图

由功率分布图可知，功率分点 B 点即电压最低点。在功率分点 B 点，将原网络拆开成两个开式网，如图 3.19（b）、（c）所示。则由 AB 段网络可知

$$\Delta S_{AB} = \frac{15^2 + 11.038^2}{110^2}(13.2 + j17.16) = 0.378 + j0.492 \ (\text{MV} \cdot \text{A})$$

$$S_{AB}' = 15 + j11.038 + 0.378 + j0.492 = 15.378 + j11.53 \ (\text{MV} \cdot \text{A})$$

B 点电压最低为

$$U_B = \sqrt{\left(115 - \frac{15.378 \times 13.2 + 11.53 \times 17.16}{115}\right)^2 + \left(\frac{15.378 \times 17.16 - 11.53 \times 13.2}{115}\right)^2}$$
$$= 111.52 \ (\text{kV})$$

最大电压损耗为 $\dfrac{115-111.52}{110}\times100\%=3.165\%$

BC、AC 段的功率损耗为

$$\Delta S_{BC}=\frac{5^2+2.84^2}{110^2}(9.9+j12.87)=0.027+j0.035\ (MV\cdot A)$$

$$\Delta S_{AC}=\frac{15^2+11.88^2}{110^2}(9.9+j12.87)=0.3+j0.389\ (MV\cdot A)$$

故网络有功总损耗为

$$\Delta P_\Sigma=\Delta P_{AB}+\Delta P_{BC}+\Delta P_{AC}=0.378+0.027+0.3=0.705\ (MW)$$

（2）线路 AB 断开时，功率分布变动最大，对网络的运行状态影响也最大。此时变电站 C 的运算功率不变，变电站 B 的运算功率为

$$S'_B=20+j\left(15-\frac{0.962}{2}\right)=20+j14.52\ (MV\cdot A)$$

功率分布如图 3.20 所示。

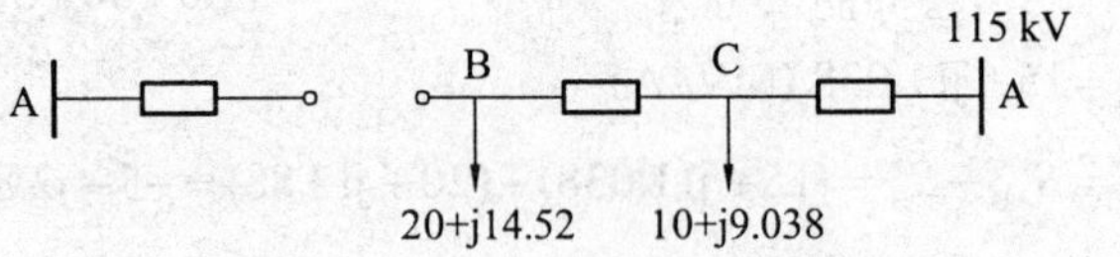

图 3.20　例 3.6 题功率分布图

与（1）开式网求解类似，可求出 $U_C=109.39\ kV$，$U_B=105.75\ kV$。

最大电压损耗为 $\dfrac{U_A-U_B}{U_N}\times100\%=\dfrac{115-105.75}{110}\times100\%=8.408\%$

有功总损耗为 $\Delta P_\Sigma=2.119\ MW$

（3）当 BC 段导线换为 LGJ-70 后，重做（1）的内容，所得结果见表 3.4（B 点仍为功率分点即电压最低点）。

表 3.4

序　号	导线换为 LGJ-70 后的数据	
	最大电压损耗	网络有功总损耗 / MW
（1）	3.165%	0.795
（2）	8.408%	2.119
（3）	3.228%	0.715

（4）由表 3.4 可知：① 环网运行不但可增加供电可靠性，同时还可降低网络电压损耗和有功损耗；② 环网运行时，以均一线环网性能最好。

思考题和习题

一、填空题

1. 电力网的功率损耗包括_____上的损耗和_____上的损耗。

2. 电压降落是指电力网任意两点电压的_____；电压损耗是指电力网任意两点电压的_____；电压偏移是指电力网某点实际电压与_____的数值差。

二、问答题

1. 电力系统潮流分布计算的目的是什么？

2. 潮流计算的内容是什么？

3. 电力网的功率损耗包括哪两个部分？它们与什么因素有关？

4. 什么是电力网的可变损耗和不变损耗？

5. 开式地方网的潮流计算进行了哪些简化？

6. 输电线路和变压器的功率损耗如何计算？它们在各导纳支路上损耗的无功功率有什么不同？

7. 运算功率是什么？运算负荷是什么？如何计算升压变电站的运算功率和降压变电站的运算负荷？

三、选择题

1. (　　) $\% = \dfrac{U_1 - U_2}{U_N}$。

    A. 电压降落　　B. 电压损耗　　C. 电压偏移

2. 电力网中任意两点电压的代数值之差，称为 (　　)。

    A. 电压降落　　　B. 电压损耗　　C. 电压偏移

四、计算题

1. 如图 3.21 所示一条 220 kV 线路，其阻抗为 $20 + j40\ \Omega$。求该线路首端的电压及功率，并画出电压三角形。

2. 求如图 3.22 所示输电线路的功率分布和线路始端电压。

（LGJF-400 导线的参数：$r_1 = 0.078\ \Omega/\text{km}$，$x_1 = 0.412\ \Omega/\text{km}$，$b_1 = 2.77 \times 10^{-6}\ \text{S/km}$，$g_1 = 0$）

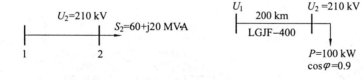

          图 3.21　　　　　　　　　　　　　　图 3.22

3. 有一条 110kV 输电线路，长 100 km，导线型号为 LGJ-40，导线间的几何均距为 5 m，线路末端输送功率为 $20 + j10\ \text{MV}\cdot\text{A}$。如果要求线路末端电压维持在 110 kV，试问：

（1）线路送端应维持的电压是多少？

（2）如果想使该线路多送 5 MW 有功功率，则线路送端电压应为多少？

（3）如果想使该线路多送 5 Mvar 无功功率，则线路送端电压应为多少？

4. 110 kV 单回架空输电线路，长 80 km，导线型号为 LGJ-95，导线间的几何均距为 5 m，线路末端输送功率为 $15 + j10$ MV·A，线路首端电压为 116 kV，试求线路末端电压及首端功率。

5. 某 220 kV 输电线路，长 200 km，$r = 0.108\ \Omega/\text{km}$，$x = 0.42\ \Omega/\text{km}$，$b = 2.66 \times 10^{-6}\ \text{S/km}$，线路空载运行，末端电压为 205 kV，求线路始端电压。

6. 某 110 kV 输电线路，长 100 km，导线采用 LGJ-240，计算半径为 $r = 10.8\ \text{mm}$，三相水平排列，相间距离为 4 m。已知线路末端电压为 105 kV，末端负荷为 42 MW，$\cos\varphi = 0.85$ 滞后。试求：

（1）输电线路的电压降，电压损耗和功率损耗；

（2）若以（1）所得始端电压和负荷作为已知量，重作本题的计算内容，并与（1）结果进行比较分析。

7. 某 220 kV 输电线路，长 220 km，$r = 0.108\ \Omega/\text{km}$，$x = 0.42\ \Omega/\text{km}$，$b = 2.66 \times 10^{-6}\ \text{S/km}$，已知始端输入功率为 $120 + j50$ MV·A，始端电压为 240 kV，求末端电压及功率。

8. 某台双绕组变压器，型号为 SFL1-10000，电压为 $(35 \pm 5\%)/11$ kV，$P_\text{K} = 58.29$ kW，$P_0 = 11.75$ kW，$u_\text{K}(\%) = 7.5$，$I_0(\%) = 1.5$，低压侧负荷 10 MW，$\cos\varphi = 0.85$，低压侧电压 10 kV，变压器抽头电压为 +5%，求：

（1）功率分布；

（2）高压侧电压。

9. 某变电站装设一台三绕组变压器，额定电压为 $110/38.5/6.6$ kV，其等值电路（参数归算到高压侧）和所供电负荷如图 3.23 所示，当实际变比为 $110/38.5/6.6$ kV 时，低压母线电压为 6 kV，试计算高压、中压和低压侧的实际电压。

10. 电力网的接线如图 3.24 所示，电源处母线 a 的电压为 117 kV，线路和变压器的技术数据和负荷情况示于图中。

（1）求线路和变压器的参数；

（2）作此网络的等值电路（忽略线路和变压器的导纳支路）；

（3）根据等值电路求功率分布；

（4）求变电站高压母线电压和低压母线电压，并校验低压母线的电压偏移。（忽略电压降落的横分量）。

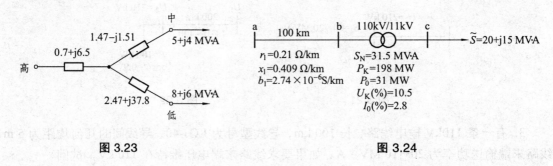

图 3.23　　　　　　　　　　　　　　　　　图 3.24

11. 有一 6 kV 三相配电系统如图 3.25 所示，供电点 A 的电压为 6.3 kV，B、C、D 所接负荷及功率因数已标在图中，设线路单位长度阻抗 $z = r + jx = 0.4 + j0.4\ \Omega/\text{km}$，试求 B、C、D 点的电压，并校验这三处电压偏移是否合格。

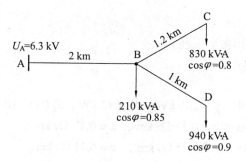

图 3.25

12. 用铝绞线 LJ-16 架设的 10 kV 网络如图 3.26（a）所示，参数为：$r_1 = 1.96\,\Omega/\text{km}$，$x_1 = 0.391\,\Omega/\text{km}$，负荷安培数、线段千米数皆示于图 3.26（b）中，负荷功率因数均为 0.8。求电源点 A 至 a 点和 b 点的电压损耗。

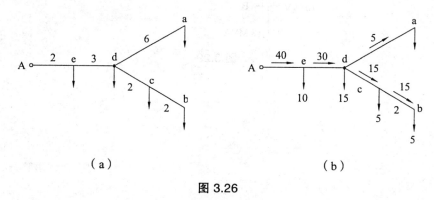

图 3.26

13. 系统如图 3.27 所示，电力线路长 80 km，额定电压 110 kV，$r = 0.27\,\Omega/\text{km}$，$x = 0.412\,\Omega/\text{km}$，$b = 2.76 \times 10^{-6}\,\text{S/km}$；变压器 SF-20000/110，变比 110/38.5 kV，$P_\text{K} = 163\,\text{kW}$，$P_0 = 60\,\text{kW}$，$u_\text{K}(\%) = 10.5$，$I_0(\%) = 3$。已知变压器低压侧负荷 $15 + j11.25\,\text{MV·A}$，正常运行时要求电压为 36 kV，试求电源处母线应有的电压和功率。

14. 开式网络的接线如图 3.28 所示，电源 A 的电压为 116 kV，双回线供电，线路长 80 km，$r = 0.21\,\Omega/\text{km}$，$x = 0.409\,\Omega/\text{km}$，$b = 2.74 \times 10^{-6}\,\text{S/km}$，变电站 a 装有两台同型号双绕组变压器，每台容量 31 500 kV·A，$P_\text{K} = 198\,\text{kW}$，$P_0 = 32\,\text{kW}$，$u_\text{K}(\%) = 10.5$，$I_0(\%) = 2.8$，变电站低压侧负荷为 50 MW，$\cos\varphi = 0.9$。试求：

（1）变电站运算负荷；

（2）变电站高压侧母线负荷。

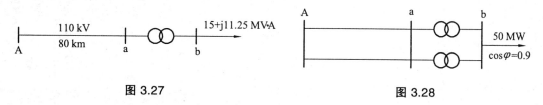

图 3.27   **图 3.28**

15. 如图 3.29 所示电力系统，各段线路导纳不计，负荷功率标于图中，当 B 点的运行电压为 108 kV 时，试求：

（1）网络的功率分布和功率损耗；

（2）A、B、D 点的电压。

已知如下：

变压器：SFT-40000/110，$P_K = 200$ kW，$P_0 = 42$ kW，$u_K(\%) = 10.5$，$I_0(\%) = 0.7$，变比 110/11

线路 AB 段：$l = 50$ km，$r = 0.27\ \Omega/\mathrm{km}$，$x = 0.42\ \Omega/\mathrm{km}$；

线路 BC 段：$l = 50$ km，$r = 0.45\ \Omega/\mathrm{km}$，$x = 0.41\ \Omega/\mathrm{km}$；

线路 AC 段：$l = 40$ km，$r = 0.27\ \Omega/\mathrm{km}$，$x = 0.42\ \Omega/\mathrm{km}$；

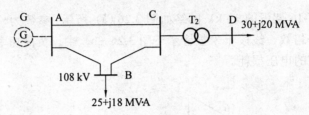

图 3.29

第4章

电力系统的短路分析和实用计算

电力系统在运行中会因为各种不同的原因而发生故障。常见的故障有短路、断相和各种复杂故障。而最为常见和对电力系统运行影响最大的是短路故障,因此,对电力系统故障分析和计算的重点是对短路故障的分析和计算。本章对短路计算仅介绍简单实用的手算方法。

4.1　电力系统故障的基础知识

4.1.1　电力系统短路的概念

1. 短路的定义

电力系统正常运行时,除中性点外,相与相、相与地之间是绝缘的。如果由于某种原因使其绝缘破坏而构成通路,我们就称电力系统发生了短路故障。

所谓短路是指电力系统的某处相与相之间或相与地之间发生了非正常的"短接"。

2. 短路的类型

电力系统短路的基本类型有:三相短路、两相短路、两相接地短路、单相接地短路、电机及变压器绕组匝间短路。各种短路故障类型的情况如表 4.1 所示。

表 4.1　各种短路的示意图、代表符号及发生概率

短路种类		示意图	代表符号	发生的概率约(%)
对称短路	三相短路		$K^{(3)}$	5
不对称短路	两相短路		$K^{(2)}$	10
	单相短路接地		$K^{(1)}$	65
	两相短路接地		$K^{(1,1)}$	20

在电力系统中发生三相短路时，由于短路回路三相阻抗相等，因而三相电压和电流仍保持对称，只是电压、电流值与正常运行时不同而已，所以三相短路亦称为对称短路；而其他类型的短路则称为不对称短路。

在所有的短路类型中，单相接地短路发生的概率最高，三相短路发生的概率最小，但三相短路对电力系统的影响最严重。

3. 短路的现象和危害

电力系统发生短路时，伴随产生的基本现象是：电流剧烈增加，同时电压大幅度下降。因此短路对电气设备和电力系统的正常运行有很大的危害，主要有以下几点：

① 短路时，短路回路中有很大的短路电流。短路电流的电动力效应和热效应会损坏或烧坏电气设备。

② 短路将引起电网中的电压降低，使用户供电受到影响。

③ 短路故障可能引起系统失去稳定。

④ 不对称短路所产生的不平衡电流会干扰通信系统的正常运行。

4.1.2　断相故障及复杂故障

电力系统除了短路故障外，还可能发生断相故障和各种类型的复杂故障。

所谓断相故障是指电力系统一相断开或两相断开的情况。这种故障也属于不对称故障。

在电力系统中的不同地点（两处或两处以上）同时发生不对称故障的情况，称为复杂故障。它是多个简单故障（指在同一地点发生的故障）的复合，所以又称复故障。

对断相故障和复杂故障本书不作进一步讨论。

4.1.3　短路故障分析和计算的目的

电力系统短路计算是电力系统计算的基本问题之一，由于短路计算对电力系统的设计、制造、安装、调试、运行和维护等方面都有影响，为此必须了解短路电流产生和变化的基本规律，掌握短路分析和计算的基本方法。

在工程实际中，短路计算的目的主要如下：

① 为选择电气设备提供依据。电气设备在运行中必须满足动稳定性和热稳定性的要求，而设备的动稳定和热稳定性校验则是以短路计算结果为依据的。

② 为选择合适的电气主接线方案提供依据。有时在设计电气主接线时，可能由于短路电流太大而需选择贵重的电气设备，使投资较大，技术经济性不好，此时就必须采取限制短路电流的措施或其他方法，以便可以选择可靠而经济的主接线方案。

③ 为继电保护的整定计算提供依据。在继电保护装置的设计中，需要多种运行方式下的短路电流值作为整定计算和灵敏度校验的依据。

④ 其他方面。如电力系统中性点接地方式的选择，变压器接地点的位置和台数，对邻近的通讯系统是否会产生较大的干扰，接地装置的跨步电压、接触电压的计算等都需要以多种运行方式下的短路电流值为依据。

4.2 短路计算的预备知识

在短路计算中,有两个关键的步骤:第一是根据给定的系统接线图和有关各元件的参数,制定出系统的等值电路;第二是化简此等值电路。第一方面的问题将在 4.3 中讨论,下面就第二方面涉及的知识进行介绍。

4.2.1 短路计算的假设条件

等值电路中的参数计算与计算时所采用的假设条件有关。在电力系统短路电流的近似计算中,除了将同步电机看成理想电机、三相系统完全对称之外,还将假定:

① 不考虑短路期间各发电机的摇摆、振荡现象,认为所有发电机电势的相位均相同;
② 不考虑磁路的饱和,认为短路回路各元件的电感为常数;
③ 略去变压器励磁支路对短路电流的影响,并将其变比取为平均额定电压之比;
④ 负荷对短路电流的影响只作近似的考虑或略去不计;
⑤ 略去所有元件的电容;
⑥ 略去高压系统中元件的电阻。

有了短路计算的假定条件,在后续的电力系统短路计算中,我们只需要制定仅有电抗参数的等值电路。

4.2.2 短路的分析与计算方法

在对称短路中,电力系统的电流和电压都是对称的三相正弦量。对称的三相量是指数值相等、相位差相同的三相量。因此,我们只需分析计算其中一相就行了。

但在不对称短路中,电力系统的三相电流和电压是不对称的,直接去解这种不对称的电路是相当复杂的,这类问题常采用"对称分量法"来解决。

什么是对称分量法呢?一组不对称三相正弦量 $\dot{F}_a$、$\dot{F}_b$、$\dot{F}_c$ 可以分解为三组互相独立的对称三相系统,这就是:正序系统 $\dot{F}_{a1}$、$\dot{F}_{b1}$、$\dot{F}_{c1}$;负序系统 $\dot{F}_{a2}$、$\dot{F}_{b2}$、$\dot{F}_{c2}$;零序系统 $\dot{F}_{a0}$、$\dot{F}_{b0}$、$\dot{F}_{c0}$(以后用下标 1、2、0 分别表示正序、负序、零序量)。如图 4.1 所示。

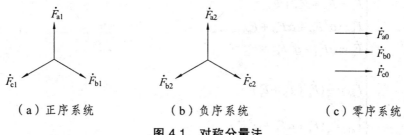

（a）正序系统　　　　　（b）负序系统　　　　　（c）零序系统

图 4.1　对称分量法

正序系统由三相正序分量 $\dot{F}_a$、$\dot{F}_b$、$\dot{F}_c$ 组成,a、b、c 三相按顺时针方向排序,三相量幅值相等,相位互差 120°。这与电力系统正常运行和对称短路的情况相似,如图 4.1（a）所示。

负序系统由三相负序分量 $\dot{F}_{a2}$、$\dot{F}_{b2}$、$\dot{F}_{c2}$ 组成，a、b、c 三相按逆时针方向排序，三相量幅值相等，相位互差 120°，如图 4.1（b）所示。

零序系统由三相零序分量 $\dot{F}_{a0}$、$\dot{F}_{b0}$、$\dot{F}_{c0}$ 组成，a、b、c 三相量幅值相等，相位相同，如图 4.1（c）所示。

下面用数学式子来表达不对称三相正弦量与其序分量的关系。

一组不对称三相量 $\dot{F}_a$、$\dot{F}_b$、$\dot{F}_c$ 和三组对称序分量 $\begin{cases} 正序分量\ \dot{F}_{a1}、\dot{F}_{b1}、\dot{F}_{c1} \\ 负序分量\ \dot{F}_{a2}、\dot{F}_{b2}、\dot{F}_{c2} \\ 零序分量\ \dot{F}_{a0}、\dot{F}_{a0}、\dot{F}_{c0} \end{cases}$ 的关系为：

$$\begin{cases} \dot{F}_a = \dot{F}_{a1} + \dot{F}_{a2} + \dot{F}_{a0} \\ \dot{F}_b = \dot{F}_{b1} + \dot{F}_{b2} + \dot{F}_{b0} \\ \dot{F}_c = \dot{F}_{c1} + \dot{F}_{c2} + \dot{F}_{c0} \end{cases} \tag{4.1}$$

若以 a 相为基准相，则正序分量之间的关系为

$$\dot{F}_{b1} = \alpha^2 \dot{F}_{a1}, \quad \dot{F}_{c1} = \alpha^2 \dot{F}_{b1} = \alpha \dot{F}_{a1} \tag{4.2}$$

负序分量之间的关系为

$$\dot{F}_{b2} = \alpha \dot{F}_{a2}, \quad \dot{F}_{c2} = \alpha \dot{F}_{b2} = \alpha^2 \dot{F}_{a2} \tag{4.3}$$

零序分量之间的关系为

$$\dot{F}_{a0} = \dot{F}_{b0} = \dot{F}_{c0} \tag{4.4}$$

式中：α 称为旋转因子，表示逆时针方向旋转 120°，α^2 表示逆时针方向旋转 240°。用数学式子表示为：

$$\begin{cases} \alpha = e^{j120°} = -\dfrac{1}{2} + j\dfrac{\sqrt{3}}{2} \\ \alpha^2 = e^{j240°} = -\dfrac{1}{2} - j\dfrac{\sqrt{3}}{2} \end{cases} \tag{4.5}$$

根据式（4.2）、（4.3）和（4.4），式（4.1）又可写成：

$$\begin{cases} \dot{F}_a = \dot{F}_{a1} + \dot{F}_{a2} + \dot{F}_{a0} \\ \dot{F}_b = \alpha^2 \dot{F}_{a1} + \alpha \dot{F}_{a2} + \dot{F}_{a0} \\ \dot{F}_c = \alpha \dot{F}_{a1} + \alpha^2 \dot{F}_{a2} + \dot{F}_{a0} \end{cases} \tag{4.6}$$

或

$$\begin{cases} \dot{F}_{a0} = \dfrac{1}{3}(\dot{F}_a + \dot{F}_b + \dot{F}_c) \\ \dot{F}_{a1} = \dfrac{1}{3}(\dot{F}_a + \alpha \dot{F}_b + \alpha^2 \dot{F}_c) \\ \dot{F}_{a2} = \dfrac{1}{3}(\dot{F}_a + \alpha^2 \dot{F}_b + \alpha \dot{F}_c) \end{cases} \tag{4.7}$$

利用式（4.7）和式（4.2）、式（4.3）和式（4.4），就可以把任何三相不对称量分解成为

对应的序分量。反过来，利用式（4.6），也可以按已知序分量来求解三相不对称量（一般称之为合成）。（式中的 $\dot{F}$ 可以是电势、电压或电流）。

有了对称分量法之后，对于任何不对称短路引起的系统电流和电压的不对称，都可用对称分量法将其分解成三个对称组，然后按对称短路的分析方法分析其中一相的情况，其他两相可由对称公式得到分析结果。这样，从计算原理上说来，对称短路和不对称短路的分析方法就是一样的了。

【例 4.1】 某三相发电机由于内部故障，其三相电动势分别为 $\dot{E}_a = 100\angle90°\text{V}$，$\dot{E}_b = 116\angle0°\text{V}$，$\dot{E}_c = 71\angle225°\text{V}$。试求其对称分量。

解 以 a 相为基准相，应用公式（4.7）可得

$$\dot{E}_{a1} = \frac{1}{3}(\dot{E}_a + \alpha\dot{E}_b + \alpha^2\dot{E}_c) = \frac{1}{3}(100\angle90° + 116\angle0° \times 1\angle120° + 71\angle225° \times 1\angle240°)$$
$$= 93\angle106° \text{ (V)}$$

$$\dot{E}_{a2} = \frac{1}{3}(\dot{E}_a + \alpha^2\dot{E}_b + \alpha\dot{E}_c) = \frac{1}{3}(100\angle90° + 116\angle0° \times 1\angle240° + 71\angle225° \times 1\angle120°)$$
$$= 7\angle299° \text{ (V)}$$

$$\dot{E}_{a0} = \frac{1}{3}(\dot{E}_a + \dot{E}_b + \dot{E}_c) = \frac{1}{3}(100\angle90° + 116\angle0° + 71\angle225°)$$
$$= 28\angle37° \text{ (V)}$$

4.2.3 等值电路化简

在短路的实用计算中，通常需要对等值电路进行适当的化简后，再计算短路电流。

1. 转移电抗的概念

化简后最简单的等值电路形式如图 4.2 所示。把电源直接和短路点之间相连的电抗称之为转移电抗。也称为短路回路总电抗。

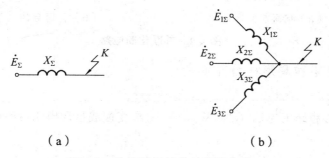

（a） （b）

图 4.2 化简后最简单的等值电路

对于单电源供电的电力网络，化简后的等值电路形式如图 4.2（a）所示。$\dot{E}_\Sigma$ 为等值电动势，X_Σ 为转移电抗。

对于多电源供电的电力网络，化简后的等值电路形式有两种情况：

① 网络中电源是同类型的，即电源电动势相等，电气距离接近。这样可把这些电源合并

为一个等值电源。则化简后的等值电路形式如图 4.2（a）所示。

② 网络中电源有同类型的，也有不同类型的。可以把这些电源按类型和电气距离分别合并，得到不同的等值电源和它们与短路点之间的连接电抗，则化简后的等值电路形式如图 4.2（b）所示。$\dot{E}_{1\Sigma}$、$\dot{E}_{2\Sigma}$、$\dot{E}_{3\Sigma}$ 为合并后的等值电动势，$X_{1\Sigma}$、$X_{2\Sigma}$、$X_{3\Sigma}$ 为相应的转移电抗。

2. 等值电路的化简方法

在进行短路电流计算时，往往要先求取电源到短路点之间的电抗，即转移电抗 X_{Σ} 或短路回路的总电抗 X_{Σ}。这就要求对所计算的电路进行必要的变换和化简。等值电路常用的化简方法有以下几种。

1）电抗的串联

如图 4.3 所示，转移电抗 X_{Σ} 计算公式为：$X_{\Sigma} = X_1 + X_2 + X_3$

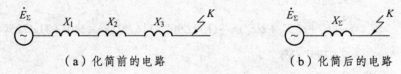

（a）化简前的电路　　　　　　　（b）化简后的电路

图 4.3　串联化简电路

2）电抗的并联

如图 4.4 所示，转移电抗 X_{Σ} 计算公式为：$X_{\Sigma} = \dfrac{1}{\dfrac{1}{X_1} + \dfrac{1}{X_2} + \dfrac{1}{X_3}}$

如果只有两个并联元件且 $X_1 = X_2$，则有：$X_{\Sigma} = \dfrac{X_1 X_2}{X_1 + X_2} = \dfrac{1}{2}X_1 = \dfrac{1}{2}X_2$

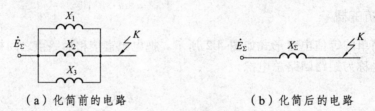

（a）化简前的电路　　　　　　　（b）化简后的电路

图 4.4　并联化简电路

3）三角形电路和星形电路互换

如图 4.5 所示：

① 已知三角形电路的电抗 X_{12}、X_{23}、X_{31}，求变换成星形电路后的电抗 X_1、X_2、X_3 的计算公式为

$$\left.\begin{array}{l} X_1 = \dfrac{X_{12} X_{31}}{X_{12} + X_{23} + X_{32}} \\[2mm] X_2 = \dfrac{X_{12} X_{23}}{X_{12} + X_{23} + X_{31}} \\[2mm] X_3 = \dfrac{X_{23} X_{32}}{X_{12} + X_{23} + X_{31}} \end{array}\right\} \tag{4.8}$$

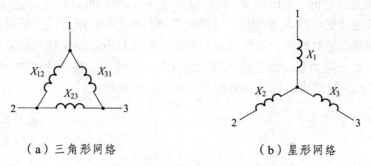

（a）三角形网络　　　　　　（b）星形网络

图 4.5　三角形电路和星形电路互换

② 已知星形电路的电抗 X_1、X_2、X_3，求变换成三角形电路后的电抗 X_{12}、X_{23}、X_{31} 的计算公式为

$$\left.\begin{aligned} X_{12} &= X_1 + X_2 + \frac{X_1 X_2}{X_3} \\ X_{23} &= X_2 + X_3 + \frac{X_2 X_3}{X_1} \\ X_{31} &= X_3 + X_1 + \frac{X_3 X_1}{X_2} \end{aligned}\right\} \tag{4.9}$$

4）利用电路的对称性简化网络

在电力系统中，常常会遇到对于短路点具有对称性的电路。在对称电路的对应点上，其电位必然相同。把电位相同的点作短接或拆除处理，可使电路得到化简。

例如在图 4.6（a）所示的电力系统中，如果发电机 G_1、G_2 的电势和电抗是相等的，分别是 $\dot{E}_G$ 和 X_G，两台三绕组变压器的高、中、低电抗 X_{T1}、X_{T2}、X_{T3} 分别相等。那么，在网络的 K_1 点或 K_2 点发生短路时，网络对于短路点具有对称性。因而网络中各对称部分相应点上的电位是相等的。

图 4.6（b）给出了该系统的等值电路。可以看出，在网络的 K_1 点发生短路时，图中的 a

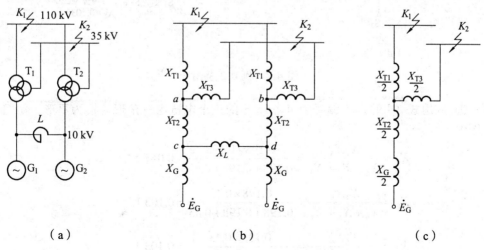

（a）　　　　　　　　　（b）　　　　　　　　　（c）

图 4.6　利用网络的对称性简化网络

点和 b 点的电位是一样的，c 点和 d 点电位是一样的。所以可以将 a 点和 b 点直接相连、c 点和 d 点直接相连（把电抗 X_L 短接），这样就得到图 4.6（c）所示的化简网络。同理，K_2 点发生短路时，电路也是对称的，同样可以得到图 4.6（c）所示的化简电路。

【例 4.2】 有一电力系统的等值电路如图 4.7（a）所示，各元件在统一基准下的标么值已标在图中，K 点为短路点，试求各电源与短路点的转移电抗。

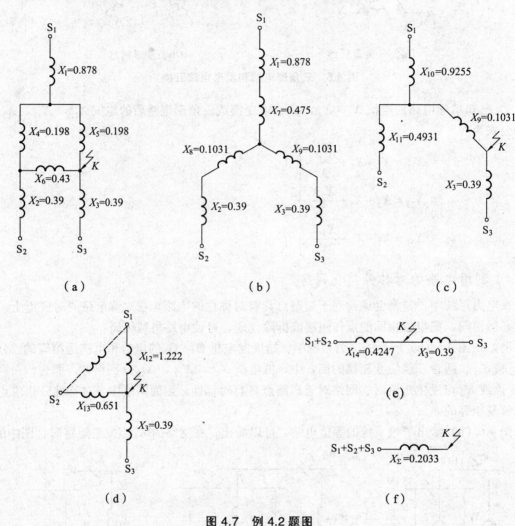

图 4.7 例 4.2 题图

解 ① 应用式（4.9），将编号为 4、5、6 的三个电抗由三角形转换为星形，如图（b）所示，图中

$$X_7 = \frac{X_4 X_5}{X_4 + X_5 + X_6} = \frac{0.198 \times 0.198}{0.198 + 0.198 + 0.43} = 0.047\,5$$

$$X_8 = \frac{X_4 X_6}{X_4 + X_5 + X_6} = \frac{0.198 \times 0.43}{0.198 + 0.198 + 0.43} = 0.103\,1$$

$$X_9 = \frac{X_5 X_6}{X_4 + X_5 + X_6} = \frac{0.198 \times 0.43}{0.198 + 0.198 + 0.43} = 0.103\,1$$

② 分别合并电抗 1 和 7、2 和 8，如图（c）所示，图中

$$X_{10} = X_1 + X_7 = 0.878 + 0.047\ 5 = 0.925\ 5$$

$$X_{11} = X_2 + X_8 = 0.39 + 0.103\ 1 = 0.493\ 1$$

③ 应用式（4.10），将编号为 9、10、11 的三个电抗由星形转换为三角形。如图（d）所示。图中，电源 S_1 与短路点的转移电抗为

$$X_{1\Sigma} = X_{12} = X_9 + X_{10}\frac{X_9 X_{10}}{X_{11}} = 0.103\ 1 + 0.925\ 5 + \frac{0.103\ 1 \times 0.925\ 5}{0.493\ 1} = 1.222$$

电源 S_2 与短路点的转移电抗为

$$X_{2\Sigma} = X_{13} = X_9 + X_{11}\frac{X_9 X_{11}}{X_{10}} = 0.103\ 1 + 0.493\ 1 + \frac{0.103\ 1 \times 0.493\ 1}{0.925\ 5} = 0.651$$

电源 S_3 与短路点的转移电抗为

$$X_{3\Sigma} = X_3 = 0.39$$

在上述求转移电抗的过程中，电源 S_1 与电源 S_2 之间的电抗可不计算。

如果电源 S_1 和电源 S_2 可合并，则它们与短路点的转移电抗如图（e）所示。图中

$$X_{12\Sigma} = X_{14} = \frac{X_{12} X_{13}}{X_{12} + X_{13}} = \frac{1.222 \times 0.651}{1.222 + 0.651} = 0.424\ 7$$

如果电源 S_1、S_2 及 S_3 都可合并，则它们与短路点的转移电抗如图 4.7（f）所示，图中

$$X_\Sigma = \frac{X_3 X_{14}}{X_3 + X_{14}} = \frac{0.39 \times 0.424\ 7}{0.39 + 0.424\ 7} = 0.203\ 3$$

4.3　电力系统各元件的序电抗和等值电路

在第 2 章，我们讨论过电力系统正常运行的参数和等值电路。下面在此基础上讨论电力系统短路时的参数和等值电路。其中参数只讨论电抗。

4.3.1　序电抗的基本概念

应用对称分量法分析和计算电力系统的不对称短路时，必须首先确定电力系统各元件的序电抗，即正序电抗、负序电抗和零序电抗。分别用 X_1、X_2、X_0 来表示。

所谓某元件的序电抗是指施加在该元件端点的某序电压与流过的该序电流的比值。

电力系统元件一般可分为两类，即旋转元件和静止元件。旋转元件如发电机、电动机等，静止元件如电力线路、变压器和电抗器等。

1. 静止元件

对于静止元件，当在元件上施加正序电压时，元件中将流过正序电流，由于正序电压和正序电流是正常对称状态下的三相电压和电流，所以正序电抗就是元件在正常对称运行状态下的电抗。

当在元件上施加负序电压时，元件中将流过负序电流，由于三相电流的相序改变并不改变元件各相之间的互感，所以正序电抗和负序电抗是相等的。

当在元件上施加零序电压时，产生零序电流，由于三相零序电流同相，相间的互感影响不同，因而零序电抗和正序电抗、负序电抗不同。另外，三相同相的零序电流能否在电路中形成流通回路、元件的结构、零序电流的路径等对零序电抗都会有影响。

综合上述，静止元件的 X_1 和 X_2 相等，而 X_0 则与 X_1、X_2 不相同。

2. 旋转元件

对于旋转元件，各序电流分别通过时，将引起不同的电磁过程：正序电流产生与转子旋转方向相同的旋转磁场；负序电流产生与转子旋转方向相反的旋转磁场；而零序电流产生的磁场与转子的位置无关。因此这些有相对运动的磁耦合元件，其 X_1、X_2、X_0 各不相等。

4.3.2 电力系统各主要元件的序电抗

1. 同步发电机的序电抗

1）同步发电机的正序电抗 X_{G1} 和等值电路

同步发电机在正常运行、三相短路时及不对称短路的正序系统中，只有正序电流存在，其等值电路如图 4.8 所示。

正常运行，同步发电机的正序参数用同步电势 $\dot{E}$ 和相应的同步电抗 X_d、X_q 来表示，如图 4.8（a）所示。而在短路分析计算中，同步发电机的正序参数则用暂态电势 $\dot{E}'_d$ 或次暂态电势 $\dot{E}''_d$ 以及相应的暂态电抗 X'_d、X'_q 或次暂态电抗 X''_d、X''_q 来表示，如图 4.8（b）所示。

（a）正常运行时　　　　　　　　　　　　　（b）短路时

图 4.8　发电机的正序参数和等值电路

同步发电机的同步电抗 X_d、X_q，暂态电抗 X'_d、X'_q 或次暂态电抗 X''_d、X''_q，其值在发电机的铭牌数据中给出。对汽轮发电机，有 $X_d = X_q$；对水轮发电机，则 $X_d \neq X_q$，但二者差别不大，在短路电流计算中可近似相等。

同步发电机的暂态电势 $\dot{E}'_d$ 和次暂态电势 $\dot{E}''_d$，需要根据短路前的状态求出，计算较复杂。这里不在叙述。

表 4.2 中列出了同步发电机的电抗和电势的平均参考值。

表 4.2 同步发电机的电动势和电抗的平均值

发电机类型	X_d''	X_d'	X_d	E_q''	E_q'
汽轮发电机	0.125	0.25	1.62	1.08	
水轮发电机（有阻尼绕组）	0.2	0.37	1.15	1.13	
水轮发电机（无阻尼绕组）		0.27	1.15		1.18

注：表中的数值均为以额定容量为基准值的标幺值。

2）同步发电机的负序电抗 X_{G2} 和负序等值电路

对同步发电机等旋转电机而言，当在定子绕组中流过一组负序电流时，所产生的负序旋转磁场与转子旋转方向相反，因此，定子电流产生的旋转磁场在不同的位置遇到不同的磁阻，在 d 轴（直轴）方向所对应的电抗为 X_d''，在 q 轴（交轴）方向所对应的电抗为 X_q''。由于负序旋转磁场不断交替与转子 d 轴和 q 轴重合，因此同步发电机负序电抗的取值如下：

① 在短路电流计算中，同步发电机本身的负序电抗可以看做与短路种类无关，并取 X_d'' 和 X_q'' 的算术平均值，即：

$$X_{G2} = \frac{1}{2}(X_d'' + X_q'')$$

② 在近似计算中，对于汽轮发电机和有阻尼绕组的水轮发电机，$X_{G2} = 1.22 X_d''$；对于没有阻尼绕组的水轮发电机，$X_{G2} = 1.45 X_d''$。

③ 在实用计算中，一般可取 $X_{G2} = X_d''$。

同步发电机不产生负序电势，其负序等值电路如图 4.9（a）所示。

3）同步发电机的零序电抗 X_{G0} 和零序等值电路

当零序电流在同步发电机定子绕组中流过时，由于三相大小相等且相位相同，而定子三个绕组在空间互差 120°，因此，三个电流所产生的合成磁场为零。即零序电流不产生旋转磁场，只产生定子漏电抗。

同步发电机的零序电抗只与漏磁有关，其变化范围为 $0.15 X_d'' \leqslant X_{G0} \leqslant 0.6 X_d''$。

同步发电机不产生零序电势，其零序等值电路如图 4.9（b）所示。

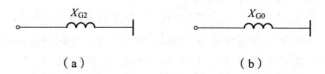

（a）   （b）

图 4.9 同步发电机的负序、零序等值电路

在表 4.3 中，提供了同步电机的负序和零序电抗的平均标幺值。

表 4.3　同步电机负序和零序电抗的平均标么值

电机型式	X_{2*}	X_{0*}
汽轮发电机	0.15	0.05
有阻尼绕组的水轮发电机	0.25	0.07
无阻尼绕组的水轮发电机	0.45	0.07
同步补偿和大型同步电动机	0.24	0.08

2. 普通变压器的序电抗和等值电路

1）变压器的正序电抗 X_{T1} 和负序电抗 X_{T2}

变压器是静止元件，所以其负序电抗值与正序电抗值相等，即 $X_{T1} = X_{T2}$；其等值电路也相同。又因为 X_{T1} 就是变压器正常运行时的电抗，所以变压器的 X_{T1} 和 X_{T2} 的计算以及正序、负序等值电路与正常运行时完全相同。这在第 2 章中已详细叙述过，不再重复。

2）影响变压器零序电抗的因素

由于零序分量大小相等且相位相同，因此三相间彼此不能互为回路。当在变压器端部施加零序电压时，其绕组中有无零序电流、且零序电流的大小与变压器三相绕组的接线方式和变压器磁路系统的结构有关。

① 变压器三相绕组的接线方式对零序电抗的影响。

在不接地星形连接的三相绕组中，方向相同的三相零序电流是没有回路的，因而其零序电抗体现为无限大，在等值电路中相当于开路。如图 4.10（a）所示。

在星形连接且中性点接地的三相绕组中，大小相等、相位相同的零序电流将通过三相绕组，并经中性点流入大地。如图 4.10（b）所示。

在星形连接且中性点经一阻抗接地的三相绕组中，接地阻抗对变压器的正、负序电抗并无任何影响，因为正、负序电流是以三相绕组为回路，并不流经这一接地阻抗。但零序电流则要流经这一阻抗。由于有 3 倍于零序相电流流过，因此其压降亦为单相零序电流的 3 倍。所以，变压器中性点经阻抗接地时，中性点阻抗上的电流是 3 倍的零序电流。故在等值电路中接地阻抗值以 3 倍表示。如图 4.10（c）所示。

在三角形连接的三相绕组中，零序电流可以在三相绕组内流通但流不到线路上去，在用等值电路表示时，三角形绕组对零序电流是短路的，变压器以外的线路对零序电流则是开路的。如图 4.10（d）所示。

② 变压器磁路系统对零序电抗的影响。

由于零序分量的特点，变压器磁路系统的结构方式对零序电抗的影响很大。零序磁通在磁路系统中的特点与变压器三次谐波磁通的通路是一样的。不同的磁路系统有不同的零序励磁电抗 X_{m0}，这一零序励磁电抗可能与正序励磁电抗 X_m 差别很大，因而将影响到变压器的零序等值电抗值。

变压器磁路系统的结构方式有两种：三个单相变压器组成的三相变压器和三相五芯柱变压器属于一种；三相三芯柱变压器属于另一种。

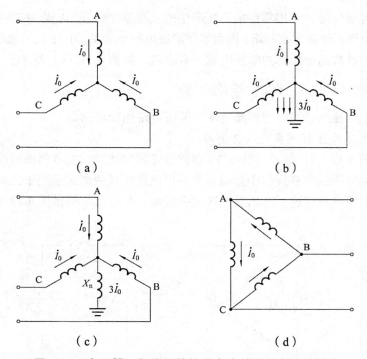

图 4.10　变压器三相绕组的接线方式对零序电抗的影响

由三个单相变压器组成的三相变压器组、三相五芯柱和壳式变压器，三相零序电流所产生的三相零序磁通能在铁芯中形成回路，因所遇到的磁路磁阻很小，故零序激磁电抗很大，可近似认为 $X_{m0} = \infty$。如图 4.11（a）和（b）所示。

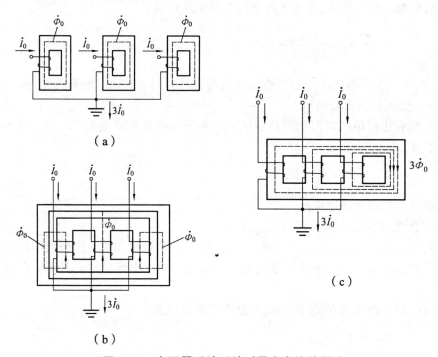

图 4.11　变压器磁路系统对零序电抗的影响

对三相三芯柱变压器，三相零序电流所产生的三相零序磁通不能在铁芯中流通，只能通过变压器的绝缘介质和外壳形成回路。因而零序激磁电抗小（X_{m0}小），但与绕组漏抗相比X_{m0}仍然很大。故这种结构的变压器的零序电抗为有限值。如图4.11（c）所示。

3）变压器的零序电抗X_{T0}和等值电路

下面分不同绕组接线方式对变压器的零序等值电路加以讨论。

（1）Y_N,d接线的变压器（双绕组变压器）。

原理接线如图4.12（a）所示。当在Y_N侧流过零序电流时，在d侧绕组中感应零序电动势。这个零序电动势在三角形绕组中形成环流，以电压降落的形式消耗于三角形绕组的漏抗中，而外电路无零序电流流过，这相当于该绕组短接，其等值电路如图4.12（b）所示。

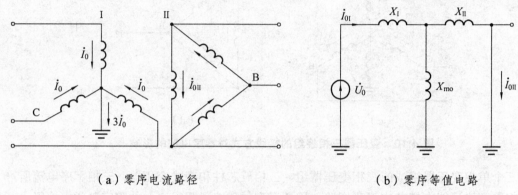

（a）零序电流路径　　　　　　　　　　（b）零序等值电路

图4.12　Y_N,d接线变压器的零序等值电路分析

根据等值电路，可求得Y_N,d接线的变压器的零序电抗为

$$X_{T0} = X_{I} + \frac{X_{II} X_{m0}}{X_{II} + X_{m0}}$$

式中　X_{I}、X_{II}——变压器一次侧和二次侧绕组的电抗。归算到同一侧即为变压器正序电抗；

　　　X_{m0}——变压器的励磁电抗。

对三个单相变压器组成的三相变压器组、三相五芯柱和壳式变压器，$X_{m0} = \infty$。在等值电路中相当于X_{m0}断开。所以

$$X_{T0} = X_{I} + X_{II} = X_{T1}$$

即变压器的零序电抗等于正序电抗。

（2）Y_N,y接线的变压器（双绕组变压器）。

原理接线如图4.13（a）所示。当在Y_N侧流过零序电流时，在y侧绕组中感应零序电动势。由于y侧中性点不接地，零序电流无通路，因此无零序电流通过，其等值电路如图4.13（b）所示。

根据等值电路，可求得Y_N,y接线变压器的零序电抗为

$$X_{T0} = X_{I} + X_{m0}$$

若$X_{m0} = \infty$，则X_{m0}支路在电路中相当于断开。这时，X_{T0}取决于外电路的情况。

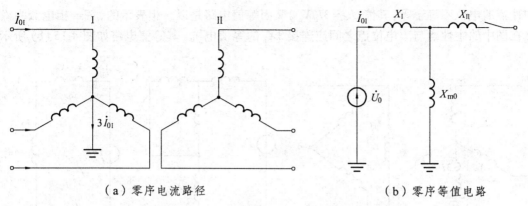

（a）零序电流路径　　　　　　　　（b）零序等值电路

图 4.13　Y_N,y 接线变压器的零序等值电路分析

（3）Y_N,y_n 接线的变压器（双绕组变压器）

原理接线如图 4.14（a）所示。当在 Y_N 侧流过零序电流时，在 y_n 侧绕组中感应零序电动势，是否有零序电流的通路，取决于变压器 y_n 侧绕组的外电路是否有接地的中性点。如果变压器 y_n 侧绕组的外电路有接地的中性点，则在 X_I、X_{II}、X_{m0} 中都有零序电流通过。其等值电路如图 4.14（b）所示。

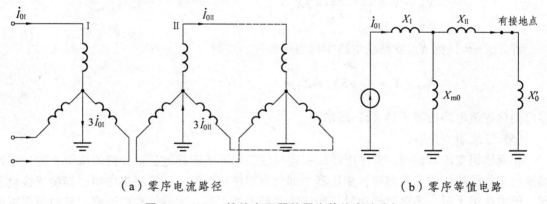

（a）零序电流路径　　　　　　　　（b）零序等值电路

图 4.14　Y_N,y_n 接线变压器的零序等值电路分析

根据等值电路，可求得 Y_N,y_n 接线变压器的零序电抗为

$$X_{T0} = X_I + X_{m0} \ /\!/ \ (X_{II} + X_0') = X_I + \frac{X_{m0}(X_{II} + X_0')}{X_{m0} + X_{II} + X_0'}$$

若 $X_{m0} = \infty$，则 X_{m0} 支路在电路中相当于断开。如果变压器 y_n 侧绕组的外电路没有接地的中性点，这时有

$$X_{T0} = X_I + X_{II} = X_{T1}$$

如果变压器 y_n 侧绕组的外电路没有接地的中性点，则其中便没有零序电流，应在等值电路中将 X_{II} 的末端断开。其等值电路与 Y_N,y 接线时一样。

（4）Y_N,d 接线，且 Y_N 侧中性点经电抗 X_n 接地的变压器（双绕组变压器）。

原理接线如图 4.15（a）所示。当在 Y_N 侧流过零序电流时，则将有 $3\dot{I}_0$ 电流流过 X_n。因此中性点的电位不等于零,其值 $U_N = 3I_0X_n$。又因等值电路是以一相表示的,每一相电流为 $\dot{I}_0$,那么在图中的中性点与零电位点之间应连接 $3X_n$ 的等值电抗。其等值电路如图 4.15(b)所示。

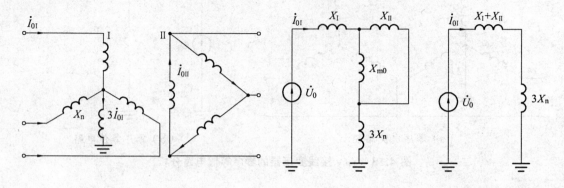

(a)零序电流路径　　　(b)零序等值电路　　(c)零序简化等值电路

图 4.15　Y_N,d 接线,且 Y_N 侧中性点经电抗 X_n 接地的变压器零序等值电路

根据等值电路,可求得这种接线的变压器的零序电抗为:

$$X_{T0} = X_I + \frac{X_{II}X_{m0}}{X_{II} + X_{m0}} + 3X_n$$

若 $X_{m0} = \infty$,则 X_{m0} 支路在电路中相当于断开,这时

$$X_{T0} = X_I + X_{II} + 3X_n = X_{T1} + 3X_n$$

零序简化等值电路如图 4.15(c)所示。

(5)三绕组变压器。

和双绕组变压器相同,零序电压加在连接成三角形或不接地星形一侧的绕组上时,不论其他两侧绕组的接线方式如何,变压器中都没有零序电流流通。零序电压加在连接成接地星形一侧的绕组上时,零序电流通过三相绕组并经中性点流入大地,构成回路。其他两侧零序电流流通情况则与各侧绕组的接线方式有关。

为了提供三次谐波的通路以改善电动势波形,在三绕组变压器中往往有一侧绕组要接成三角形。所以三绕组变压器常用的接线方式有 Y_N,d,y 和 Y_N,d,y_n 及 Y_N,d,d 三种。

下面仅讨论对三个单相变压器组成的三相变压器组、三相五芯柱和壳式变压器,其 $X_{m0} = \infty$,零序励磁电流很小,可忽略不计。即认为变压器的零序电抗主要由绕组的电抗组成,在等值电路中励磁回路是开路的。

① Y_N,d,y 接线的变压器。

原理接线如图 4.16(a)所示。当在 Y_N 侧流过零序电流时,其 Y_N,d 和 Y_N,y 相当于两台双绕组变压器,仿照前面的分析方法,d 侧相当于零序短路,y 侧相当于开路,其等值电路如图 4.16(b)所示。

根据等值电路,可求得 Y_N,d,y 接线变压器的零序电抗为

$$X_{T0} = X_I + X_{II}$$

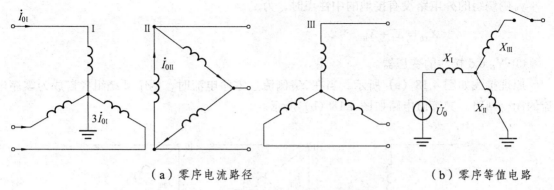

（a）零序电流路径　　　　　　　　　　（b）零序等值电路

图 4.16　Y_N,d,y 接线变压器的零序等值电路分析

② Y_N,d,y_n 接线的变压器。

原理接线如图 4.17（a）所示。当在 Y_N 侧流过零序电流时，其 Y_N,d 和 Y_N,y_n 相当于两台双绕组变压器，仿照前面的分析方法，d 侧相当于零序短路；若 y_n 侧绕组的外电路有接地的中性点，则本侧与外电路电抗 X_0' 接通；若 y_n 侧绕组的外电路没有接地的中性点，则本侧与外电路电抗 X_0' 断开。其等值电路如图 4.17（b）所示。

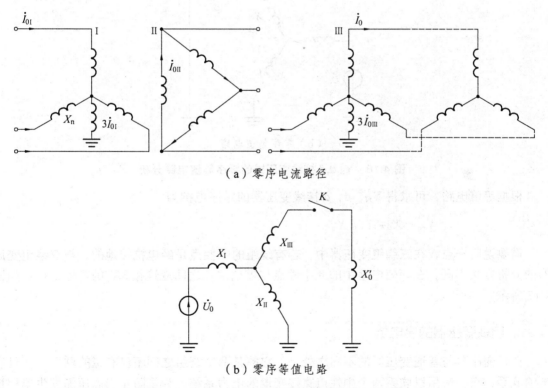

（a）零序电流路径

（b）零序等值电路

图 4.17　Y_N,d,y_n 接线变压器的零序等值电路分析

根据等值电路，可求得 Y_N,d,y_n 接线变压器的零序电抗如下。

y_n 侧绕组的外电路有接地的中性点时，为

$$X_{T0} = X_I + X_{II} /\!/ (X_{III} + X_0')$$

y_n 侧绕组的外电路没有接地的中性点时，为

$$X_{T0} = X_I + X_{II}$$

③ Y_N,d,d 接线的变压器。

原理接线如图 4.18（a）所示。当在 Y_N 侧流过零序电流时，两个 d 绕组各自成为零序电流的闭合回路。其等值电路如图 4.18（b）所示。

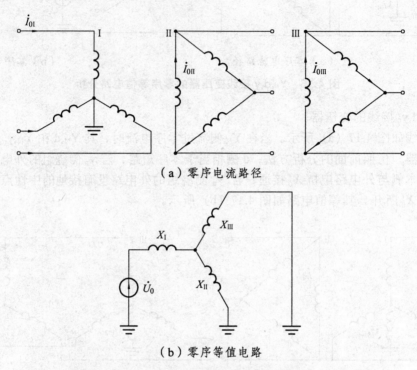

（a）零序电流路径

（b）零序等值电路

图 4.18　Y_N,d,d 接线变压器的零序等值电路分析

根据等值电路，可求得 Y_N，d，d 接线变压器的零序电抗为

$$X_{T0} = X_I + X_{II} /\!/ X_{III}$$

需要说明一点，在三绕组变压器中，若有绕组的中性点是经电抗接地的，与双绕组变压器的分析方法相同，在等值电路中的此中性点与零电位点之间应连接 $3X_n$ 的等值电抗。如图 4.17 所示。

3. 自耦变压器的序电抗

自耦变压器与普通变压器的不同之处是：它的某两个绕组之间不仅有磁的联系，而且有电的联系。它一般用以联系两个中性点直接接地的电力系统。为了防止当高压侧发生单相接地短路时，自耦变压器中性点电位升高引起中压侧或低压绕组过电压而破坏绝缘，自耦变压器的中性点一般是直接接地的（通常称为死接地）。

1）自耦变压器的正序和负序电抗

自耦变压器的正序和负序电抗以及等值电路与中性点的接地方式无关。不论是双绕组自

耦变压器还是三绕组自耦变压器，其正序和负序电抗以及等值电路均与其绕组数一样的普通变压器相似。即与第 2 章中的有关内容相同。

2）自耦变压器的零序电抗

自耦变压器中性点大多数是直接接地的，也可经电抗接地，且均认为 $X_{m0} = \infty$。所以自耦变压器常用的绕组接线方式有 Y_N, y_n 和 Y_N, y_n, d 两种。

对于这两种接线（Y_N, y_n 和 Y_N, y_n, d）的自耦变压器，当中性点没有经电抗接地时，其零序等值电路和零序电抗计算与普通变压器相似，与普通变压器不同的是，流过自耦变压器中性点的零序电流是 3 倍的一次零序电流与 3 倍的二次零序电流的差值。其等值电路如图 4.19 所示。若中性点经电抗接地，零序电抗的计算较复杂。这里不再讨论。

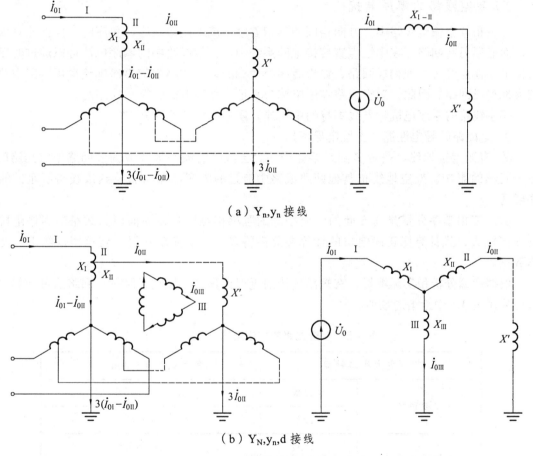

（a）Y_n, y_n 接线

（b）Y_N, y_n, d 接线

图 4.19　自耦变压器的零序等值电路

4. 电力线路的序电抗和等值电路

1）电力线路的正序电抗 x_1 和负序电抗 x_2

电力线路（包括架空线路和电缆线路）是静止元件，因此其 $x_1 = x_2$。

架空线路正序电抗的计算，在第 2 章中已讨论过。在短路电流的近似计算中，架空线路的正序电抗 x_1 取 0.4 Ω/km。即有

$$x_2 = x_1 = 0.4 \ \Omega/km$$

电缆线路的正序电抗由生产厂家提供。如无厂家数据，一般取表 4.4 中的平均值。

表 4.4　电缆线路正序和负序电抗的平均值

元件名称	正序、负序电抗（Ω/km）	元件名称	正序、负序电抗（Ω/km）
1 kV 三芯电缆	$x_1 = x_2 = 0.06$	6～10 kV 三芯电缆	$x_1 = x_2 = 0.08$
1 kV 四芯电缆	$x_1 = x_2 = 0.066$	35 kV 三芯电缆	$x_1 = x_2 = 0.12$

2）架空线路的零序电抗

在三相架空输电线路中，方向相同的三相零序电流不能像正序、负序时一样彼此互为回路，而必须另有回路。在中性点直接接地的系统中，三相线路中的零序电流可以通过变压器的接地中性点经过大地构成回路；如果有架空地线的话，线路中的零序电流也可以架空地线和大地构成回路。因此，架空线路零序电抗与其正、负序电抗有很大的差别。

架空线路的零序电抗除导线本身的电抗外，还要考虑以下因素：

① 地回路的导电性能（土壤电导率）。

② 有无架空地线、是否多回路架空线路。当线路有架空地线或为多回路架空线路时，由于互感的影响，架空地线和其他回路线路中流过的零序电流将影响到该线路所匝链的零序磁通。

由于三相零序分量是同方向的，使相间的互感相互增强，因而电力线路的零序电抗较正序电抗大，且计算比正序电抗的计算要复杂得多。为了简单起见，在这里仅给出一些具体数据。

根据理论分析和实际测量，在短路电流的近似计算中，架空线路每一回路的每相零序电抗可采用表 4.5 中给出的数值。

表 4.5　架空线路的零序电抗（$x_1 = 0.4 \ \Omega/km$）

架空电力线路种类		零序电抗（Ω/km）
无避雷线	单回线	$x_0 = 3.5x_1 = 1.4$
	双回线	$x_0 = 5.5x_1 = 2.2$
有钢质避雷线	单回线	$x_0 = 3x_1 = 1.2$
	双回线	$x_0 = 5x_1 = 2.0$
有良导体避雷线	单回线	$x_0 = 2x_1 = 0.8$
	双回线	$x_0 = 3x_1 = 1.2$

3）电缆线路的零序电抗

电缆线路的零序电抗由生产厂家提供。如无厂家数据，一般取表 4.6 中的平均值。

表 4.6　电缆线路零序电抗的平均值

元件名称	零序电抗（Ω/km）	元件名称	零序电抗（Ω/km）
1 kV 三芯电缆	0.7	6～10 kV 三芯电缆	$x_0 = 4.6x_1$
1 kV 四芯电缆	0.17	35 kV 三芯电缆	$x_0 = 4.6x_1$

4）电力线路的序等值电路

在实用的短路电流计算中，电力线路的正序、负序、零序等值电路都是纯电感电路，需注意，只有零序电流通过的线路，零序电抗才起作用。

4.3.3　电力系统短路时的等值电路

确定电力系统各序等值电路及各元件的序电抗是短路计算的第一步，有了各元件的序参数和等值电路，短路电流的计算就与一般交流电路的计算完全相同。短路类型不同，等值电路也将不同。

1. 三相短路的等值电路

电力系统发生三相短路时电路仍然是三相对称的，没有负序和零序分量，所以其等值电路与正常运行时的等值电路相似，而且只需作单相的等值电路。

三相短路的等值电路与正常运行时等值电路不同点是，三相短路的等值电路中只能把短路电流通过的元件包括进去，而不通过短路电流的元件则应舍去。由于三相短路时短路点的电压为零，因此接在短路点附近的大型异步电动机会向短路点提供反馈电流，所以要考虑它的影响。在绘制时，发电机以次暂态电势 E_G'' 和 x_d'' 表示，变压器、线路、电抗器以正序电抗表示，并适当考虑大型异步电动机反馈电流的影响。该等值电路从电源的中性点开始，经电源的电势和电抗到短路电流流经的各元件电抗，至三相短路点止。电源和负荷的中性点电位可看作零。

【例 4.3】　某电力系统的接线如图 4.20 所示，试绘制此电力系统正常运行和在 K 点发生三相短路时的等值电路。

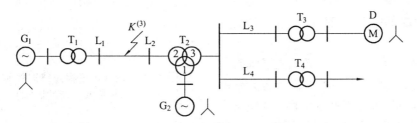

图 4.20　例 4.3 的系统接线图

解　① 正常运行时的等值电路如图 4.21 所示。

② 考虑负荷的影响时，三相短路的等值电路如图 4.22 所示。

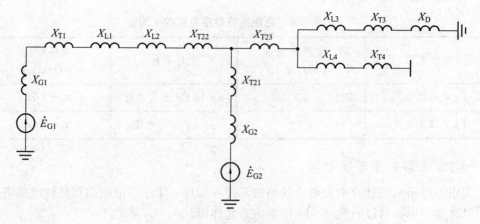

图 4.21　例 4.3 正常运行时的等值电路

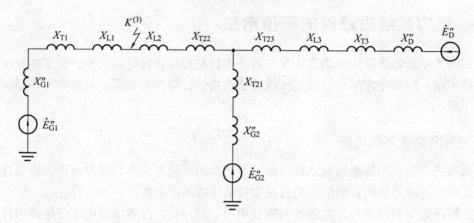

图 4.22　例 4.3 三相短路时的等值电路（考虑负荷的影响）

③ 不考虑负荷的影响时,三相短路的等
值电路如图 4.23 所示。

2. 不对称短路的等值电路

电力系统单相接地短路、两相接地短路、
两相短路都是不对称短路,根据对称分量法将
其分成正、负、零序三个对称系统,因各序是
对称的,每个序都可以按单相建立自己序的等
值电路。

在制定各序等值电路时,必须先了解系统
的接线、接地中性点的分布状况以及各元件的
各序参数和等值电路;进而分各序,从短路点
开始,查明序电流在网络中的流通情况,以确定各序网络的组成元件及其网络的具体连接。

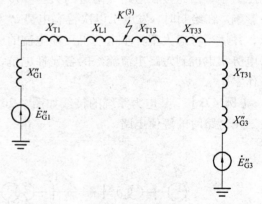

图 4.23　例 4.3 三相短路时的等值电路
（不考虑负荷的影响）

1）正序等值电路

不对称短路的正序等值电路与三相短路时等值电路基本相同。不同点只是短路点的正序

电压不为零，与此相对应，不对称短路的正序等值电路中各点正序电压较三相短路时高，因此可以忽略异步电动机向短路点供出的反馈电流。

2）负序等值电路

不对称短路的负序等值电路与其正序等值电路基本相同。负序等值电路是由不对称短路时短路点的负序电压分量所产生的负序电流通过元件的负序电抗所组成的电路。不同点是：负序等值电路中无电源电动势，即负序电势为零，是无源网络。

3）零序等值电路

由于零序电流以地为回路，所以变压器绕组的接法和中性点的接地方式，对网络中零序电流的分布及零序网络的结构有决定性的影响。因此零序等值电路与正序、负序等值电路有很大的差异。零序等值电路是由不对称短路时短路点的零序电压分量所产生的零序电流通过元件的零序电抗所组成的电路。零序等值电路也不含零序电势，是无源网络。

在绘制零序等值电路时，一般从短路点着手，由近到远逐段查明零序电流可能的流通路径，然后将零序电流流通的变压器、线路和其他元件用零序电抗表示。零序电流不能流通的元件不必反映在零序网中。同时要注意正确处理中性点的接地电抗，在零序等值电路中，中性点接地电抗要取实际值的 3 倍。

【例 4.4】 如图 4.24 所示电力系统，在 K 点发生不对称短路，试绘制该电力系统的序网络。

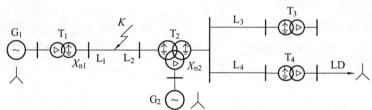

图 4.24 例 4.4 的系统接线图

解 ① 正序网络如图 4.25 所示。

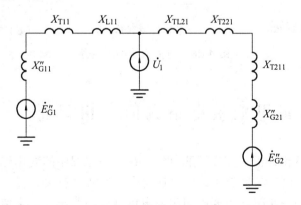

图 4.25 例 4.4 的正序网络图

② 负序网络如图 4.26 所示。

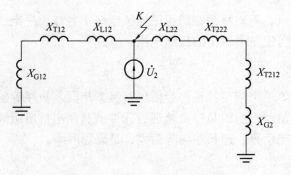

图 4.26　例 4.4 的负序网络图

③ 零序网络如图 4.27 所示。

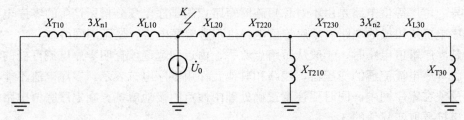

图 4.27　例 4.4 的零序网络图

3. 电力系统的简化序网络

制定出系统的各序等值电路后，要将它们化简，其目的是求出等值的正序电势 $\dot{E}_\Sigma$ 和各序等值电抗 $X_{1\Sigma}$、$X_{2\Sigma}$、$X_{0\Sigma}$。在此基础上，就可以进行不对称短路的分析和计算了。简化后的序网络如图 4.28 所示。

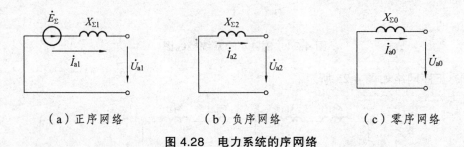

（a）正序网络　　　　　（b）负序网络　　　　　（c）零序网络

图 4.28　电力系统的序网络

4.4　无限大容量电源供电系统的三相短路

对短路电流的计算和分析，需要了解电气量在暂态过程中的变化规律。在电力系统中，暂态过程的情况不仅与网络参数有关，而且还与电源的特性有关。

电力系统发生三相短路时，主要由同步发电机供出短路电流，它包含了按不同时间常数衰减的周期分量和非周期分量。要准确地求取短路电流各分量大小和变化规律是相当困难的。如果把产生电流的电源电动势在短路的暂态过程中近似看做是不变的，则可使问题简单化。

由无限大容量电源供电的电路就属于这种情况。

这里从比较简单的情况入手。在讲述无限大容量电源的概念基础上，分析由无限大容量电源供电的系统中发生三相短路时，短路电流的变化情况以及短路电流的计算。

4.4.1　无限大容量电源的概念

无限大容量电源的概念，可以从以下两方面来理解：

① 电源容量足够大时，外电路发生短路引起的功率变化对电源来说是微不足道的，因而电源的频率（对应于同步电机的转速）保持恒定。

② 电源的容量足够大时，其等值的电源内电抗就很小，可近似等于零，因而电源电压保持恒定，也就是电路理论上讲的恒压源。

由此可见，无限大容量电源是个相对概念，在电力系统中这样的电源并不存在。一般我们是以供电电源的内电抗与短路回路总电抗的相对大小来判断电源能否作为无限大容量电源。当供电电源的内电抗小于短路回路总电抗的 10% 时，即可认为电源为无限大容量电源。因为在这种情况下，外电路发生短路对电源影响很小，即可近似地认为电源电压和频率保持恒定。

对无限大容量电源，我们记作 $S = \infty$，$X_S = 0$。

无限大容量电源的端电压及频率在短路的暂态过程中保持不变的概念，使我们在分析电力系统三相短路故障时，可以不考虑电源内部的暂态过程，从而使短路电流的分析和计算变得简单。

4.4.2　无限大容量电源供电系统三相短路电流的分析

无限大容量电源供电系统发生三相短路时的等值电路如图 4.29 所示（在等值电路中考虑了电阻）。图中，$R_\Sigma + jX_\Sigma$ 为短路点至电源母线每一相的等值总阻抗（其中 $X_\Sigma = \omega L_\Sigma$），$R' + jX'$ 是短路点到负荷回路每一相的等值阻抗（其中 $X' = \omega L'$）。

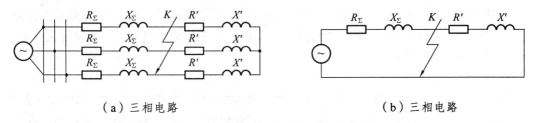

（a）三相电路　　　　　　　　　　　　　（b）三相电路

图 4.29　无限大容量电源系统三相短路

当在 K 点突然发生三相短路时，这个电路即被分成两个独立的回路。

右边的回路被短接变为无电源的回路，在这个回路中，电流将从短路发生瞬间的值逐渐衰减到零。这一衰减过程，将该回路磁场中储存的能量全部转化为电阻所消耗的热能。

左边的回路仍与电源连接，但每相阻抗由 $(R_\Sigma + R') + j(X_\Sigma + X')$ 减小到 $R_\Sigma + jX_\Sigma$。由于回路阻抗减小，电流要相应增大，因此这个电流将经历一个变化过程，由正常的工作电流（稳态值）逐渐变化过渡到由电源和新阻抗 $R_\Sigma + jX_\Sigma$ 所决定的短路后的电流值（稳态值）。这就是我们所说的短路暂态过程。短路电流的分析和计算主要针对这一过程。

设三相短路在 $t = 0$ 时发生，根据电路理论，对左边的回路建立电压微分方程（仅以 a 相为例）为

$$L\frac{di_{Ka}}{dt} + Ri_{Ka} = U_m \sin(\omega t + \alpha) \qquad (4.10)$$

由于电感回路中电流不能突变，于是短路前后瞬间的电流是相等的。根据这一条件求解该微分方程式（4.10）得到 a 相短路时全电流的瞬时值表达式为

$$i_{Ka} = I_{Km}\sin(\omega t + \alpha - \varphi_K) + [I_{m(0)}\sin(\alpha - \varphi_{(0)}) - I_{Km}\sin(\alpha - \varphi_K)]e^{-t/T_a} \qquad (4.11)$$

式中　I_{Km}——短路电流周期分量的幅值，$I_{Km} = \dfrac{U_m}{\sqrt{R_\Sigma^2 + X_\Sigma^2}}$，$U_m$ 是电源电压的幅值；

α——短路瞬间电源电压的相位角，也称电压合闸相角；

φ_K——短路回路的阻抗角，$\varphi_K = \arctan\dfrac{X}{R}$；

$I_{m(0)}$——正常运行时的电流周期分量的幅值，$I_{m(0)} = \dfrac{U_m}{\sqrt{(R_\Sigma + R')^2 + (X_\Sigma + X')^2}}$；

$\varphi_{(0)}$——正常运行时回路的阻抗角，$\varphi_{(0)} = \arctan\dfrac{X_\Sigma + X'}{R_\Sigma + R'}$；

T_a——短路回路的衰减时间常数，$T_a = \dfrac{L}{R}$。

解读公式所表达的含义，可将其进一步写成

$$i_{Ka} = i'_{Ka} + i''_{Ka}$$

其中：

$$i'_{Ka} = I_m\sin(\omega t + \alpha - \varphi_K) \qquad (4.12)$$

$$i''_{Ka} = [I_{m(0)}\sin(\alpha - \varphi_{(0)}) - I_m\sin(\alpha - \varphi_K)]e^{-t/T_a} = Ae^{-t/T_a} \qquad (4.13)$$

由式（4.12）和式（4.13）可见，短路电流由两个分量组成：

① 短路电流周期分量 i'_{Ka}：它在电源电动势的作用下流过短路回路。它在短路瞬间出现，并在暂态过程结束后继续保持。是一个幅值不变、按正弦规律变化的分量。其幅值大小取决于电源电压和短路回路总阻抗。

② 短路电流非周期分量 i''_{Ka}：$i''_{Ka} = Ae^{-t/T_a}$，A 是积分常数，也是 i''_{Ka} 的初始值，其大小可由短路初始条件确定。短路电流非周期分量在暂态过程中，开始瞬间最大，然后以时间常数 T_a 按指数规律衰减至零。它出现的原因是电感回路中磁链和电流在短路瞬间前后不能发生突变。

a 相短路电流的变化情况可用波形图表示，如图 4.30 所示。

从图 4.30 中可以看出，短路电流有以下变化情况：

① 短路电流变化有个暂态过程，在此过程中，短路电流可分解为两个分量，即周期分量和非周期分量。

② 非周期分量衰减完后，短路进入稳态过程，在此过程中，短路电流只有周期分量，我们称之为稳态短路电流。它与暂态过程中的短路电流周期分量是相等的。

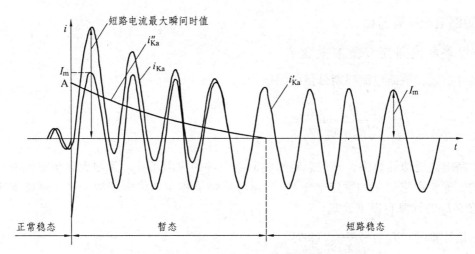

图 4.30　无限大容量系统三相短路电流的变化曲线

③ 短路电流的最大值不是短路电流周期分量的幅值（或有效值），也不是短路电流非周期分量的最大值。在短路的暂态过程中的某一时刻，会出现短路电流的最大瞬时值，我们称之为短路冲击电流。它的大小及其到达时间与短路电流非周期分量的大小有关，而短路电流非周期分量的大小又与短路瞬间电压合闸相角 α 有关。

④ 在整个短路电流变化的过程中，短路电流周期分量的幅值（或有效值）是不变的。这是无限大容量电源供电系统三相短路时，短路电流变化的一个特点。

上述分析了 a 相短路电流的变化情况，至于三相短路电流的变化情况需要说明以下几点：

① b、c 两相的短路电流可根据三相电路的对称关系而得到。即用 $(\alpha-120°)$ 和 $(\alpha+120°)$ 替换公式（4.11）中的 α，就可得到 b、c 两相的短路电流的瞬时值表达式。

② 在短路电流的瞬时值表达式中，$I_{m(0)}$、$\varphi_{(0)}$、I_m、φ_K 都与回路中元件参数有关。对某一具体的对称三相电路而言，它们的值是固定的。因此可以说，发生三相短路时，短路电流周期分量三相是对称的，即三相幅值相等、相位互差 120°。

③ 在短路电流的瞬时值表达式中，非周期分量电流的大小与电压合闸相角 α 有关，由于三相电压的合闸相角不可能相同，所以三相短路的全电流中，每相中的非周期分量是不相同的。因而每相中短路电流的最大瞬时值也是不相同的。

4.4.3　无限大容量电源供电系统三相短路的计算

根据短路电流计算的目的，对无限大容量电源供电系统三相短路时，短路电流的计算有以下内容：

① 短路电流周期分量有效值 I_K，它的值在整个短路过程中都是一样的，且三相是相同的。这是短路计算中最基本的内容。

② 短路冲击电流 i_{imp}，主要用于校验电气设备和载流导体的动稳定。

③ 短路电流最大有效值 I_{imp}，常用于校验某些电气设备的断流能力。

④ 短路容量 S_K，在选择断路器时，要求断路器有切断短路电流的能力，常用到短路容量的概念。

1. 短路电流计算分析

1）短路电流周期分量有效值 I_K

前面分析过，短路电流周期分量的幅值为：

$$I_{Km} = \frac{U_m}{\sqrt{R_\Sigma^2 + X_\Sigma^2}}$$

在短路电流近似计算中，一般忽略短路回路元件的电阻不计。无限大容量电源的端电压是恒定的，通常取它的平均额定电压 U_{av}。再考虑幅值和有效值之间的关系，短路电流周期分量有效值 I_K 的计算有以下公式：

有名值计算时：$I_K = \dfrac{U_{av}}{\sqrt{3}X_\Sigma}$ （kA） (4.14)

标么值计算时：设 $U_B = U_{av}$ 则有

$$I_{K*} = \frac{I_K}{I_B} = \frac{U_{av}/(\sqrt{3}X_\Sigma)}{U_B/(\sqrt{3}X_B)} = \frac{X_B}{X_\Sigma} = \frac{1}{X_{\Sigma*}}$$ (4.15)

计算出短路电流周期分量有效值的标么值后，再换算成有名值。换算公式为

$$I_K = I_{K*} \frac{S_B}{\sqrt{3}U_B} \quad (kA)$$ (4.16)

2）短路冲击电流 i_{imp}

前面分析过，短路电流的最大瞬时值与非周期分量初始值有关，非周期分量初始值越大，短路电流的最大瞬时值也越大。在三相短路的全电流中，每相中的非周期分量是不相同的，因而每相中短路电流的最大瞬时值也是不相同的。我们所求的短路冲击电流是指短路电流可能的最大瞬时值。

根据电路理论分析，可使非周期分量电流出现最大值的条件是：

① 短路前空载，即 $I_{m(0)}$；

② 短路时电压过零，即 $\alpha = 0$（三相中，只能有一相满足该条件）；

③ 短路后短路回路为纯感抗电路，即 $\varphi_K = 90°$。

将上述条件代入式（4.11），可得到这种情况下短路全电流公式和波形。公式为：

$$i_{Ka} = I_{Km}\sin(\omega t - 90°) + I_{Km}e^{-t/T_a}$$ (4.17)

波形图如 图 4.30 所示。从图 4.30 中可见，短路电流的最大瞬时值将在短路发生经过半个周期时出现，当 $f = 50\,Hz$ 时，此时间为 0.01 s，将 $t = 0.01\,s$ 代入公式（4.17）就得到短路冲击电流的计算公式为

$$i_{imp} = I_{Km}\sin(\pi - 90°) + I_{Km}e^{-0.01/T_a}$$
$$= I_{Km} + I_{Km}e^{-0.01/T_a}$$
$$= I_{Km}(1 + e^{-0.01/T_a})$$

$$= \sqrt{2}K_{imp}I_K \tag{4.18}$$

式中： $K_{imp}=1+e^{-0.01/T_a}$ 称为冲击系数，它与短路回路时间常数 $T_a=L/R$ 值有关。在实用计算中，冲击系数的取值采用表 4.7 的推荐值。

表 4.7　冲击系数 K_{imp} 的推荐值

短路发生点	K_{imp} 推荐值
发电机机端	1.90
发电厂高压侧母线 或发电机电压出线电抗器后	1.85
远离发电厂的地点	1.80

3）短路电流最大有效值 I_{imp}

在短路过程中，任意时刻 t 的短路电流有效值 I_{Kt} 是指以 t 时刻为中心的一个周期内瞬时电流的均方根值。由于短路后短路电流中非周期分量是衰减的。因而，以任意时刻为中心的一个周期的短路全电流有效值随时间增加而衰减。即不同周期的有效值不相同。这使得短路电流有效值 I_{Kt} 的计算较为复杂。

在实用计算中，为了简化短路全电流有效值的计算，通常假设：非周期分量电流在以 t 时刻为中心的周期内恒定不变，并恒等于 t 时刻的瞬时值；周期分量电流的幅值也认为在以 t 时刻为中心的周期内恒定不变。

根据上述假设条件，可得任意时刻 t 的短路电流有效值为

$$I_{Kt}=\sqrt{I_{Kt}'^{2}+I_{Kt}''^{2}}$$

式中　I_{Kt}'——短路电流周期分量在以 t 时刻为中心的周期内的有效值。

I_{Kt}''——短路电流非周期分量在以 t 时刻为中心的周期内的有效值。

显然，短路电流在第一个周期内有效值最大。这一有效值称为短路电流最大有效值。

取时间 $t=0.01$ s 计算第一个周期短路电流的有效值如下：

前面分析过由无限大容量电源供电系统中的短路电流周期分量幅值始终不变，故它以 $t=0.01$ s 时刻为中心的周期内的有效值为

$$I_{K(0.01)}'=I_K=\frac{I_{Km}}{\sqrt{2}} \tag{4.19}$$

根据前面所作的假设，短路电流非周期分量在第一个周期中的有效值应等于以 $t=0.01$ s 时刻的非周期分量瞬时值。这个值在推导短路冲击电流 i_{imp} 计算公式时出现过，即

$$i_{imp}=I_{Km}+I_{Km}e^{-0.01/T_a} \tag{4.20}$$

公式中包括两项，第一项为短路电流周期分量的幅值；第二项为短路电流非周期分量在 $t=0.01$ s 时刻的瞬时值。

根据式（4.18）、（4.19）、（4.20），得

$$I''_{K(0.01)} = I_{Km}e^{-0.01/T_a} = i_{imp} - I_{Km} = \sqrt{2}K_{imp}I_K - \sqrt{2}I_K$$

$$= (K_{imp} - 1)\sqrt{2}I_K \tag{4.21}$$

将式（4.19）、（4.20）代入式（4.18）得到短路电流的最大有效值为

$$I_{imp} = \sqrt{I_K^2 + [(K_{imp} - 1)\sqrt{2}I_K]^2} = I_K\sqrt{1 + 2(K_{imp} - 1)^2} \tag{4.22}$$

当 $K_{imp} = 1.9$ 时，$I_{imp} = 1.62$；当 $K_{imp} = 1.85$ 时，$I_{imp} = 1.56$；当 $K_{imp} = 1.80$ 时，$I_{imp} = 1.52$。

4）短路容量 S_K

某个短路点的短路容量定义为：该点额定电压与该点短路电流有效值乘积的 $\sqrt{3}$ 倍，即：

$$S_K = \sqrt{3}U_N I_K$$

在标么值计算中，取 S_B、$U_B = U_N$，则有

$$S_{K*} = \frac{S_K}{S_B} = \frac{\sqrt{3}U_N I_K}{\sqrt{3}U_B I_B} = \frac{I_K}{I_B} = I_{K*} \tag{4.23}$$

所以短路容量 $\qquad S_K = S_{K*}S_B = I_{K*} \cdot S_B \tag{4.24}$

2. 无限大容量电源供电系统三相短路电路计算步骤

① 设基准容量 $S_B = 100 \text{ MV} \cdot \text{A}$，基准电压 $U_B = U_{av}$，计算各元件电抗的标么值；其计算公式已在第2章讲过，并归纳在表2.9中。

② 绘制等值电路图，并将各元件的电抗标么值标注在图上。

③ 网络化简，求出电源至短路点之间的总电抗（转移电抗）标么值 $X_{\Sigma*}$。

④ 计算短路电流周期分量有效值的标么值和有名值。

⑤ 计算短路冲击电流和短路电流最大有效值。

⑥ 计算短路容量。

【例4.5】 某无限大容量电力系统通过二条 100 km 长的 110 kV 架空线路并列向变电所供电，接线如图4.31所示。试分别计算下列两种情况下的短路电流周期分量的有效值、短路冲击电流及各短路点的短路容量。

（1）在其中一条线路的中间发生三相对称短路；

（2）变电所低压侧发生三相对称短路。

解 取 $S_B = 15 \text{ MVA}$，$U_B = U_{av}$，计算各元件参数，作等值电路。

线路 $\qquad X_1 = 100 \times 0.4 \times \dfrac{15}{115^2} = 0.045$

$$X_2 = X_3 = \frac{1}{2} \times 100 \times 0.4 \times \frac{15}{115^2} = 0.023$$

变压器 $\qquad X_4 = X_5 = \dfrac{U_K\%}{100} \cdot \dfrac{S_B}{S_N} = \dfrac{10.5}{100} \times \dfrac{15}{15} = 0.105$

作等值电路如图4.32所示。

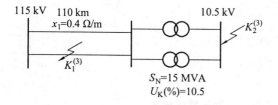

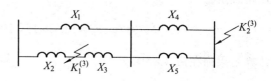

图 4.31　例 4.5 题的系统接线图　　　　图 4.32　例 4.5 题的等值电路

（1）当 K_1 点短路时。

短路点对电源的电抗为

$$X_{\Sigma K1*}=(X_1+X_3)\mathbin{/\mkern-6mu/}X_2=\frac{(X_1+X_3)X_2}{(X_1+X_3)+X_2}=\frac{(0.045+0.023)\times 0.023}{0.09}=0.017$$

短路电流周期分量有效值的标么值为

$$I_{K1*}=\frac{1}{X_{\Sigma K1}}=\frac{1}{0.017}=58.8$$

短路点的短路电流周期分量有效值的有名值为

$$I_{K1}=I_{K1*}\frac{S_{\mathrm{B}}}{\sqrt{3}U_{\mathrm{B}}}=58.8\times\frac{15}{\sqrt{3}\times 115}=4.43\ (\mathrm{kA})$$

取冲击系数 $K_{\mathrm{imp}}=1.80$，短路冲击电流的有名值为

$$i_{\mathrm{imp}K1}=\sqrt{2}K_{\mathrm{imp}}I_{K1}=\sqrt{2}\times 1.8\times 4.43=11.28\ (\mathrm{kA})$$

短路容量为

$$S_{K1}=I_{K1*}S_{\mathrm{B}}=58.8\times 15=882\ (\mathrm{MVA})$$

（2）当 K_2 点短路时。

短路点对电源的电抗为

$$X_{\Sigma K2}=\frac{1}{2}X_1+\frac{1}{2}X_4=0.022\,5+0.5\times 0.105=0.075$$

短路电流周期分量有效值的标么值为

$$I_{K2*}=\frac{1}{X_{\Sigma K2}}=\frac{1}{0.075}=13.33$$

短路点的短路电流周期分量有效值的有名值为

$$I_{K2}=I_{K2*}\frac{S_{\mathrm{B}}}{\sqrt{3}U_{\mathrm{B}}}=13.33\times\frac{15}{\sqrt{3}\times 10.5}=10.99\ (\mathrm{kA})$$

取冲击系数 $K_{\mathrm{imp}}=1.80$，短路冲击电流的有名值为

$$i_{\mathrm{imp}K2}=\sqrt{2}K_{\mathrm{imp}}I_{K2}=\sqrt{2}\times 1.8\times 10.99=27.98\ (\mathrm{kA})$$

短路容量为

$$S_{K2} = I_{K2*}S_B = 13.33 \times 15 = 199.95 \ (\text{MV} \cdot \text{A})$$

计算结果列在表 4.8 中。

表 4.8　例 4.6 题的短路电流计算结果表

短路电流	K_1 点		K_2 点	
	标幺值	有名值	标幺值	有名值
短路电流周期分量的有效值	58.8	4.43（kA）	13.33	10.99（kA）
短路冲击电流	149.74	11.28（kA）	33.93	27.98（kA）
短路容量	58.8	882（MVA）	13.33	199.95（MV·A）

4.5　有限容量电源供电系统的三相短路

实际的电力系统发生三相短路时，系统母线电压往往显著下降，因此不能将供电电源看成无限大容量，而应看成一个有限的等值发电机。对有限容量供电系统的三相短路的分析和计算，就必须考虑突然短路时发电机内部的暂态过程。因为这时作为电源的同步发电机内部将有一个较大的变化过程，发电机要从短路前的稳态运行状态，经过这个变化过程，过渡到一个新的稳态短路运行状态。在这个变化过程中，发电机的电势和电抗都要发生相应的变化，因而不能保持其端电压和频率不变。但在短路分析和计算中，需要考虑的仅是突然短路时发电机内部的电磁暂态过程，而不考虑机电暂态过程。这是由于同步发电机转子的惯性较大，可以认为在短路的暂态过程中，转子的速度没有什么变化，近似认为转子保持同步速度，即频率保持不变。

4.5.1　同步发电机突然三相短路的分析

为简单起见，在分析中假设：发电机的磁路不饱和，可以应用叠加定理。突然短路前发电机为空载运行，突然短路发生在发电机机端。短路过程中，发电机电势的频率保持不变。如图 4.33 所示。

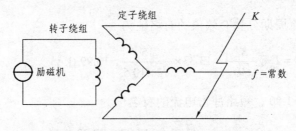

图 4.33　同步发电机机端三相短路

发电机在正常稳态运行时，电枢磁场是一个幅值恒定的旋转磁场，它与转子相对静止，不会在转子上的励磁绕组和阻尼绕组中感应电动势和电流。

但在突然短路后，电机便处于暂态过程中。在这个过程中，定子电流在数值上将急剧变化。由于电感回路的电流不能突变，定子绕组中必然有其他电流分量产生，从而引起电枢磁场的变化，并影响到励磁绕组和阻尼绕组，在励磁绕组和阻尼绕组中感应出电流。于是励磁绕组和阻尼绕组为了保持磁链守恒，其内部的电磁量要发生相应的变化。这个变化又将进一步影响定子电流的变化。这种定子、转子绕组之间的相互影响，使短路的电磁暂态过程变得相当复杂。再由于转子电路和磁路上的不对称使问题变得更为复杂。这里主要根据《电机学》的理论知识用简单的公式和图形来说明突然三相短路发电机内部的电磁暂态过程。

1. 突然短路后定子电流的变化

经分析，突然短路时定子电流的瞬时表达式为

$$i_{Ka} = E_{0m}\left[\left(\frac{1}{X_d''} - \frac{1}{X_d'}\right)e^{-\frac{t}{T_d''}} + \left(\frac{1}{X_d'} - \frac{1}{X_d}\right)e^{-\frac{t}{T_d'}} + \frac{1}{X_d}\right]\cos(t + \theta_0) -$$

$$\frac{E_{0m}}{2}\left[\left(\frac{1}{X_d''} + \frac{1}{X_q''}\right)\cos\theta_0\right]e^{-\frac{t}{T_a}} - \frac{E_{0m}}{2}\left[\left(\frac{1}{X_d''} - \frac{1}{X_q''}\right)e^{-\frac{t}{T_a}}\cos(2t + \theta_0)\right] \quad (4.25)$$

从公式（4.25）可以看出：同步发电机在突然三相短路后，定子短路电流中有三种分量电流，且周期分量在这里是衰减的，而且根据电机结构的不同有不同的时间常数。三种分量电流的情况分析列在表 4.9 中。

表 4.9　定子短路电流三种分量电流的分析

分量			衰减情况	与转子电流的关系
周期电流	次暂态分量	$E_{0m}\left(\frac{1}{X_d''} - \frac{1}{X_d'}\right)e^{-\frac{t}{T_d''}}\cos(t + \theta_0)$	以阻尼绕组的时间常数 T_d'' 衰减	与阻尼绕组中的非周期电流对应
	暂态分量	$E_{0m}\left(\frac{1}{X_d'} - \frac{1}{X_d}\right)e^{-\frac{t}{T_d'}}\cos(t + \theta_0)$	以励磁绕组的时间常数 T_d' 衰减	与励磁绕组中的非周期电流对应
	稳定分量	$E_{0m}\frac{1}{X_d}\cos(t + \theta_0)$	不变	与励磁绕组原有的直流电流对应
非周期分量		$-\frac{E_{0m}}{2}\left[\left(\frac{1}{X_d''} + \frac{1}{X_q''}\right)\cos\theta_0\right]e^{-\frac{t}{T_a}}$	以定子绕组的时间常数 T_a 衰减	与励磁绕组和阻尼绕组中的周期电流对应
二次谐波分量		$-\frac{E_{0m}}{2}\left[\left(\frac{1}{X_d''} - \frac{1}{X_q''}\right)e^{-\frac{t}{T_a}}\cos(2t + \theta_0)\right]$	以定子绕组的时间常数 T_a 衰减	$X_d'' \neq X_q''$ 时存在
注	θ_0——短路瞬间，a 相绕组轴线与转子间的夹角。 X_d''、X_q''——发电机直轴、交轴次暂态电抗。 X_d'——发电机直轴暂态电抗。 X_d——发电机直轴同步电抗。 对汽轮发电机 $X_d = X_q$；对水轮发电机 $X_d \neq X_q$。（次暂态电抗、暂态电抗同理）			

2. 突然短路后定子绕组电抗的变化

从公式（4.25）可知，在短路暂态过程的计算中，要用到发电机的电抗 X_d''、X_q''、X_d'、X_d 和 X_q。从电路的观点出发，当忽略定子电阻时，突然短路后，电势 E_0 完全为电抗压降所平衡。由于 E_0 不变，突然短路时定子电流的变化势必是由于电抗的变化引起的。为了分析问题简单起见，假设在突然短路发生前，发电机空载运行，励磁绕组和阻尼绕组仅交链励磁磁通 Φ_0。如图 4.34 所示。

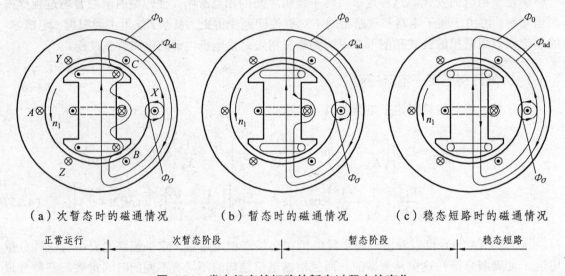

（a）次暂态时的磁通情况　　　（b）暂态时的磁通情况　　　（c）稳态短路时的磁通情况

正常运行 ┤├ 次暂态阶段 ┤├ 暂态阶段 ┤├ 稳态短路

图 4.34　发电机突然短路的暂态过程电抗变化

1）次暂态电抗 X_d''

发生突然短路时，电枢绕组回路电流不能突变，因而电枢绕组中就会有周期分量和非周期分量电流产生，对应产生直轴电枢反应磁通 Φ_{ad}''。Φ_{ad}'' 欲穿过励磁绕组和阻尼绕组，由于电感线圈交链的磁通是不能突变的，则会在励磁绕组和阻尼绕组中产生感应电动势和电流，以产生相应的磁通抵制 Φ_{ad}'' 的穿过，从而保持原来的磁通不变。相当于 Φ_{ad}'' 被挤出，只能从阻尼绕组和励磁绕组外侧的漏磁路径通过，如图 4.34（a）所示。由于此时 Φ_{ad}'' 所经磁路的磁阻比稳态时所经磁路的磁阻大得多，因此相对应的直轴次暂态电抗 X_d'' 比直轴同步电抗 X_d 小得多。

有阻尼绕组的同步发电机突然短路时，定子的周期分量由 X_d'' 来限制。

2）暂态电抗 X_d'

由于同步发电机的各个绕组都有电阻存在，因此阻尼绕组和励磁绕组中因电枢磁场变化而引起的感应电流分量都要随时间衰减为零。在衰减过程中，由于阻尼绕组匝数少，电感小，感应电流很快衰减到零。而励磁绕组因匝数多，电感较大，感应电流衰减较慢。当阻尼绕组中的电流衰减完毕后，电枢反应磁通 Φ_{ad}'' 便可以穿过阻尼绕组，但仍被排挤在励磁绕组外侧的漏磁路径上，如图 4.34（b）所示。此时，电枢反应磁通 Φ_{ad}'' 经过的磁路磁阻明显比次暂态时小，因此相对应的直轴暂态电抗 $X_d' > X_d''$。定子的周期分量改由 X_d' 来限制。

当励磁绕组中感应电流分量衰减为零而只有励磁电流存在时，电枢反应磁通 Φ_{ad} 既可穿过阻尼绕组又可穿过励磁绕组，如图 4.34（c）所示，发电机进入稳态短路状态，过渡过程结束。

这时发电机的电抗就是稳态运行的直轴同步电抗 X_{d}，突然短路电流也衰减到稳态短路电流值。

根据上述分析，次暂态电抗 X_{d}''、暂态电抗 X_{d}'、同步电抗 X_{d} 有如下关系：

$$X_{\mathrm{d}}'' < X_{\mathrm{d}}' < X_{\mathrm{d}}$$

由于 X_{d}''、X_{d}' 要小得多，因此突然短路电流比稳定短路电流大得多。

3. 突然短路电流的衰减

发电机发生突然三相短路时，由于发电机的电势和电抗在短路的暂态过程中要发生变化，所以由它们所决定的短路电流周期分量的幅值也将随之变化。将某相电流单独画出可得到其电流变化波形，如图 4.35 所示。

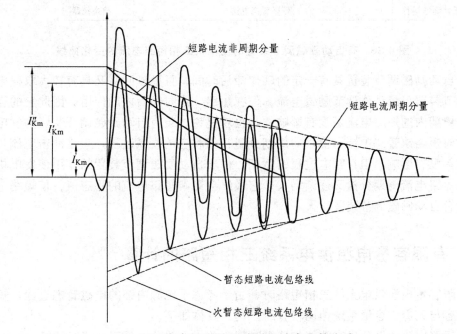

图 4.35　发电机突然短路时短路电流的衰减

从图 4.35 中可以看出，次暂态短路电流包络线的初始值 I_{Km}'' 最大，它表示装设阻尼绕组后的影响；如果没有阻尼绕组则为暂态短路电流，其电流包络线的初始值 I_{Km}' 较小，表示励磁绕组的影响。即突然短路的短路电流周期分量幅值会从 I_{Km}''（次暂态）到 I_{Km}'（暂态）最后衰减到稳态 I_{Km}。这是与无穷大容量系统相区别的地方。

4. 自动励磁调节装置对突然三相短路电流的影响

有自动励磁调节装置的发电机三相短路电流变化曲线如图 4.36 所示。可以看出，短路电流周期分量的幅值在短路的整个过程中是在变化的。在起始阶段较大，而后开始逐渐减小，后来又逐渐增大，最后过渡到稳态值。

现代发电机一般都装有自动励磁调节装置，通过调节励磁电流的大小使发电机的端电压维持在规定的数值内。但在发生短路时，发电机的端电压会下降，自动励磁调节装置会自动调节励磁电流，使发电机的端电压上升。这会使得短路时的短路电流随之增大。

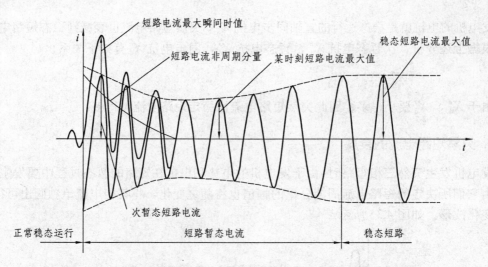

図 4.36 有自動励磁調節装置的発電機三相短路電流的変化曲線

图 4.36 有自动励磁调节装置的发电机三相短路电流的变化曲线

由于自动励磁调节装置具有一定的动作滞后时间，且励磁回路又具有较大取得电感，尽管励磁调节装置已经动作调节励磁电流，但在短路一定时间后才起作用。因此它的存在对短路后几个周期内的短路电流是没有影响的。也就是说，装有自动励磁调节装置的发电机突然短路时，对短路次暂态电流初值、非周期分量初值和它的衰减过程、短路冲击电流和短路最大有效值都没有影响。但在暂态过程的后期，由于自动励磁调节装置的作用使发电机电势增大，因而短路电流周期分量又逐渐增大，它最终会影响短路电流的稳态值，使短路电流的稳态值较没有自动励磁调节装置时大。

4.5.2 有限容量电源供电系统三相短路的计算

在有限容量电源供电系统三相短路时，由于考虑了电源内部的电磁暂态过程，短路电流计算的内容与无穷大容量系统相比较有所区别。具体如下：

（1）短路电流周期分量有效值与计算时刻有关，一般分以下三种情况计算：

① 短路电流周期分量的初值。即 $t=0$ 时短路电流周期分量有效值，称起始次暂态短路电流 I_K''。此值较大。这是有限容量电源供电系统三相短路计算的基本内容。

② 短路任意时刻的短路电流周期分量有效值 I_{Kt}。常用于继电保护的整定计算中。

③ 短路稳态过程的短路电流周期分量有效值。即 $t=\infty$ 时短路电流周期分量有效值，称稳态短路电流 I_∞。用于电气设备和载流导体的热稳定校验。

（2）短路冲击电流和短路电流最大有效值。常用于电气设备和载流导体的动稳定校验。

（3）短路容量 S_{Kt}。常用于断路器断流能力的校验。

1. 起始次暂态短路电流的计算 I_K''

起始次暂态短路电流的标幺值计算为

$$I_{K*}'' = \frac{E_{\Sigma*}''}{X_{\Sigma*}} \tag{4.26}$$

公式（4.26）中，$E''_{\Sigma*}$ 是有限容量电源系统中各发电机的次暂态等值电势（如果这些电源能合并的话）；$X_{\Sigma*}$ 是包括发电机的次暂态电抗在内的短路点至电源的等值电抗。

工程实用计算中，通常取各次暂态电势 $E''_q = 1$，略去非短路点的负荷，只计短路点大容量电动机的反馈电流。则式（4.26）可简化为

$$I''_{K*} = \frac{1}{X_{\Sigma*}} \tag{4.27}$$

式（4.27）与无穷大容量系统的式（4.15）相比，在形式上是一样的。不同的是式（4.27）中的 $X_{\Sigma*}$ 要包括发电机和大容量电动机的次暂态电抗。

2. 冲击电流和短路电流最大有效值

有限容量电源供电系统三相短路时冲击电流和短路电流最大有效值计算在形式上与无穷大容量系统的相同。

1）冲击电流计算

同步发电机的冲击电流 $\qquad\qquad i_{imp.G} = \sqrt{2} K_{imp.G} I''_G$

异步电动机或综合负荷的冲击电流 $\qquad i_{imp.D} = \sqrt{2} K_{imp.D} I''_D$

则短路点 K 的冲击电流 $\qquad\qquad i_{imp.K} = i_{imp.G} + i_{imp.D} \tag{4.28}$

若忽略负荷，则短路点的冲击电流就是电源提供的冲击电流。

2）短路电流最大有效值计算

同步发电机供出的短路电流最大有效值 $\qquad I_{imp.G} = \sqrt{1 + 2(K_{imp.G} - 1)^2}\, I''_G$

异步电动机或综合负荷的短路电流最大有效值 $\qquad I_{imp.D} = \frac{\sqrt{3}}{2} K_{imp.D} I''_D$

短路点 K 的短路电流最大有效值 $\qquad I_{imp.K} = I_{imp.G} + I_{imp.D} \tag{4.29}$

公式中的 I''_G、I''_D 分别是发电机、异步电动机或综合负荷向短路点提供的起始次暂态短路电流周期分量有效值。

3. 短路容量 S_{Kt}

短路容量与短路电流计算时刻有关。根据短路容量的概念有

$$S_{Kt} = S_{Kt*} S_B = I_{Kt*} S_B \tag{4.30}$$

4. 任意时刻短路电流周期分量 I_{Kt} 和稳态短路电流 I_∞

任意时刻短路电流周期分量 I_{Kt} 和稳态短路电流 I_∞ 的计算要采用运算曲线法。

1）运算曲线

运算曲线表示了在短路过程中，不同时刻的短路电流周期分量与短路回路计算电抗之间的函数关系，见附录 2。

运算曲线的纵坐标是短路电流周期分量的标幺值，横坐标是发电机到短路点的计算电抗，

它是以发电机额定值为基准的标么值电抗；每条曲线表示在给定时间下，不同计算电抗时的短路电流周期分量的标么值。在运算曲线中已考虑了负荷的影响。

运算曲线是按单台典型发电机作出的。运算曲线只有两种：典型的汽轮发电机曲线和典型的水轮发电机曲线。见附录 2 的附图 2.1～2.9。

用运算曲线求解时，所求得的量是指定时刻的发电机支路的短路电流周期分量的标么值。

2）应用运算曲线计算 I_{Kt} 和 I_∞ 的步骤

① 选择统一基准值（基准电压取平均电压），计算各元件电抗标么值，其计算公式见表2.9，并作等值电路。

② 网络化简，求转移电抗。网络化简的目的是求取转移电抗，它的求取可通过网络变换和化简得到。因此涉及两方面：

第一，电抗的化简其方法有电抗的串、并联，网络的 Δ-Y 变换，利用网络的对称性等。

第二，电源的化简有两种方法：

A. 同一变化法，即把全系统中所有发电机合并成一台等值机进行计算。化简后的等值电路如图 4.37 所示。

图 4.37 中的 S_Σ 是所有发电机的额定容量之和；X_Σ 是化简后的转移电抗。

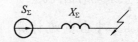

图 4.37 同一变化法化简的等值电路

B. 个别变化法，即将电源进行分组：同类型发电机电气距离相近可以合并为一台等值机；不同类型发电机且电气距离大的合并为一台等值机。系统中具有无限大容量电源时要单独计算，不能查运算曲线。因为无限大容量电源所供给的三相短路电流周期分量在整个短路过程中是不衰减的。然后分组进行计算。化简后的等值电路如图 4.38 所示。

图 4.38 中的 $S_{\Sigma 1}$、$S_{\Sigma 2}$ 是分组发电机的额定容量之和，$S=\infty$ 是无限大容量电源；$X_{\Sigma 1}$、$X_{\Sigma 2}$、$X_{\Sigma 3}$ 是化简后相应的转移电抗。

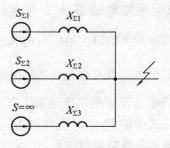

图 4.38 个别变化法化简的等值电路

③ 求计算电抗 X_{js}。

在图 4.37 和 4.38 中得到的转移电抗是以基本级上的基准值 S_B、U_B 为基准的标么值，还需将转移电抗归算成以各发电机（或等值机）的额定容量为基准的标么值，即为计算电抗

$$X_{js} = X_\Sigma \frac{S_\Sigma}{S_B} \tag{4.31}$$

④ 按要求的计算时间查曲线，得到各电源的短路电流周期分量的标么值 I_{Kt*}。

$t=0$，为起始次暂态短路电流的标么值；

$t=0.2\,s$，为短路 0.2 s 时的短路电流周期分量的标么值；

$t=4\,s$ 以后，为稳态短路电流周期分量的标么值。

⑤ 将查到的各电源的短路电流周期分量的标么值，换算成以各发电机的额定容量和短路点平均电压为基准的短路电流周期分量的有名值。

对有限容量电源 $\qquad I_{Kt} = I_{Kt*} \dfrac{S_\Sigma}{\sqrt{3}U_B}$ $\qquad\qquad$ (4.32)

对无限大容量电源 $\qquad I_K = I_{K*} \dfrac{S_B}{\sqrt{3}U_B}$ $\qquad\qquad$ (4.33)

⑥ 将各电源的短路电流周期分量的有名值相加得到短路点短路电流周期分量的有名值。

⑦ 短路点附近大容量电动机供出的短路电流按电动机短路电流计算。

【例 4.6】 某电力系统如图 4.39 所示，发电机 G_1 和 G_2 参数相同，各元件参数已在图中标出。当在网络中的 K 点发生三相短路时，求:

(1) $t = 0$ s 时短路点的短路电流、冲击电流、短路电流最大有效值;

(2) $t = 0$ s 时流过发电机 G_1、G_2 的冲击电流。

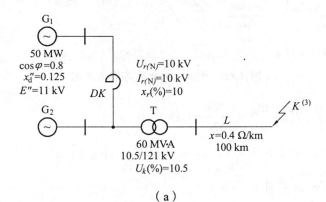

（a）

（b）

图 4.39 例 4.6 的系统接线图和等值电路图

解

(1) 先计算各元件参数在统一基准下的标么值。

设 $S_B = 100$ MV·A ，$U_B = U_{av}$ 。

发电机 G_1 和 G_2 $\qquad E''_* = \dfrac{E''}{U_{av}} = \dfrac{11}{10.5} = 1.048$

$$X''_{d*} = 0.125 \times \dfrac{100}{50/0.8} = 0.2$$

电抗器 R $\qquad X_{R*} = \dfrac{10}{100} \times \dfrac{10}{\sqrt{3} \times 1.5} \times \dfrac{100}{10.5^2} = 0.349$

变压器 T $\qquad X_{T*} = \dfrac{10.5}{100} \times \dfrac{100}{60} = 0.175$

输电线路 L $\qquad X_{\mathrm{L*}} = 0.4 \times 100 \times \dfrac{100}{115^2} = 0.302$

等值电路如图 4.39（b）所示。

因为网络中的各电源电势相同，故等值电势等于电源电势。化简的等值电路如图 4.40（a）和（b）所示。图中

$$E''_{\Sigma*} = 1.048, \quad X_{\Sigma*} = (0.2 /\!/ 0.549) + 0.477 = 0.624$$

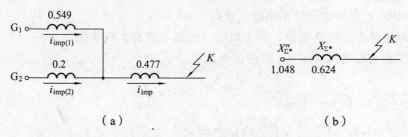

图 4.40 例 4.6 的化简等值电路图

所以有 $t = 0\,\mathrm{s}$ 时，$\quad I''_{\mathrm{K*}} = \dfrac{E''_{\Sigma*}}{x_{\Sigma*}} = \dfrac{1.048}{0.624} = 1.68$

次暂态短路电流 $\quad I''_{\mathrm{K}} = I''_{\mathrm{K*}} \times \dfrac{S_{\mathrm{B}}}{\sqrt{3} U_{\mathrm{B}}} = 1.68 \times \dfrac{100}{\sqrt{3} \times 115} = 0.843\,(\mathrm{kA})$

取冲击系数 $K_{\mathrm{imp}} = 1.8$，则

短路冲击电流 $\quad i_{\mathrm{imp}} = \sqrt{2} K_{\mathrm{imp}} I''_{\mathrm{K}} = \sqrt{2} \times 1.8 \times 0.843 = 2.146\,(\mathrm{kA})$

短路电流最大有效值

$$I_{\mathrm{imp}} = \sqrt{1 + 2(K_{\mathrm{imp}} - 1)^2} = \sqrt{1 + 2(1.8 - 1)^2} \times 0.843 = 1.273\,(\mathrm{kA})$$

短路容量 $\quad S''_{\mathrm{K}} = I''_{\mathrm{K*}} S_{\mathrm{B}} = 1.68 \times 100 = 168\,(\mathrm{MV \cdot A})$

（2）根据图 4.40（b）可知：

通过 G_1 的短路冲击电流

$$i_{\mathrm{imp}(1)} = 2.146 \times \dfrac{115}{10.5} \times \dfrac{0.2}{0.549 + 0.2} = 6.276\,(\mathrm{kA})$$

通过 G_2 的短路冲击电流

$$i_{\mathrm{imp}(2)} = 2.146 \times \dfrac{115}{10.5} \times \dfrac{0.549}{0.549 + 0.2} = 17.228\,(\mathrm{kA})$$

式中乘以变压器的平均额定变比 $k = \dfrac{115}{10.5}$ 的目的，是将短路点的冲击电流换算到发电机电压侧来。

【例 4.7】 某电力系统如图 4.41 所示，水轮发电机 G_1、G_2 有阻尼绕组，有自动励磁调节装置，其他参数均标注于图中。试求：K 点发生三相短路时流过 QF_1 的 I''_{P}、I_∞ 和 i_{ch}。

解 （1）取基准功率 $S_{\mathrm{B}} = 100\,\mathrm{MV \cdot A}$，基准电压 $U_{\mathrm{B}} = U_{\mathrm{av}}$。

（2）计算各元件电抗标幺值，作等值电路如图 4.42 所示。

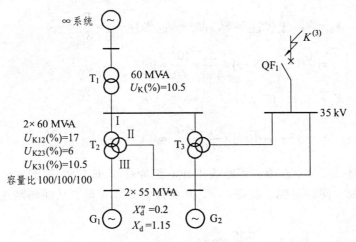

图 4.41 例 4.7 网络接线图

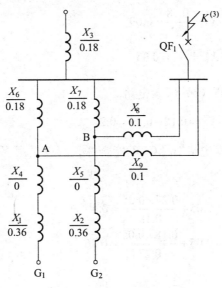

图 4.42 例 4.7 等值电路图

发电机 G_1、G_2 的电抗为

$$X_1 = X_2 = X_d'' \frac{S_B}{S_N} = 0.2 \times \frac{100}{55} = 0.36$$

变压器 T_1 的电抗为

$$X_3 = \frac{U_K\%}{100} \frac{S_B}{S_N} = \frac{10.5}{100} \times \frac{100}{60} = 0.18$$

变压器 T_2、T_3 的电抗为

$$X_4 = X_5 = \frac{1}{2}(U_{K13}\% + U_{K23}\% - U_{K12}\%) \times \frac{1}{100} \times \frac{S_B}{S_N}$$

$$= \frac{1}{2}(10.5 + 6 - 17) \times \frac{1}{100} \times \frac{100}{60} \approx 0$$

$$X_6 = X_7 = \frac{1}{2}(U_{K12}\% + U_{K13}\% - U_{K23}\%) \times \frac{1}{100} \times \frac{S_B}{S_N}$$

$$= \frac{1}{2}(17 + 10.5 - 6) \times \frac{1}{100} \times \frac{100}{60} \approx 0.18$$

$$X_8 = X_9 = \frac{1}{2}(U_{K12}\% + U_{K23}\% - U_{K13}\%) \times \frac{1}{100} \times \frac{S_B}{S_N}$$

$$= \frac{1}{2}(17 + 6 - 10.5) \times \frac{1}{100} \times \frac{100}{60} \approx 0.1$$

（3）网络化简。$X_4 = X_5 \approx 0$，可略去不计。因为 G_1、G_2 是相同的发电机，符合合并条件，且 T_1、T_2 相同，网络对称，故可将 A、B 两点合并成一点，从而将网络简化成如图 4.43（a）所示。

$$X_{10} = X_1 \parallel X_2 = \frac{0.36}{2} = 0.18$$

$$X_{11} = X_6 \parallel X_7 = \frac{0.18}{2} = 0.09$$

$$X_{12} = X_8 \parallel X_9 = \frac{0.1}{2} = 0.05$$

进一步简化得到如图 4.43（b）所示电路。

$$X_{13} = X_3 + X_{11} = 0.18 + 0.09 = 0.27$$

因为无限大容量电源与发电机 $G_1 \parallel G_2$ 不能合并，所以要用 Y-Δ 变换，求转移电抗，如图 4.43（c）所示。即

$$X_{14} = 0.27 + 0.05 + \frac{0.27 \times 0.05}{0.18} = 0.4$$

$$X_{15} = 0.18 + 0.05 + \frac{0.18 \times 0.05}{0.27} = 0.26$$

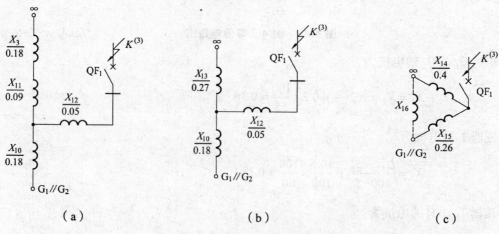

（a）　　　　　　　　　（b）　　　　　　　　　（c）

图 4.43　例 4.7 化简等值电路

从化简后的网络图可以看出，有两个等值电源向短路点提供短路电流。因为发电机有自动调节励磁装置，所以水轮发电机 $G_1 \parallel G_2$ 提供的短路电流要查"运算曲线"。已知

$$S_{N\Sigma} = 2 \times 55 = 110 \text{ (MV} \cdot \text{A)}$$

将 X_{15} 归算成以等值电源容量 110 MV · A 为基准的计算电抗标么值，得

$$X_{js} = X_{15} \frac{S_{N\Sigma}}{S_B} = 0.26 \times \frac{110}{100} = 0.286$$

查水轮发电机运算曲线，可得由 $G_1 /\!/ G_2$ 提供的短路电流为

标么值 $\qquad I''_{P2*} = 3.9 \qquad (t = 0 \text{ s})$

$\qquad\qquad\quad I''_{\infty 2*} = 3.05 \qquad (t = 4 \text{ s})$

化成有名值得

$$I''_{P2*} = 3.9 \times \frac{110}{\sqrt{3} \times 37} = 6.69 \text{ (kA)}$$

$$I''_{\infty 2*} = 3.05 \times \frac{110}{\sqrt{3} \times 37} = 5.24 \text{ (kA)}$$

由"无穷大电源"提供的短路电流为

标么值 $\qquad I_{\infty 1*} = I''_{P1*} = \dfrac{1}{x_{14}} = \dfrac{1}{0.4} = 0.25$

有名值 $\qquad I_{\infty 1} = I''_{P1} = 0.25 \times \dfrac{100}{\sqrt{3} \times 37} = 3.9 \text{ (kA)}$

所以流过 QF_1 的短路电流为

$$I''_P = 6.69 + 3.9 = 10.59 \text{ (kA)}$$

$$I''_\infty = 5.24 + 3.9 = 9.14 \text{ (kA)}$$

$$i_{ch} = \sqrt{2} \times 1.8 \times 10.59 = 26.96 \text{ (kA)}$$

用运算曲线法，根据已求出的 X_{js}，可以求得任意时刻 t 的短路电流，这是运算曲线的最大好处。当然，运算曲线法也存在误差，因为所有的曲线都是用发电机的典型平均参数作出来的。不过在工程中，这个误差是完全允许的。当短路时间 $t > 4$ s 时，短路电流一般趋于稳态，故 $t = \infty$ 时可查 $t = 4$ s 的曲线。

4.6　简单不对称短路的分析和计算

电力系统不对称短路的分析计算以对称分量法为理论基础，依据的是序网络具有独立性的原理以及前面介绍过的各元件序参数的计算。

4.6.1　单相接地短路

设在中性点接地系统中发生 a 相接地短路，边界条件如图 4.44 所示。现在我们要分析和计算 a 相接地后，故障点各相的短路电压 $\dot{U}_a$、$\dot{U}_b$、$\dot{U}_c$ 为多大，故障相的短路电流 $\dot{I}_a$ 为多大。

1. 短路电流和短路电压计算

先列出短路点 K 的边界条件为：正常相（b、c 两相）的短路电流为零，故障相（a 相）电压为零。即

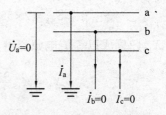

图 4.44　单相接地短路示意图

$$\left.\begin{array}{l} \dot{U}_a = 0 \\ \dot{I}_b = \dot{I}_c = 0 \end{array}\right\} \qquad (4.34)$$

再应用对称分量法，将上述边界条件改用序分量来表示。即

$$\left.\begin{array}{l} \dot{U}_a = \dot{U}_{a1} + \dot{U}_{a2} + \dot{U}_{a0} = 0 \\ \dot{I}_{a1} = \dot{I}_{a2} = \dot{I}_{a0} = \dfrac{1}{3}\dot{I}_a \end{array}\right\} \qquad (4.35)$$

我们把式（4.34）称为相边界条件，把式（4.35）称为序边界条件。

然后求解故障电压（短路电压）和故障电流（短路电流）。在这里有两种方法，解析法和复合序网法。

1）解析法

根据电力系统的序网络（见图 4.28），可以列出一组电压方程式

$$\left.\begin{array}{l} \dot{U}_{a1} = \dot{E}_\Sigma - j\dot{I}_{a1}X_{1\Sigma} \\ \dot{U}_{a2} = -j\dot{I}_{a2}X_{2\Sigma} \\ \dot{U}_{a0} = -j\dot{I}_{a0}X_{0\Sigma} \end{array}\right\} \qquad (4.36)$$

联立求解式（4.35）和式（4.36）可以得到单相接地短路后的三序电流分量 $\dot{I}_{a1}$、$\dot{I}_{a2}$、$\dot{I}_{a0}$ 和三序电压分量 $\dot{U}_{a1}$、$\dot{U}_{a2}$、$\dot{U}_{a0}$，再根据对称分量的合成方法求出短路后故障相的短路电流和非故障相的电压。

2）复合序网法

根据边界条件，将已知的序网络在故障端口连接所构成的网络称为复合网络。

由单相接地短路的边界条件，得到其复合网络如图 4.45 所示。从复合网络中，可以先得到故障相 a 相的各序电流分量为

$$\dot{I}_{a1} = \dot{I}_{a2} = \dot{I}_{a0} = \frac{\dot{E}_\Sigma}{j(X_{1\Sigma} + X_{2\Sigma} + X_{0\Sigma})}$$

由三序电流分量合成短路点的三相短路电流分别为

$$\left.\begin{array}{l} \dot{I}_a = \dot{I}_{a1} + \dot{I}_{a2} + \dot{I}_{a0} = \dfrac{3\dot{E}_\Sigma}{j(X_{1\Sigma} + X_{2\Sigma} + X_{0\Sigma})} \\ \dot{I}_b = \alpha^2\dot{I}_{a1} + \alpha\dot{I}_{a2} + \dot{I}_{a0} = (\alpha^2 - \alpha)\dot{I}_{a1} = 0 \\ \dot{I}_c = \alpha\dot{I}_{a1} + \alpha^2\dot{I}_{a2} + \dot{I}_{a0} = (\alpha - \alpha^2)\dot{I}_{a1} = 0 \end{array}\right\} \qquad (4.37)$$

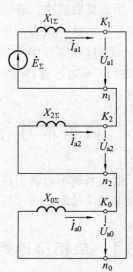

图 4.45　单相接地短路时的复合网络

由此可以得到单相接地短路时，故障相的短路电流的绝对值为 $I_K^{(1)} = 3I_{K1} = \dfrac{3E_\Sigma}{X_{1\Sigma} + X_{2\Sigma} + X_{0\Sigma}}$，非故障相的短路电流为零。

当故障点的三序电流分量计算出来后，从复合网络还可以得到故障点的三序电压分量为

$$\left.\begin{aligned}
\dot{U}_{a1} &= \dot{E}_\Sigma - j\dot{I}_{a1}X_{1\Sigma} = j\dot{I}_{a1}(X_{2\Sigma} + X_{0\Sigma}) \\
\dot{U}_{a2} &= -j\dot{I}_{a2}X_{2\Sigma} \\
\dot{U}_{a0} &= -j\dot{I}_{a0}X_{0\Sigma}
\end{aligned}\right\} \tag{4.38}$$

应用对称分量法，即可得到由三序电压分量合成的短路点的三相电压分别为

$$\left.\begin{aligned}
\dot{U}_a &= \dot{U}_{a1} + \dot{U}_{a2} + \dot{U}_{a0} \\
\dot{U}_b &= \alpha^2\dot{U}_{a1} + \alpha\dot{U}_{a2} + \dot{U}_{a0} \\
\dot{U}_c &= \alpha\dot{U}_{a1} + \alpha^2\dot{U}_{a2} + \dot{U}_{a0}
\end{aligned}\right\} \tag{4.39}$$

2. 单相接地短路的相量图

单相接地短路的电流相量图和电压相量图如图 4.46 所示。下面给以说明。

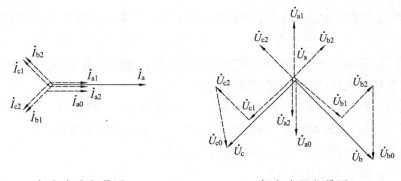

（a）电流相量图　　　　　　　　（b）电压相量图

图 4.46　单相接地短路时短路点的相量图

1）电流相量图

以 $\dot{U}_{a1}$ 为参考量图，$\dot{I}_{a1}$ 滞后 $\dot{U}_{a1}$ 90°（纯电感电路）。依据式（4.35）可以得到 $\dot{I}_{a2}$ 和 $\dot{I}_{a0}$ 的相量，$\dot{I}_{a1}$、$\dot{I}_{b1}$、$\dot{I}_{c1}$ 是对称的正序关系；$\dot{I}_{a2}$、$\dot{I}_{b2}$、$\dot{I}_{c2}$ 是对称的负序关系；$\dot{I}_{a0}$、$\dot{I}_{b0}$、$\dot{I}_{c0}$ 是对称的零序关系。用相量相加的方法可以得到单相接地短路时的电流相量图。有了以上相量后，再根据关系式

$$\left.\begin{aligned}
\dot{I}_a &= \dot{I}_{a1} + \dot{I}_{a2} + \dot{I}_{a0} \\
\dot{I}_b &= \dot{I}_{b1} + \dot{I}_{b2} + \dot{I}_{b0} \\
\dot{I}_c &= \dot{I}_{c1} + \dot{I}_{c2} + \dot{I}_{c0}
\end{aligned}\right\}$$

用相量相加的方法可以得到单相接地短路时的电流相量图，如图 4.46（a）所示。

2）电压相量图

$\dot{U}_{a1}$是参考量图，$\dot{U}_{a1}$、$\dot{U}_{b1}$、$\dot{U}_{c1}$是对称的正序关系。$\dot{U}_{a1}$、$\dot{U}_{a2}$、$\dot{U}_{a0}$之间的相量关系由式（4.38）决定。可以得到$\dot{U}_{a1}$与$\dot{U}_{a2}$、$\dot{U}_{a0}$是反相关系（设$X_{0\Sigma} > X_{2\Sigma}$）。得到$\dot{U}_{a2}$、$\dot{U}_{a0}$以后，$\dot{U}_{a2}$、$\dot{U}_{b2}$、$\dot{U}_{c2}$是对称的负序关系；$\dot{U}_{a0}$、$\dot{U}_{b0}$、$\dot{U}_{c0}$是对称的零序关系。有了以上相量后，再根据关系式

$$\left.\begin{array}{l}\dot{U}_{a} = \dot{U}_{a1} + \dot{U}_{a2} + \dot{U}_{a0} \\ \dot{U}_{b} = \dot{U}_{b1} + \dot{U}_{b2} + \dot{U}_{b0} \\ \dot{U}_{c} = \dot{U}_{c1} + \dot{U}_{b2} + \dot{U}_{c0}\end{array}\right\},$$

用相量相加的方法可以得到单相接地短路时的电压相量图，如图 4.46（b）所示。

从以上的分析计算可知，单相接地短路有以下一些基本特点：

① 故障相的短路电流的大小为：$I_{K}^{(1)} = \dfrac{3E_{\Sigma}}{X_{1\Sigma} + X_{2\Sigma} + X_{0\Sigma}}$，通过大地和电源的中性点形成回路，流入大地的电流即是零序电流$3\dot{I}_{0} = \dot{I}_{a}$。非故障相的短路电流为零。

② 短路处正序电流的大小与短路点原正序网络上增加一个附加电抗 $X_{\Delta} = X_{2\Sigma} + X_{0\Sigma}$ 而发生三相短路时的电流相等。

③ 故障相的电压为零，两个非故障相的电压在 $X_{2\Sigma}$ 和 $X_{0\Sigma}$ 的阻抗角相等的情况下，其幅值是相等的。

【例 4.8】 如图 4.47（a）所示的简单电力系统，试计算 K 点发生 a 相单相接地短路时的短路电流和短路电压。已知有关参数如下：

发电机 G：$U_{N} = 10.5\ \text{kV}$，$P_{N} = 200\ \text{MW}$，$\cos\varphi = 0.85$，$E_{d}'' = 1.1$，$X_{d}'' = 0.12$；

变压器 T：$S_{N} = 250\ \text{MV·A}$，$U_{K}(\%) = 10.5$，$U_{N} = 242\ \text{kV}/10.5\ \text{kV}$；

线　路 L：$L = 60\ \text{km}$，$x_{1} = 0.4\ \Omega/\text{km}$，$x_{0} = 3.5x_{1}$。

解 （1）计算各序电抗标么值。

设 $S_{B} = 100\ \text{MV·A}$，$U_{B} = U_{av}$，则各元件各序电抗标么值计算如下。

发电机 G：$X_{G1*} = X_{G2*} = 0.12 \times \dfrac{100}{200/0.85} = 0.051$

变压器 T：$X_{T1*} = X_{T2*} = X_{T0*} = 0.105 \times \dfrac{100}{250} = 0.042$

线　路 L：$X_{L1*} = X_{L2*} = 60 \times 0.4 \times \dfrac{100}{230^2} = 0.0454$

$$X_{L0*} = 3.5 \times 0.454 = 0.159$$

（2）作序网络，求序网络的等值电抗，并作复合序网。如图 4.47（b）、（c）、（d）、（e）所示。由此可得

$$X_{1\Sigma} = X_{2\Sigma} = 0.051 + 0.042 + 0.045\ 4 = 0.138$$
$$X_{0\Sigma} = 0.042 + 0.159 = 0.201$$

（3）计算短路电流。

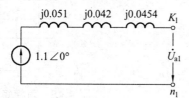

（a）系统接线图

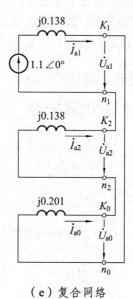

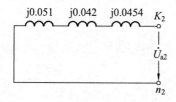

（b）正序网络

（c）负序网络

（d）零序网络

（e）复合网络

图 4.47　例 4.9 题图

$$\dot{I}_{a1} = \frac{\dot{E}_\Sigma}{j(X_{1\Sigma}+X_{2\Sigma}+X_{0\Sigma})} = \frac{1.1}{j(0.138\times2+0.201)} = -j2.31$$

$$\dot{I}_a = 3\dot{I}_{a1} = 3\times(-j2.31) = -6.93$$

$$I_K = I_a = 6.93\times\frac{100}{\sqrt{3}\times230} = 1.74\ (\text{kA})$$

（4）计算短路电压。

$$\dot{U}_{a1} = j\dot{I}_{a1}(X_{2\Sigma}+X_{0\Sigma}) = (-j2.31)\times j(0.138+0.201) = 0.783$$

$$\dot{U}_{a0} = -j\dot{I}_{a0}X_{0\Sigma} = -j(-j2.31)\times0.138 = -0.319$$

$$\dot{U}_{a2} = -j\dot{I}_{a2}X_{2\Sigma} = -j(-j2.31)\times0.201 = -0.464$$

$$\dot{U}_b = \alpha^2\dot{U}_{a1}+\alpha\dot{U}_{a2}+\dot{U}_{a0} = 0.783\alpha^2-0.319\alpha^2-0.464$$
$$= -0.696-j0.954 = 1.18\angle-126.11°$$

$$\dot{U}_c = \alpha\dot{U}_{a1}+\alpha^2\dot{U}_{a2}+\dot{U}_{a0} = 0.783\alpha-0.319\alpha^2-0.464$$
$$= -0.696+j0.954 = 1.18\angle126.11°$$

$$U_b = U_c = 1.18\times\frac{230}{\sqrt{3}} = 156.70\ (\text{kV})$$

4.6.2 两相短路

设在中性点接地系统中发生 b、c 两相短路，边界条件如图 4.48 所示。现在我们要分析和计算 b、c 两相短路后，故障点各相的短路电压 $\dot{U}_a$、$\dot{U}_b$、$\dot{U}_c$ 为多大，故障相的短路电流 $\dot{I}_b$、$\dot{I}_c$ 为多大。

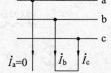

图 4.48 两相短路的示意图

1. 短路电流和短路电压计算

列出短路点 K 的相边界条件为

$$\left.\begin{array}{l} \dot{U}_b = \dot{U}_c \\ \dot{I}_b = -\dot{I}_c, \ \dot{I}_a = 0 \end{array}\right\} \tag{4.40}$$

应用对称分量法，由式

$$\left.\begin{array}{l} \dot{I}_{a1} = \dfrac{1}{3}(\dot{I}_a + \alpha\dot{I}_b + \alpha^2\dot{I}_c) = j\dfrac{\dot{I}_b}{\sqrt{3}} \\[3mm] \dot{I}_{a2} = \dfrac{1}{3}(\dot{I}_a + \alpha^2\dot{I}_b + \alpha\dot{I}_c) = -j\dfrac{\dot{I}_b}{\sqrt{3}} \\[3mm] \dot{I}_{a0} = \dfrac{1}{3}(\dot{I}_a + \dot{I}_b + \dot{I}_c) = 0 \end{array}\right\} \tag{4.41}$$

与式

$$\dot{U}_b = \alpha^2\dot{U}_{a1} + \alpha\dot{U}_{a2} + \dot{U}_{a0} = \alpha\dot{U}_{a1} + \alpha^2\dot{U}_{a2} + \dot{U}_{a0} = \dot{U}_c$$

得到序边界条件为

$$\left.\begin{array}{l} \dot{I}_{a1} = -\dot{I}_{a2}, \ \dot{I}_{a0} = 0 \\ \dot{U}_{a1} = \dot{U}_{a2} \end{array}\right\}$$

由此可知，两相短路没有零序电流。

由两相短路的序边界条件，得到其复合网络如图 4.49 所示。

从复合网络中，可以直接得到 a 相的各序电流分量和电压分量为

$$\left.\begin{array}{l} \dot{I}_{a1} = -\dot{I}_{a2} = \dfrac{\dot{E}_\Sigma}{j(X_{1\Sigma} + X_{2\Sigma})} \\[3mm] \dot{U}_{a1} = \dot{U}_{a2} = j\dot{I}_{a1}X_{2\Sigma} \end{array}\right\} \tag{4.42}$$

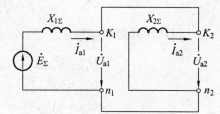

图 4.49 两相短路的复合序网

由三序电流分量合成短路点的三相短路电流，得

$$\left.\begin{array}{l} \dot{I}_a = \dot{I}_{a1} + \dot{I}_{a2} = 0 \\ \dot{I}_b = \alpha^2\dot{I}_{a1} + \alpha\dot{I}_{a2} = (\alpha^2 - \alpha)\dot{I}_{a1} = -j\sqrt{3}\dot{I}_{a1} \\ \dot{I}_c = \alpha\dot{I}_{a1} + \alpha^2\dot{I}_{a2} = (\alpha - \alpha^2)\dot{I}_{a1} = j\sqrt{3}I_{a1} \end{array}\right\}$$

由三序电压分量合成短路点的三相短路电压，得

$$\left.\begin{array}{l}\dot{U}_a = \dot{U}_{a1} + \dot{U}_{a2} = \mathrm{j}2\dot{I}_{a1}x_{2\Sigma} = \dot{E}_\Sigma \\[2mm] \dot{U}_b = \alpha^2\dot{U}_{a1} + \alpha\dot{U}_{a2} = -\dot{U}_{a1} = -\dfrac{1}{2}\dot{U}_a \\[2mm] \dot{U}_c = \alpha\dot{U}_{a1} + \alpha^2\dot{U}_{a2} = -\dot{U}_{a1} = -\dfrac{1}{2}\dot{U}_b \end{array}\right\}$$

2. 两相短路的相量图

按照绘制单相接地短路相量图时所叙述的方法，可得两相短路的电流相量图和电压相量图如图 4.50 所示。

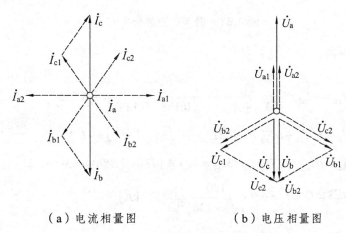

（a）电流相量图　　　　　　（b）电压相量图

图 4.50　两相短路的短路点相量图

从以上的分析计算可知，两相短路有以下一些基本特点：

① 故障两相的短路电流的大小均为 $I_K^{(2)} = \sqrt{3}\,\dfrac{E_\Sigma}{X_{1\Sigma} + X_{2\Sigma}}$，在短接的两相电路中形成回路。非故障相的短路电流为零。

② 短路处正序电流的大小与短路点原正序网络上增加一个附加电抗 $X_\Delta = X_{2\Sigma}$ 而发生三相短路时的电流相等。

③ 非故障相电压不变，故障相电压幅值降低一半。

④ 当 $X_{1\Sigma} = X_{2\Sigma}$ 时，有 $I_K^{(2)} = \sqrt{3}\,\dfrac{E_\Sigma}{X_{1\Sigma} + X_{2\Sigma}} = \dfrac{\sqrt{3}}{2}\cdot\dfrac{E_\Sigma}{X_{1\Sigma}} = \dfrac{\sqrt{3}}{2}I_K^{(3)}$，即两相短路电流是同一地点三相短路电流的 $\dfrac{\sqrt{3}}{2}$ 倍。

⑤ 两相短路电流没有零序分量，即

$$\dot{I}_0 = \frac{1}{3}(\dot{I}_a + \dot{I}_b + \dot{I}_c) = 0, \quad \dot{U}_0 = \frac{1}{3}(\dot{U}_a + \dot{U}_b + \dot{U}_c) = 0$$

由此可得这样的结论，相间短路没有零序分量。

【例 4.9】　例题 4.8 中，若 K 点发生 b、c 两相短路，试求短路电流和短路电压。

解　（1）计算各序电抗标么值，见例题 4.8。

（2）制定复合序网络。

由于两相短路时没有零序电流，故零序网络不存在。正序网络、负序网络见例题 4.8。两相短路时，复合网络为正序和负序网络的并联，如图 4.51 所示。

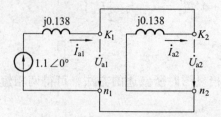

图 4.51　例 4.9 的复合序网

（3）计算短路电流。

$$\dot{I}_{a1} = -\dot{I}_{a2} = \frac{\dot{E}_\Sigma}{j(X_{1\Sigma} + X_{2\Sigma})} = \frac{1.1}{j(0.138 + 0.138)} = -j3.986$$

$$\dot{I}_b = \alpha^2 \dot{I}_{a1} + \alpha \dot{I}_{a2} = -j\sqrt{3}\dot{I}_{a1} = -j\sqrt{3}\,(-j3.986) = -6.9$$

$$\dot{I}_c = \alpha \dot{I}_{a1} + \alpha^2 \dot{I}_{a2} = j\sqrt{3}I_{a1} = j\sqrt{3} = j\sqrt{3}(-j3.986) = 6.9$$

$$I_K^{(2)} = I_b = I_c = 6.9 \times \frac{100}{\sqrt{3} \times 230} = 1.732 \ (kA)$$

（4）计算短路电压。

$$\dot{U}_{a1} = \dot{U}_{a2} = j\dot{I}_{a1} X_{2\Sigma} = j(-j3.986) \times 0.138 = 0.55$$

$$\dot{U}_a = \dot{U}_{a1} + \dot{U}_{a2} = j2\dot{I}_{a1} X_{2\Sigma} = \dot{E}_\Sigma = 1.1$$

$$\dot{U}_b = \alpha^2 \dot{U}_{a1} + \alpha \dot{U}_{a2} = -\dot{U}_{a1} = -\frac{1}{2}\dot{U}_a = -\frac{1.1}{2} = -0.55$$

$$\dot{U}_c = \alpha \dot{U}_{a1} + \alpha^2 \dot{U}_{a2} = -\dot{U}_{a1} = -\frac{1}{2}\dot{U}_b = -0.55$$

各相电压的有名值为

$$U_a = 1.1 \times \frac{230}{\sqrt{3}} = 146.07 \ (kV)$$

$$U_b = U_c = \frac{U_a}{2} = \frac{146.07}{2} = 73.04 \ (kV)$$

4.6.3　两相接地短路

设在中性点接地系统中发生 b、c 两相接地短路，故障处的情况示于图 4.52 中。现在我们要分析和计算 b、c 两相接地短路后，故障点各相的短路电压 $\dot{U}_a$、$\dot{U}_b$、$\dot{U}_c$ 为多大，故障相的短路电流 $\dot{I}_b$、$\dot{I}_c$ 为多大。

1. 短路电流和短路电压计算

列出短路点 K 的相边界条件为

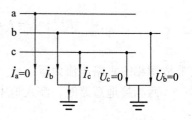

图 4.52　两相接地短路的示意图

$$\left.\begin{array}{l}\dot{U}_b = 0, \ \dot{U}_c = 0 \\ \dot{I}_a = 0\end{array}\right\} \tag{4.43}$$

应用对称分量法，得到序边界条件为

$$\left.\begin{array}{l}\dot{I}_a = \dot{I}_{a1} + \dot{I}_{a2} + \dot{I}_{a0} = 0 \\ \dot{U}_{a1} = \dot{U}_{a2} = \dot{U}_{a0} = \dfrac{1}{3}\dot{U}_a\end{array}\right\} \tag{4.44}$$

用复合序网法求解故障电压（短路电压）和故障电流（短路电流）。

由两相接地短路的边界条件可知，两相接地短路时，复合序网是三序网络的并联，如图 4.53 所示。

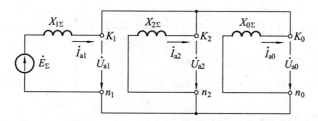

图 4.53　两相接地短路的复合序网

从复合网络中，可以先得到故障相 a 相的各序电流分量为

$$\left.\begin{array}{l}\dot{I}_{a1} = \dfrac{\dot{E}_\Sigma}{j\left(X_{1\Sigma} + \dfrac{X_{2\Sigma}X_{0\Sigma}}{X_{2\Sigma} + x_{0\Sigma}}\right)} \\[4mm] \dot{I}_{a2} = -\dot{I}_{a1}\dfrac{X_{0\Sigma}}{X_{2\Sigma} + X_{0\Sigma}} \\[4mm] \dot{I}_{a0} = -\dot{I}_{a1}\dfrac{X_{2\Sigma}}{X_{2\Sigma} + X_{0\Sigma}}\end{array}\right\} \tag{4.45}$$

由三序电流分量合成短路点的三相短路电流分别为

$$\left.\begin{array}{l}\dot{I}_a = \dot{I}_{a1} + \dot{I}_{a2} + \dot{I}_{a0} = 0 \\[2mm] \dot{I}_b = \alpha^2 \dot{I}_{a1} + \alpha \dot{I}_{a2} + \dot{I}_{a0} = \dot{I}_{a1}\left(\alpha^2 - \dfrac{X_{2\Sigma} + \alpha X_{0\Sigma}}{X_{2\Sigma} + X_{0\Sigma}}\right) \\[4mm] \dot{I}_c = \alpha \dot{I}_{a1} + \alpha^2 \dot{I}_{a2} + \dot{I}_{a0} = \dot{I}_{a1}\left(\alpha - \dfrac{X_{2\Sigma} + \alpha^2 X_{0\Sigma}}{X_{2\Sigma} + X_{0\Sigma}}\right)\end{array}\right\} \tag{4.46}$$

将 $\alpha = -\dfrac{1}{2} + \dfrac{\sqrt{3}}{2}$ 和 $\alpha^2 = -\dfrac{1}{2} - j\dfrac{\sqrt{3}}{2}$ 代入式（4.46）中，并将两端取绝对值，整理后得故障相短路电流的绝对值为

$$I_K^{(1.1)} = I_b = I_c = \sqrt{3}I_{K1}\sqrt{1-\frac{X_{2\Sigma}X_{0\Sigma}}{(X_{2\Sigma}+X_{0\Sigma})}}$$

非故障相的短路电流为零。

两相接地短路时，流入地中的电流即为零序电流，其计算公式为

$$\dot{I}_g = \dot{I}_b + \dot{I}_c = 3\dot{I}_{a0} = -3\dot{I}_{a1}\frac{X_{2\Sigma}}{X_{2\Sigma}+X_{0\Sigma}} \tag{4.47}$$

从复合网络还可以得到故障点的三序电压分量为

$$\dot{U}_{a1} = \dot{U}_{a2} = \dot{U}_{a0} = j\frac{X_{2\Sigma}X_{0\Sigma}}{X_{2\Sigma}+X_{0\Sigma}}\dot{I}_{a1} \tag{4.48}$$

应用对称分量法，即可得到由三序电压分量合成的短路点的三相电压分别为

$$\left.\begin{aligned}
\dot{U}_a &= \dot{U}_{a1} + \dot{U}_{a2} + \dot{U}_{a0} = 3\dot{U}_{a1} = j3\frac{X_{2\Sigma}X_{0\Sigma}}{X_{2\Sigma}+X_{0\Sigma}}\dot{I}_{a1} \\
\dot{U}_b &= \alpha^2\dot{U}_{a1} + \alpha\dot{U}_{a2} + \dot{U}_{a0} = 0 \\
\dot{U}_c &= \alpha\dot{U}_{a1} + \alpha^2\dot{U}_{a2} + \dot{U}_{a0} = 0
\end{aligned}\right\} \tag{4.49}$$

2. 两相接地短路的相量图

按照绘制单相接地短路的相量图的思路，两相接地短路的电流相量图和电压相量图如图4.54所示。

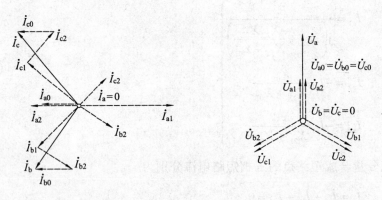

（a）电流相量图　　　　　　　　（b）电压相量图

图4.54　两相接地短路的短路点相量图

从以上的分析计算可知，两相接地短路有以下一些基本特点：

① 故障两相的短路电流的幅值相等，为 $I_K^{(1.1)} = \sqrt{3}I_{K1}\sqrt{1-\frac{X_{2\Sigma}X_{0\Sigma}}{(X_{2\Sigma}+X_{0\Sigma})}}$，它们通过大地和电源的中性点形成回路。流入大地的电流即是零序电流，它是两故障相电流之和。非故障相的短路电流为零。

② 短路处正序电流的大小与短路点原正序网络上增加一个附加电抗 $X_\Delta = X_{2\Sigma} /\!/ X_{0\Sigma}$ 而发生三相短路时的电流相等。

③ 短路处两故障相的电压为零。

【例 4.10】 例题 4.8 中，若 K 点发生 b、c 两相接地短路，试求故障相的短路电流、地中电流以及非故障相短路电压。

解 （1）在例题 4.8 的基础上，制定复合序网，如图 4.55 所示。

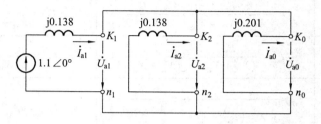

图 4.55　例 4.10 的复合序网

（2）计算短路电流。

$$\dot{I}_{a1} = \frac{\dot{E}_\Sigma}{jX_{1\Sigma} + j\dfrac{X_{2\Sigma}X_{0\Sigma}}{X_{2\Sigma} + X_{0\Sigma}}} = \frac{1.1}{j\left(0.138 + \dfrac{0.138 \times 0.201}{0.138 + 0.201}\right)} = -j5.000$$

$$\dot{I}_{a2} = -\frac{0.201}{j(0.138 + 0.201)} \times (-j5.0) = j2.965$$

$$\dot{I}_{a0} = -\frac{0.138}{j(0.138 + 0.201)} \times (-j5.0) = j2.035$$

$$\dot{I}_b = \alpha^2 \dot{I}_{a1} + \alpha \dot{I}_{a2} + \dot{I}_{a0} = -j(5.0\alpha^2 - 2.965\alpha - 2.035)$$
$$= -6.9 + j3.053 = 7.55 \angle 156.13°$$

$$\dot{I}_c = \alpha \dot{I}_{a1} + \alpha^2 \dot{I}_{a2} + \dot{I}_{a0} = -j(5.0\alpha - 2.965\alpha^2 - 2.035)$$
$$= 6.9 + j3.053 = 7.55 \angle 23.87°$$

$$I_K^{(1.1)} = I_b = I_c = 7.55 \times \frac{100}{\sqrt{3} \times 230} = 1.9 \text{ (kA)}$$

（3）计算流入大地的电流。

$$\dot{I}_g = \dot{I}_b + \dot{I}_c = 3\dot{I}_{a0} = j3 \times 2.035 = j6.11$$

$$I_g = 6.11 \times \frac{100}{\sqrt{3} \times 230} = 1.534 \text{ (kA)}$$

（4）计算短路电压。

$$\dot{U}_a = \dot{U}_{a1} + \dot{U}_{a2} + \dot{U}_{a0} = 3\dot{U}_{a1} = 3(-j0.138) \times j2.965 = 1.227$$

$$U_a = 1.227 \times \frac{230}{\sqrt{3}} = 162.94 \text{ (kV)}$$

4.6.4　正序等效定则

汇总各种短路时，短路电流的正序分量和短路电流有效值的计算公式如表4.10所示。

表 4.10　各种短路电流的计算公式汇总

短路类型	正序电流	短路电流有效值
单相接地短路 $K^{(3)}$	$\dot{I}_{a1} = \dfrac{\dot{E}_\Sigma}{j(X_{1\Sigma} + X_{2\Sigma} + X_{0\Sigma})} = \dfrac{\dot{E}_\Sigma}{j(X_{1\Sigma} + X_\Delta)}$	$I_K^{(1)} = \dfrac{3E_\Sigma}{X_{1\Sigma} + X_{2\Sigma} + X_{0\Sigma}} = 3I_{K1}$
两相短路 $K^{(2)}$	$\dot{I}_{a1} = \dfrac{\dot{E}_\Sigma}{j(X_{1\Sigma} + X_{2\Sigma})} = \dfrac{\dot{E}_\Sigma}{j(X_{1\Sigma} + X_\Delta)}$	$I_K^{(2)} = \sqrt{3}\dfrac{E_\Sigma}{X_{1\Sigma} + X_{2\Sigma}} = \sqrt{3}I_{K1}$
两相接地短路 $K^{(1.1)}$	$\dot{I}_{a1} = \dfrac{\dot{E}_\Sigma}{j\left(X_{1\Sigma} + \dfrac{X_{2\Sigma}X_{0\Sigma}}{X_{2\Sigma} + X_{0\Sigma}}\right)} = \dfrac{\dot{E}_\Sigma}{j(X_{1\Sigma} + X_\Delta)}$	$I_K^{(1.1)} = \sqrt{3}\sqrt{1 - \dfrac{X_{2\Sigma}X_{0\Sigma}}{(X_{2\Sigma} + X_{0\Sigma})}}I_{K1}$
三相短路 $K^{(3)}$	$\dot{I}_{a1} = \dfrac{\dot{E}_\Sigma}{jX_{1\Sigma}}$	$I_K^{(3)} = I_{K1}$

从表中可以看出，各种短路时短路电流的正序分量可以用一个通式表示为

$$\dot{I}_{K1}^{(n)} = \frac{\dot{E}_\Sigma}{j\left[X_{1\Sigma} + X_\Delta^{(n)}\right]} \tag{4.50}$$

式中　$X_\Delta^{(n)}$——与短路类型有关的附加电抗。

公式（4.50）用等值网络表示如图4.56所示。

因复合序网中无负序、零序电势，整个复合序阻抗可以看做是正序网络增加的外部电抗 $X_\Delta^{(n)}$，从正序电流计算式容易看出，分母均是由正序电抗与附加电抗构成。把附加电抗也看做正序电抗，正序电流计算就可看做是三相对称短路计算。这就是所谓正序等效定则。

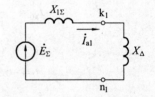

图 4.56　正序定则图示说明

从故障相短路电流有效值计算式还可以看出，故障相短路电流有效值与正序电流成正比。它们之间的关系也可以用一个通式表示为

$$I_K^{(n)} = m^{(n)}I_{K1}$$

公式中系数 $m^{(n)}$ 与短路类型有关。各种短路类型的 $X_\Delta^{(n)}$ 和 $m^{(n)}$ 见表4.11。

表 4.11　各种短路类型的 $X_\Delta^{(n)}$ 和 $m^{(n)}$

短路类型	$X_\Delta^{(n)}$	$m^{(n)}$
单相接地短路 $K^{(3)}$	$X_{2\Sigma} + X_{0\Sigma}$	3
两相短路 $K^{(2)}$	$X_{2\Sigma}$	$\sqrt{3}$
两相接地短路 $K^{(1.1)}$	$X_{2\Sigma} \parallel X_{0\Sigma}$	$\sqrt{3}\sqrt{1 - \dfrac{X_{2\Sigma}X_{0\Sigma}}{(X_{2\Sigma} + X_{0\Sigma})}}$
三相短路 $K^{(3)}$	0	1

有了上述两个通式，可以使不对称短路的计算变得简单。

4.6.5　关于基准项的选择

在应用对称分量法进行计算时，总需要选一个基准相。在前述不对称短路分析中，a 相接地短路、bc 两相接地短路、bc 两相短路，均选 a 相为基准相，计算较简单。

一般，单相接地短路选故障相为基准相，两相短路和两相接地短路选非故障相为基准相。这样，同类型短路发生在不同相上时，基准相的序分量边界条件不会改变，于是复合序网的形式不变，前述的计算公式、结论都不会变。只是表达式中的下标符号改变而已。

思考题和习题

一、填空题

1. 短路电流在最恶劣短路情况下的_____值，称为短路冲击电流。冲击电流主要用于校验电气设备和载流导体的_____度（性）。

2. 零序电压施加在变压器绕组的_____侧或_____侧时，无论另一侧绕组的接地方式如何，变压器中都没有零序电流流通。

3. 三个单相变压器组成的变压器组，当接线为 YN,d 和 YN,yn 时，其零序阻抗等于_____；当接线为 YN,y 时其零序阻抗等于_____。

二、判断题（正确的划"√"，错误的划"×"）

1. Y_N,y 接线的变压器，当 Y_N 侧流过零序电流时，y 侧也会有零序电流。　　（　　）

2. 对 D,yn 接线的变压器，当零序电压施加在变压器绕组的 D 侧时，变压器的零序电抗为无穷大。　　　　　　　　　　　　　　　　　　　　　　　　　　　（　　）

3. 对 Y_N,d 接线的变压器，当零序电压施加在变压器绕组的 Y_N 侧时，变压器的零序电抗等于其正序电抗。　　　　　　　　　　　　　　　　　　　　　　　　　（　　）

4. 电缆线路的零序电抗在近似估算中取 $X_0 = (3.5 \sim 4.6)X_1$。　　　　（　　）

5. 三相三柱式变压器的零序励磁电抗和三相五柱式变压器的零序励磁电抗相比，前者小得多。　　　　　　　　　　　　　　　　　　　　　　　　　　　　　　　（　　）

6. 三相三柱式变压器的零序励磁电抗和三相五柱式变压器的零序励磁电抗相比，前者大得多。　　　　　　　　　　　　　　　　　　　　　　　　　　　　　　　（　　）

7. 变压器的正序阻抗等于负序阻抗。　　　　　　　　　　　　　　　　（　　）

8. 双绕组变压器的等值电抗就是它的负序阻抗。　　　　　　　　　　　（　　）

9. 双绕组变压器两个绕组漏抗之和就是它的正序阻抗或负序阻抗。　　　（　　）

10. 同步发电机稳态时的同步电抗和暂态时的暂态电抗都属于正序电抗。　（　　）

11. 同步发电机稳态时的同步电抗是正序电抗；暂态时的暂态电抗是负序电抗。（　　）

12. 短路电流的最大值称为短路冲击电流。　　　　　　　　　　　　　（　　）

三、问答题

1. 什么叫短路电流的冲击电流 i_{imp}？什么是起始次暂态电流 I''？

2. 什么叫短路电流周期分量有效值？稳态短路电流？

3. "无限大"容量系统与有限容量系统三相短路时的短路电流变化有什么不同？计算上有什么不同？

4. 在发电机供电的线路上发生三相短路产生的短路电流，与把电源功率当做无限大时发生三相短路产生的短路电流有什么不同？为什么？

5. 简述"无限大"容量系统三相短路电流的计算内容和步骤及公式。

6. 简述有限容量系统三相短路电流的计算内容和步骤及公式（运算曲线法）。

四、计算题

1. 系统接线如图 4.57 所示，已知各元件参数如下：

发电机 G：$S_N = 30\,\text{MV·A}$，$U_N = 10.5\,\text{kV}$，$X_d'' = 0.27$；

变压器 T1：$S_N = 31.5\,\text{MV·A}$，$K_T = 10.5\,\text{kV}/121\,\text{kV}$，$U_K(\%) = 10.5$；

变压器 T2、T3：$S_N = 15\,\text{MV·A}$，$K_T = 110\,\text{kV}/6.6\,\text{kV}$，$U_K(\%) = 10.5$；

线路 L：$L = 100\,\text{km}$，$X_1 = 0.4\,\Omega/\text{km}$；

电抗器 R：$U_N = 6\,\text{kV}$，$I_N = 1.5\,\text{kA}$，$X_R(\%) = 6$。

试绘制此电力系统标么值等值电路，并计算其等值参数。

（选 $S_B = 100\,\text{MV·A}$，$U_B = U_{av}$）

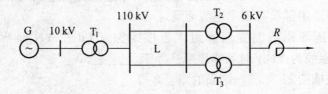

图 4.57

2. 一个无限大容量系统通过一条 100 km 的 110 kV 输电线路向变电所供电，线路和变压器的参数标于图 4.58 中，试分别计算 K_1 点和 K_2 点发生三相短路时：

① 短路点的短路电流周期分量有效值、短路冲击电流及短路容量。

② 输电线路中流过的短路电流周期分量有效值。

③ 变电所高压母线上的残余电压。

（取 $S_B = 100\,\text{MV·A}$，$U_B = U_{av}$，冲击系数 $K_{imp} = 1.8$）

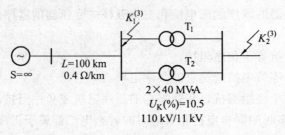

图 4.58

3. 图 4.59 示出两个电源向故障点供给短路电流，一个是无限大容量系统，另一个是有限容量的火力发电厂。试计算：

（1）K 点三相短路时的次暂态短路电流和稳态短路电流。

· 144 ·

（2）K 点三相短路时的冲击短路电流。

（3）K 点三相短路时发电机电压母线的残余电压。

（4）K 点三相短路时 110 kV 架空送电线路中流过的短路电流。

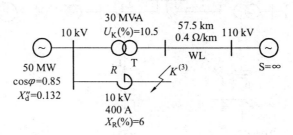

图 4.59

4. 系统接线如图 4.60 所示，A 系统的容量不详，只知断路器的断流容量为 3 500 MVA，试求当 K 点发生三相短路时的次暂态短路电流和冲击短路电流。

5. 如图 4.61 所示电路中，c 相断开，则 $\dot{I}_c = 0$；a、b 两相电流为 $\dot{I}_a = 10\angle 0°$、$\dot{I}_b = 10\angle 180°$。试以 a 相电流为参考相量，计算线电流的对称分量。

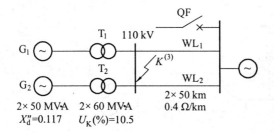

图 4.60　　　　　　　　　　图 4.61

6. 已知 a 相电流的各序分量为：$\dot{I}_{a1} = 5\,\text{A}$、$\dot{I}_{a2} = -3\,\text{A}$、$\dot{I}_{a0} = -2\,\text{A}$，试求 $\dot{I}_a$、$\dot{I}_b$ 和 $\dot{I}_c$。

7. 如图 4.62 所示系统，电源为恒定电源，当变压器低压母线发生三相短路时，试计算短路电路周期分量的有效值、短路冲击电流及短路容量。（取 $S_B = 100\,\text{MV·A}$，$U_B = U_{av}$，冲击系数 $K_{imp} = 1.8$）

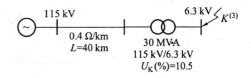

图 4.62

五、作图题

1. 某系统如图 4.63 所示，当 K 点发生单相接地短路时，试制定正序、负序、零序等值网络图。

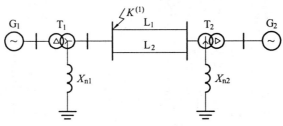

图 4.63

2. 某系统如图 4.64 所示，当 K 点发生单相接地短路时，试制定正序、负序、零序等值网络图。

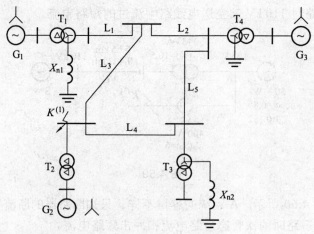

图 4.64

3. 某系统如图 4.65 所示，当 K 点发生单相接地短路时，试制定正序、负序、零序等值网络图。

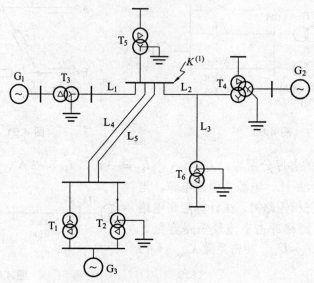

图 4.65

第 5 章

电力系统的频率调整

频率是电力系统电能质量的一个重要指标。对频率质量的衡量，是以其偏移是否超过允许值为标准的。我国规定电力系统的额定频率为 50 Hz，允许频率偏差为 ±(0.2~0.5)Hz。用百分数表示为 ±(0.4~1)%。这样规定说明，在电力系统运行中，频率是在发生变化的，且它的变化要被限制在一个小范围内。本章将通过分析频率变化的原因，引出电力系统有功功率平衡问题，并介绍为了保证频率质量如何对频率进行调整的有关知识。

5.1 电力系统频率变动的基础知识

5.1.1 与频率变动有关的因素

1. 频率与发电机转速的关系

由电机学原理可知，电力系统的频率与同步发电机的转速有一个固定的关系，即

$$f = \frac{pn}{60} \tag{5.1}$$

式中　　f —— 系统频率（Hz）；

p —— 同步发电机的极对数；

n —— 同步发电机的转速（r/min）。

式（5.1）说明，运行中的电力系统，同步发电机转速的变化会引起系统频率的变化。当同步发电机输入的机械功率和输出的电磁功率、原动机与发电机内的各种有功功率损耗达到平衡时，同步发电机的转速可以维持在某一固定值附近。则电力系统的频率是一个固定值。

2. 频率变化的原因

发电机的转速是由作用在其转轴上的转矩平衡情况所决定的。作用在发电机转轴上的转矩主要有两个：

① 驱动转矩，它对应于发电机输入的机械功率 P_T；

② 制动转矩，它对应于发电机输出的电磁功率 P_e。

当忽略各种电气和机械的损耗时，如果满足 $P_T = P_e$，发电机的转速就能维持额定转速，系统的频率就等于额定频率。当 $P_T > P_e$ 时，发电机加速，系统的频率高于额定频率；当 $P_T < P_e$，发电机减速，系统的频率低于额定频率。从这一点看，频率的变化是由于作用在发电机组转轴上的转矩不平衡所引起的，也是由于发电机输入的机械功率 P_T 和输出的电磁功率 P_e 不平衡所引起的。

3. 频率变化与有功功率的关系

进一步分析，电力系统频率变化主要是由负荷有功功率的变化引起的。

在系统负荷所取用的有功功率和发电机所发出的有功功率（电磁功率）平衡的情况下，电力系统中并列运行的所有同步发电机保持同步运行，全系统各点的频率相等并保持在一个固定值上。一旦这个平衡遭到破坏，系统频率就会发生变化。因为电力系统任何一处负荷有功功率的变化都会导致系统中所有发电机输出的电磁功率发生变化，使发电机转轴上的输入功率和输出功率不平衡引起转速发生变化，从而使电力系统的频率也发生变化。

显然，为了保持频率在额定值的附近，在系统中负荷变化时，需要及时调整原动机的输入功率，尽量使发电机转轴上的功率平衡。即要求发电机的输出功率与系统负荷有功功率的变化相适应，从而使发电机的转速变化不至于过大。所以，对频率的调整，与负荷有功功率的变化和系统有功功率是否平衡密切相关。

5.1.2　电力系统的频率指标

发电机输出的电磁功率 P_e 是由系统的负荷、系统结构及系统运行状态决定的，这些因素的变化是随机的、瞬时的。而发电机输入的机械功率 P_T 则是由原动机的汽门或导水叶的开度决定的，这些又受控于原动机的调速系统。若要维持发电机的转速不变，则要求 P_T 与 P_e 同步变化。但由于原动机和调速系统存在惯性，使 P_T 总滞后于 P_e 的变化，因此严格保证系统频率为额定频率是不可能的。通常规定一个允许频率偏移范围。所谓频率偏移是指实际运行频率与额定频率的差值，其数值必须限制在一个较小的范围内。我国的额定频率为 50 Hz，《电力工业技术管理法规》规定允许的频率偏移为 $\pm(0.2 \sim 0.5)$Hz，小容量电力系统的频率偏移不得超过 ± 0.5 Hz，大容量电力系统的频率偏移不得超过 ± 0.2 Hz。频率变化的允许偏移范围会随电力系统自动化管理水平和运行水平的提高而逐渐缩小。

对频率质量的考核是以统计频率合格率为指标的。频率合格率是指实际运行频率在允许偏差范围内累计运行时间与对应总运行统计时间之比的百分比，即

$$F(系统频率合格率) = \left(1 - \frac{频率超上限与超下限时间总和（s）}{频率监测总时间（s）}\right) \times 100\%$$

5.1.3　频率偏移过大的影响

所有的电气设备都是按照额定频率设计和制造的，它们运行在额定频率下，其技术性能和经济性能最佳。当系统的频率偏移过大（主要指频率较低）时，则可能使系统处于低频下

运行。系统的低频运行，对用户的正常工作和电力系统的安全稳定运行都会带来很大的影响，甚至出现严重的后果。

1. 对用户的不利影响

① 将引起异步电动机转速的变化，由这些电动机驱动的纺织、造纸等机械生产的产品质量将受到影响，甚至出现次品及废品。

② 将使异步电动机的转速和功率降低，导致传动机械的出力降低。

③ 将影响测量、控制等电子设备的准确性和工作性能，频率过低时甚至无法工作。

2. 对发电厂和电力系统的不利影响

① 将影响由异步电动机驱动的火电厂厂用机械（如风机、水泵及磨煤机等）的出力降低，导致发电机出力降低，使系统的频率进一步下降。特别是频率下降到 48 Hz 以下时，厂用机械的出力将显著降低，可能在几分钟内使火电厂的正常运行受到破坏，系统功率缺额更为严重，使频率更快下降，从而发生频率崩溃现象。

② 将可能引起汽轮机叶片的振动变大，影响使用寿命，严重时甚至会产生裂纹而断裂。

③ 使异步电动机和变压器的励磁电流增加，所消耗的无功功率增大，在电力系统备用无功功率电源不足的情况下，会引起系统电压的下降。当频率下降到 45～46 Hz 时，各发电机及励磁机的转速均显著下降，致使各发电机的电势下降，全系统的电压水平大为降低。如果系统原来电压水平偏低，还可能引起电压不断下降，出现电压崩溃现象。而出现频率崩溃和电压崩溃，会使整个电力系统瓦解，造成大面积停电的恶性事故。

④ 发电机低频运行时，其通风量减少，而为了维持发电机的正常电压需要增加励磁电流，致使发电机定子和转子中的温升增加。为了不超过温升的限额，将不得不降低发电机所发的功率。

⑤ 核电厂反应堆的冷却介质泵对频率有严格要求，当频率降低到一定数值时就会跳闸，使反应堆停止运行。

综上所述，系统在任何时候都保持合格的频率质量是十分重要的。频率调整的核心问题就是要使系统具有充足的有功功率电源和灵活、快捷的增减发电机出力的手段，使系统在任何运行方式下都能保持有功功率平衡，从而保证频率质量。

5.2　电力系统有功功率平衡和备用容量

5.2.1　有功功率平衡

电力系统中的有功功率电源是各类发电厂的发电机。系统中的电源容量不一定是所有机组额定容量之和。在电力系统运行中，所有有功功率电源发出的功率必须与电力系统的发电负荷相平衡，即

$$\sum P_G = \sum P_{LD} + \Delta P_\Sigma \tag{5.2}$$

式中　　$\sum P_{\mathrm{G}}$——系统中所有有功功率电源发出的功率；

　　　　$\sum P_{\mathrm{LD}}$——系统中所有负荷消耗的有功功率；

　　　　ΔP_{Σ}——系统中各元件总的有功功率损耗。

电力系统中各类发电厂机组额定容量的总和，称为电力系统电源容量，也称系统装机容量或系统发电设备容量。但在运行过程中，不是所有的发电设备都能不间断地投入运行，也不是所有的发电设备都能按照额定容量发电。例如，必须定期进行停机检修；某些水电厂因水头极度降低不能按额定容量运行等。因此，电力系统调度部门必须及时、确切掌握各个发电厂预计可以投入的发电设备的可发功率，这些可发功率之和是可供系统统一调度分配的系统电源容量，显然应不小于系统的发电负荷。

5.2.2　备用容量

为了保证电力系统运行中能安全可靠、不间断供电和良好的电能质量，系统电源容量应大于发电负荷，大于的部分称为系统的备用容量。

电力系统中的备用容量按其存在方式可分为热备用和冷备用，按其功能还可分为负荷备用、事故备用、检修备用和国民经济备用等。

1. 热备用

热备用是指运转中的发电设备可能发的最大功率与系统发电负荷之差，也称为运转备用或旋转备用。

2. 冷备用

冷备用是指未运转的，但能随时启动的发电设备可能发出的最大功率。检修中的发电设备不能随时服从调用，因此不属于冷备用。

3. 负荷备用

负荷备用又称为调频备用，可用来调节系统短时间的负荷波动和负荷预测误差，使系统能经常保持在额定频率下运行，并担负一天内计划外的负荷增加。其数值根据系统容量的大小而定，一般取系统最大发电负荷的 2%～5%，大系统采用较小的百分数，小系统或有冲击负荷的采用较大的百分数。负荷备用一般应由应变能力较强的有调节库容的水电厂担任。系统的负荷备用必须是旋转备用，即机组不满载运行。

4. 事故备用

事故备用是指发电设备发生偶然性事故停运时，在规定时间内可用来保证用户供电可靠性所需要的备用。它与系统容量、发电机台数、单机容量、机组强迫停运率及对供电可靠性等要求有关。事故备用容量一般可取系统中最大发电负荷的 5%～10%，但不得小于系统中最大的一台机组的容量。事故备用可以是停机备用，事故发生时，动用停机备用需要一定的时间。汽轮发电机组从启动到满载，需要数小时；水轮发电机组只需要几分钟。因此，一般以水轮发电机组作为事故备用机组。事故备用既可以是热备用，也可以是冷备用。

5. 检修备用

检修备用是为系统中发电设备能进行定期检修而设定的备用容量，与系统中的负荷大小关系不密切，应按有关规程规定，结合系统负荷特性、发电机台数、检修时间的长短、水火电厂电容量比重、水电调节性能等因素确定，以满足可以周期性地检修所有机组、设备的要求。系统机组的计划检修，应尽量安排在负荷季节性低落期间进行。只有负荷低落期间空出的容量不能满足计划检修的要求时，才设置专门的检修备用容量（参见图 1.12 可以加深理解）。火电机组检修周期为一年半，水电机组检修周期为两年。

6. 国民经济备用

国民经济备用是为了满足国家其他所有行业的发展需要，考虑用户的超计划生产、新用户的出现等而设置的备用容量。这种备用容量的大小，要根据国民经济的增长情况来确定。

为保证频率质量及供电可靠性，负荷备用和事故备用应全是热备用，但考虑运行的经济性，热备用容量又不宜过大。实际上热备用容量的大小不需要按负荷备用和事故备用的总和来确定，两者是可以通用的。作为调频的负荷备用，要随时应付系统负荷的变化，应全是热备用形式存在，但可将部分事故备用以冷备用形式存在。在总的备用容量中，热备用和冷备用的分配是有功功率电源的最优组合问题，当热备用容量确定之后，这容量在各发电机组之间的分配又是有功功率负荷的最优分配问题，这方面的内容将在第 7 章中加以讨论。

电力系统中只有具备了备用容量，才有可能保证电力系统优质、安全、经济地运行，才有可能讨论电力系统中各发电厂间、发电机组间的最优分配以及频率调整的问题。

通过上面分析，电力系统实际的有功功率可以归纳为

$$\sum P_{GN} - \sum P_{LDmax} - \Delta P_{\Sigma max} - P_{R\Sigma} \geqslant 0$$

式中 $\sum P_{GN}$ ——系统实际的装机容量；

       $\sum P_{LDmax}$ ——系统的最大负荷；

       $\Delta P_{\Sigma max}$ ——系统的最大有功功率损耗和厂用电；

       $P_{R\Sigma}$ ——系统总的备用容量。

5.3   电力系统的频率特性

所谓电力系统的频率特性，是指电力系统的有功功率与频率的变化关系。在稳态运行（系统保持电压不变）情况下的这种关系，称为有功功率-频率静态特性（简称功-频静特性）。电力系统的频率特性由负荷和电源（发电机）的频率特性组成。下面分别加以介绍。

5.3.1 负荷的频率特性

负荷的功-频特性取决于负荷的组成。由于负荷类型不同，负荷的有功功率与系统频率的关系也不同。一般有下面几种类型：

① 有功功率与频率变化无关的负荷，如照明、电炉、整流负荷等。

② 有功功率与频率一次方成正比的负荷，如球磨机、切削机床、卷扬机等。

③ 有功功率与频率二次方成正比的负荷，如变压器铁芯中的涡流损耗。

④ 有功功率与频率三次方成正比的负荷，如通风机、循环水泵。

⑤ 有功功率与频率高次方成正比的负荷，如锅炉的给水泵。

整个系统的负荷功率与频率的关系可用多项式表示为

$$P_{LD} = a_0 P_{LDN} + a_1 P_{LDN}\left(\frac{f}{f_N}\right) + a_2 P_{LDN}\left(\frac{f}{f_N}\right)^2 + \cdots + a_n P_{LDN}\left(\frac{f}{f_N}\right)^n \tag{5.3}$$

式中　P_{LD}——对应频率为 f 时的负荷功率；

　　　P_{LDN}——对应频率为 f_N 时的负荷功率；

　　　a_0，a_1，$\cdots$，a_n——各类频率负荷占总负荷的比重。

用标么值表示时，有

$$P_{LD*} = a_0 + a_1 f_* + \cdots + a_n f_*^n \tag{5.4}$$

一般情况下，上述多项式取 3 次方即可，因为更高次方比例的负荷比重很小，可略去。把这一有功功率负荷的频率静态方程用曲线表示出来，如图 5.1 所示。由于电力系统运行允许的频率变化范围很小，在较小的频率范围内，该曲线接近直线。

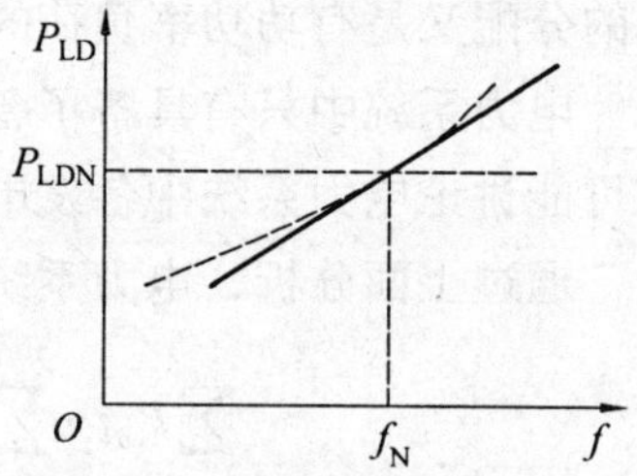

图 5.1 中直线的斜率为

$$K_{LD} = \frac{\Delta P_{LD}}{\Delta f} \tag{5.5}$$

图 5.1　负荷的功-频静特性

式中　K_{LD}——负荷的频率调节效应系数，也称为负荷的单位调节功率，单位为 MW/Hz 或 MW/（0.1 Hz）。对于 Δf，频率上升取正，频率下降取负。

K_{LD} 的标么值为

$$K_{LD*} = \frac{\Delta P_{LD} f_N}{\Delta f P_{LDN}} = K_{LD} \frac{f_N}{P_{LDN}} \tag{5.6}$$

K_{LD}（或 K_{LD*}）反映了负荷吸收的有功功率随频率变化的大小。频率下降时，负荷吸收的有功功率自动减小；频率上升时，负荷吸收的有功功率自动增加，即反映了系统负荷对频率的自动调整作用。显然，负荷的这种特性有利于系统的频率稳定。

K_{LD}（或 K_{LD*}）数值是电力系统调度部门必须掌握的一个数据。它完全取决于电力系统负荷的组成，是不可调整的，通常由实测得到。其标么值一般为 1～3，近似计算时可取 $K_{LD*} \approx 1.5$。

当电力系统的负荷增大时，负荷的功-频静特性曲线将平行上移；负荷减小时，将平行下移。

【例 5.1】 某一电力系统，若 $K_{LD*} = 1.5$，系统频率为 50 Hz，总有功负荷分别为 2 000 MW 和 2 500 MW（包括网损）时，求 K_{LD}。

解 由式（5.6），有：

$$K_{LD} = K_{LD*} \frac{P_{LDN}}{f_N} = 1.5 \times \frac{2\ 000}{50} = 60 \ (\mathrm{MW/Hz})$$

$$K_{LD} = 1.5 \times \frac{2\ 500}{50} = 75 \ (\mathrm{MW/Hz})$$

由此可知，K_{LD} 的数值与系统的负荷大小有关。在总负荷值不同的情况下，各类负荷组成的比例可能有所不同，但差别不大。因此，对一个系统而言，可以认为 K_{LD*} 是不变的。

5.3.2 电源的频率特性

电力系统频率的调整是由发电机组原动机的自动调速系统来实现的，因此发电机组的有功功率静态频率特性取决于发电机组的调速系统。当系统有功功率平衡遭到破坏而引起频率变化时，原动机的调速系统会自动改变原动机的进汽（水）量，相应增加或减少发电机的出力。当新的功率平衡建立后，调速系统的调节过程结束，电力系统在新的频率下运行。

发电机组的调速系统种类很多，如离心式、液压式、电调式等。为了能更好地说明调速装置的工作原理，下面用一个有调速器也有调频器（转速控制机构）的离心飞摆式调速系统为例加以说明。

1. 离心飞摆式调速系统的工作原理

这种调速器是一种相当原始的、很直观的机械调速系统，其调节机理与电液调速系统等新型的调速系统基本相同。图 5.2 为汽轮机的离心飞摆式调速器示意图。

调速器的飞摆随着发电机主轴所带动的套筒转动，当单机运行的发电机负荷增加时，阻力矩增加使转速下降，飞摆由于离心力减小，在弹簧的作用下向转轴靠拢，套筒由 A 下移到 A″。此时油动机、错油门未动作，B 点不动，则杠杆系统中 AB 绕 B 点逆时针转动到 A″B 位置，在调频器不动的情况下，D 点也不动，因而杠杆 DE 随 C 点下降到 C′ 点时绕 D 点顺时针转动到 DE′。E 点在下移到 E′ 点时，错油门的活塞向下移动，油管 a、b 的小孔开启，压力油经油管 b 进入油动机活塞下部，活塞上部的油经油管 a、错油门上部小孔溢出。在油压作用下，油动机活塞上移，增大了汽轮机的调节汽门或水轮机的导向叶片的开度，增加汽轮机的进汽量或水轮机的进水量，使发电机组的转速上升、频率上升、发电机的输出功率增加。这时，B 点随油动机活塞上升至 B′ 点，杠杆 AB 绕 A 端逆时针转动，将 C 点与错油门活塞提升，而 A 点也同时由 A″ 回升到 A″′，油管 a、b 的小孔重新堵住，调速系统使机组稳定在杠杆系统中 A′CB′ 决定的转速上。这时杠杆 C 点在原来的位置，B′ 位置比 B 高，A′ 位置比 A 低，即进汽量或进水量比原来多，机组的转速却比原来低，并没有使转速或频率恢复到原来的数值，说明这个过程是一个有差调节过程。这就是发电机组频率的一次调整过程，也称调速过程，是由调速器自动完成的。

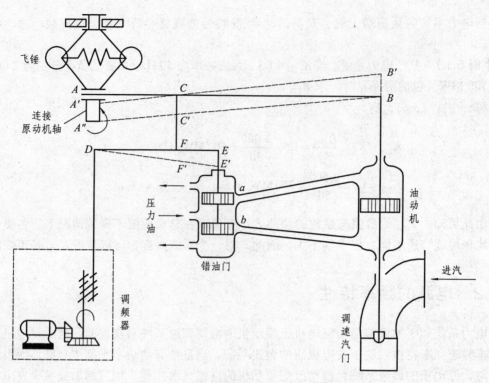

图 5.2　离心飞摆式调速装置示意图

如果需要在发电机组的负荷增加后仍然维持原来的转速，则要求进行频率的二次调整，这是由调频器进行的。在外界信号控制下，调频器转动涡轮、蜗杆将 D 点升高，杠杆 DE 绕 F 点顺时针转动，错油门再次下移，开启小孔，进一步增加进汽量或进水量，机组转速上升，飞摆使 A' 上升，这时杠杆 AB 带动 C、F、E 点上升，再次堵住错油门小孔，再次结束调节过程。如果 D 点位置选择得恰当，则 A 点就完全回到原来的位置，即转速和频率恢复原来的数值。这就是发电机组频率的二次调整过程，也称调频过程或同步过程，是由外界信号使调频器动作来实现的。

2. 发电机组的功-频静特性

由调速器的工作原理可知，当有功负荷增大时，发电机的输入功率小于输出功率，使转速和频率下降，引起调速器工作。调速器的作用将使发电机组输出功率自动增加，转速和频率上升。但转速和频率的上升由于调速器本身特性的影响，要略低于原来负荷变化前的值。反之，当有功负荷减小、发电机的输入功率大于输出功率时，将使转速和频率增加，引起调速器工作。调速器的作用将使发电机组输出功率自动减小，转速和频率下降，但略高于原来负荷变化前的值。这种关系经过分析可近似为一条直线，如图 5.3（a）中的 1-2 直线。它就是发电机组的功-频静特性。

在调速器的作用下，频率一次调整的有差调节性质反映在直线的负斜率上，即负荷变动时原动机的转速或频率将随负荷增大而降低。

在调频器的作用下，进行频率二次调整时，其功-频特性是将一次调整时的特性曲线平移，如图 5.3（b）所示。二次调整既可做到有差调节，也可做到无差调节，这两种情况反映在平移的一组特性上。例如某电力系统原来频率为图 5.3（b）中所示的 f_0，当系统负荷由 P_{G0} 增加到 P_{G1} 时，调速器自动进行一次调整，频率变为 f_1，运行点由 a 变为 b；如果能够手动或自动地操纵调频器进行二次调整，使特性曲线由 1 平移到 4，运行点不是由 a 变为 b，而是由 a 变为 c 时，就可以实现频率的无差调节。

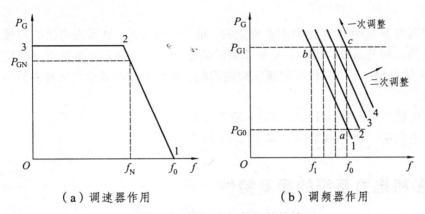

（a）调速器作用　　　　（b）调频器作用

图 5.3　发电机组的功-频静特性

下面对发电机组的功-频静特性进行定量的分析。

在图 5.3（a）中，发电机组功-频特性的斜率为

$$K_G = -\frac{\Delta P_G}{\Delta f} = \frac{\Delta P_{GN}}{f_0 - f_N} \tag{5.7}$$

式中　K_G ——发电机组的单位调节功率，单位为 MW/Hz 或 MW/（0.1 Hz）。

K_G 的标么值为

$$K_{G*} = -\frac{\Delta P_G f_N}{\Delta f P_{GN}} = K_G \frac{f_N}{P_{GN}} \tag{5.8}$$

K_G 或 K_{G*} 说明了频率变化引起的发电机输出的功率的变化量。K_G 或 K_{G*} 的值越大，说明调速器对频率调整的能力越强。式中，ΔP_G 和 Δf 的变化方向总是相反的，即频率下降时，发电机输出功率是增加的；反之，频率升高时，发电机输出功率是减少的。所以 $K_G > 0$。

通常并不直接知道发电机组的单位调节功率 K_G 或 K_{G*}，而是知道由制造厂家提供的发电机组的调差系数 σ。σ 的定义为

$$\sigma = -\frac{\Delta f}{\Delta P_G}$$

即发电机组的单位调节功率与机组的调差系数 σ 有互为倒数的关系。

以百分数表示为

$$\sigma(\%) = -\frac{\Delta f P_{GN}}{\Delta P_G f_N} \times 100 = \frac{f_0 - f_N}{f_N} \times 100$$

因此可得

$$K_G = \frac{1}{\sigma} = \frac{P_{GN}}{f_N \sigma(\%)} \times 100 \tag{5.9}$$

或

$$K_{G*} = \frac{1}{\sigma(\%)} \times 100 \tag{5.10}$$

机组的调差系数 $\sigma(\%)$ 是由调速器决定的，是可以整定的，从而发电机的单位调节功率也是可以整定的。调差系数的大小，对频率偏移的影响很大，调差系数越小（单位调节功率越大），频率偏移也越小。但受机组调速机构的限制，调差系数的调整范围是有限的，一般整定为以下数值：

汽轮发电机组　　$\sigma(\%) = 3 \sim 5$，$K_{G*} = 33.3 \sim 20$

水轮发电机组　　$\sigma(\%) = 2 \sim 4$，$K_{G*} = 50 \sim 25$

5.3.3　多机电力系统的频率特性

对于多机系统，电源的功-频静特性应是系统机组的等值功-频静特性，或称等值机的频率特性。仍如图 5.3（a）所示。当系统中有多台装有调速器的发电机组时，研究其等值频率特性就必须计算全系统机组的平均单位调节功率 $K_{G\Sigma}$。

若系统中有 n 台机组装有调速器，在系统频率有 Δf 的变动时，各发电机组将有 ΔP_{Gi} 的功率改变，即

$$\left. \begin{array}{l} \Delta P_{G1} = -K_{G1}\Delta f \\ \Delta P_{G2} = -K_{G2}\Delta f \\ \quad \vdots \\ \Delta P_{Gn} = -K_{Gn}\Delta f \end{array} \right\} \tag{5.11}$$

将以上各式相加，可得全系统电源功率的变化量

$$\Delta P_{G\Sigma} = \sum_{i=1}^{n} \Delta P_{Gi} = -\sum_{i=1}^{n} K_{Gi}\Delta f = -K_{G\Sigma}\Delta f \tag{5.12}$$

因而

$$K_{G\Sigma} = \sum_{i=1}^{n} K_{Gi} \tag{5.13}$$

系统电源的单位调节功率即为各装有调速器机组的单位调节功率之和。用标么值计算时，有

$$K_{Gi} = K_{Gi*}\frac{P_{GiN}}{f_N}$$

故　　　　　　$$K_{G\Sigma} = \frac{K_{G\Sigma*}\sum\limits_{i=1}^{n} P_{GiN}}{f_N} = \sum_{i=1}^{n} K_{Gi*}\frac{P_{GiN}}{f_N}$$

则
$$K_{G\Sigma*} = \frac{\sum_{i=1}^{n} K_{Gi*} P_{GiN}}{\sum_{i=1}^{n} P_{GiN}} \tag{5.14}$$

计算中，对满载运行的发电机组，在系统负荷增加时其 $K_{Gi} = 0$。

5.4 电力系统的频率调整

电力系统的频率调整是发电机组的功-频静特性和负荷功-频静特性综合作用的结果。

5.4.1 有功功率负荷的变动及调整

电力系统频率调整的结果与负荷变动的大致规律有关。图 5.4 中的曲线 P_Σ 是电力系统实际的有功功率负荷曲线，可以看出，电力系统中有功功率负荷时刻在变化，看似无规则。但经过分析，实际的负荷变动 P_Σ 一般可分解为三种有规律可循的负荷变动：

① 第一种负荷变动：变化周期很短、变动幅度很小，这种负荷变动有很大的偶然性，是一种随机负荷，如图 5.4 中 P_1 所示。

② 第二种负荷变动：变化周期较长、变动幅度较大，波动比第一种相对大一些，这种负荷主要有工业电炉、压延机械、电气机车等带有冲击性的负荷变动，如图 5.4 中 P_2 所示。

③ 第三种负荷变动：变化缓慢、变动幅度最大，是由生产、生活、气象等变化引起的负荷变动。这种负荷变动基本上可以预测，阶梯形的负荷曲线反映的基本上是这种负荷变动。如图 5.4 中 P_3 所示。

这三种负荷变动都将不同程度地引起频率偏移，电力系统频率调整的任务是要根据这三种负荷变动的特点，分别采取不同的手段，调整电源的有功功率输出与之相适应，以保证频率偏移在允许范围内。

对第一种负荷变动引起的频率偏移，一般是由发电机组的调速器进行调整，称为频率的一次调整。第二种负荷变动引起的频率偏移相对较大，仅靠调速器往往不能把频率偏移限制在允许的范围内，必须有调频器参与调整，这种调整称为频率的二次调整。第三种负荷变动是可以预测的，对这种负荷主要是提高负荷预测的准确性，正确编制日负荷曲线，并根据预测的负荷曲线按照最优化准则在各发电厂、发电机组之间进行有功功率的合理经济分配，即各发电厂一般是按照事先给定的发电负荷曲线发电，从而使系统的有功功率平衡基本得到保证。这就是频率的三次调整。频率的三次调整的提法不常用，一般可由电力系统经济调度时解决三次调整的问题。三种负荷变动与电力系统的三次频率的调整对应关系如图 5.5 所示。

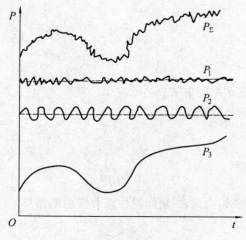

图 5.4　有功功率负荷的变动　　　　　　　　图 5.5　负荷变动及调频任务分配

5.4.2　电力系统的一次调频

现代电力系统中所有并列运行的发电机组都装有调速器，有可调容量的机组都可以参加频率的一次调整。

1. 频率一次调整的原理

已知电力系统中负荷和发电机组的功-频静特性后，将二者结合就可以分析电力系统频率的调整问题。

为分析简单起见，先假设系统中只有一台发电机组、一个综合负荷，如图 5.6 所示。图中 $P_G(f)$ 表示发电机组的功-频静特性、$P_{LD}(f)$ 表示综合负荷的功-频静特性，两条直线的交点 a 就是系统的原始运行点。这时系统频率为 f_1，发电机的输出功率为 P_{G1} 且与负荷功率平衡。

下面用图 5.6 来分析频率一次调整的原理。

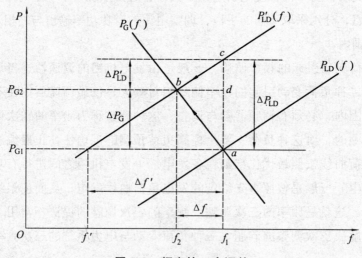

图 5.6　频率的一次调整

当系统中负荷突然增加 ΔP_{LD} 时，负荷的功-频静特性突然向上移动了 ΔP_{LD}，即为图中的直线 $P'_{LD}(f)$。这时发电机组的输出功率不能及时随之变动，仍保持 P_{G1}，则发电机组将减速使系统频率下降至 f'。如果没有调速器，负荷功率变化引起的频率偏移将为 $\Delta f' = f' - f_1 < 0$。有调速器时，机组的减速使调速器动作。

系统频率下降时，由于调速器的作用，发电机组的输出功率将自动增大，沿其功-频静特性 $P_G(f)$ 向上增加，与此同时，负荷的功率将因它本身的调节效应而减少，沿其功-频静特性的 $P'_{LD}(f)$ 向下减少，经过一个衰减的振荡过程，抵达一个新的平衡点 b 点，相应的频率为 f_2。到此，频率的一次调整结束。这时由于负荷功率变化引起的频率偏移为 Δf，显然 $\Delta f < \Delta f'$。

上面是以负荷变动为增加的情况分析的。读者可仿照分析负荷减少的情况。

由此可见，频率的一次调整主要是在系统负荷有功功率增大或减小时，发电机组的调速系统对因负荷变动引起的频率偏移进行调整。调整的结果是发电机组增发或减少部分有功功率，而负荷也因其本身的调节效应而减少或增大部分有功功率，当这两部分有功功率之和恰好等于负荷有功功率的增大或减小时，系统重新达到平衡。而系统的频率则相应降低或升高一微量值。对于这个微量值，如果负荷变动小，通过频率的一次调整就能满足系统对频率偏移的要求；如果负荷变动较大，则只通过频率的一次调整就很难满足系统对频率偏移的要求。

频率的一次调整在很大程度上改变了负荷有功功率变化时引起的频率降低或升高，但没有将频率调整到原来的值。所以频率的一次调整是有差调节。

2. 频率的一次调整计算

当负荷有功功率增大 ΔP_{LD} 时，通过一次调频，系统频率偏移调整为 Δf，在调整过程中，发电机组增发的功率 $\Delta P_G = -K_G \Delta f = P_{G2} - P_{G1} > 0$；负荷因其调节效应减少 $\Delta P'_{LD} = K_{LD} \Delta f < 0$。一次调频结束后，负荷的实际增量为 $\Delta P_{LD} + \Delta P'_{LD}$，应该与发电机组的功率增量平衡，即

$$\Delta P_G = \Delta P_{LD} + \Delta P'_{LD}$$

或
$$\Delta P_{LD} = \Delta P_G - \Delta P'_{LD} = -K_G \Delta f - K_{LD} \Delta f = -(K_G + K_{LD})\Delta f \qquad (5.15)$$

因此得到

$$K_S = K_G + K_{LD} = -\frac{\Delta P_{LD}}{\Delta f} \qquad (5.16)$$

式中　K_S——电力系统的单位调节功率，单位为 MW/Hz 或 MW/（0.1 Hz）。

对式（5.16）的讨论如下：

① 对 ΔP_{LD}，当负荷增加时取正，反之取负；对 Δf，当负荷增加时取负，反之取正；而 K_S 始终为正值。

② 电力系统的单位调节功率 K_S，可以用来求取系统负荷变动时，在调速器和负荷本身的调节效应共同作用下系统频率偏移范围为多少；也可以用来求取允许频率偏移范围内电力系统能够承受多大的负荷增减。

③ 系统的单位调节功率 K_S 取决于发电机组和综合负荷的单位调节功率 K_G 和 K_{LD}。由于负荷的单位调节功率不可调，因此只能控制和调节发电机组调速器的调差系数或单位调节功率，从而控制和调节系统的单位调节功率。

④ 如果将发电机组的单位调节功率整定得大些或机组的调差系数整定得小些,在一台机组和一个综合负荷的系统中一次调整就可保证频率的质量。但电力系统中不止一台发电机组,调差系数就不能整定得太小。假设机组的调差系数整定为零的极端情况,即单位调节功率为无限大,由式(5.16)可见,这时负荷的变动不会引起频率的变动,但这样就会出现负荷的变化量在各台发电机组之间的分配无法固定,使各发电机组的调速系统不能稳定工作。因此,为保证调速系统本身运行的稳定性,不能采用过小的调差系数或过大的单位调节功率。

⑤ 当系统中有多台发电机组时,K_G 是系统中所有参与一次调频的发电机组的单位调节功率之和,已经满载运行的发电机组不能参与一次调整,电力系统中发电机组的等值单位调节功率 K_{GE} 将下降。如果系统中有 n 台发电机组,且 n 台机组都参与一次调整,则

$$K_{GE} = \sum_{i=1}^{n} K_{Gi} \tag{5.17}$$

如果系统的 n 台机组中只有 m 台机组参与一次调整,即第 $m+1$,$m+2$,…,n 台机组不参加时,则

$$K_{GE} = \sum_{i=1}^{m} K_{Gi} \tag{5.18}$$

这样,发电机组的等值单位调节功率及电力系统的单位调节功率 K_S 都不可能很大,仅靠发电机组的调速器进行的频率的一次调整只能调整第一种负荷变动引起的频率偏差,对变动幅度较大、变化周期较长的第二种负荷变动引起的频率偏差,必须进行频率的二次调整。

【例5.2】 某电力系统中发电机组的总容量为 3 475 MW,系统总负荷为 3 300 MW,负荷的单位调节功率 $K_{LD*} = 1.5$。各台发电机组的容量和调差系数分别为:

水轮机组　　　100 MW/台×5 台 = 500 MW,　　　$\sigma(\%) = 2.5$

　　　　　　　75 MW/台×5 台 = 375 MW,　　　$\sigma(\%) = 2.75$

汽轮机组　　　100 MW/台×6 台 = 600 MW,　　　$\sigma(\%) = 3.5$

　　　　　　　50 MW/台×20 台 = 1 000 MW,　　　$\sigma(\%) = 4.0$

小容量汽轮机组合计　　　　1 000 MW,　　　$\sigma(\%) = 4.0$

试计算以下四种情况下电力系统的单位调节功率 K_S(MW/Hz):

(1) 全部机组都参加一次调整;

(2) 全部机组都不参加一次调整;

(3) 仅水轮机组参加一次调整;

(4) 仅汽轮机组和 20 台 50 MW 的汽轮机组参加一次调整。

解 首先按照式(5.6)计算负荷的 K_{LD},综合负荷的 $P_{LDN} = 3 300$ MW。

$$K_{LD} = K_{LD*} \frac{P_{LDN}}{f_N} = 1.5 \times \frac{3\ 300}{50} = 99 \ (\text{MW/Hz})$$

下面按式(5.9)分别计算各类发电机组的 K_G,式中的 P_{GN} 为该类机组容量之和:

5×100 MW 水轮机组　　$K_{G1} = \dfrac{500}{50 \times 2.5} \times 100 = 400 \ (\text{MW/Hz})$

5×75 MW 水轮机组　　$K_{G2} = \dfrac{375}{50 \times 2.75} \times 100 = 273 \ (\text{MW/Hz})$

6×100 MW 汽轮机组 $\qquad K_{G3} = \dfrac{600}{50 \times 3.5} \times 100 = 343 \ (MW/Hz)$

20×50 MW 水轮机组 $\qquad K_{G4} = \dfrac{1\,000}{50 \times 4} \times 100 = 500 \ (MW/Hz)$

$1\,000$ MW 小容量汽轮机组 $\qquad K_{G5} = \dfrac{1\,000}{50 \times 4} \times 100 = 500 \ (MW/Hz)$

下面根据不同情况计算 K_S。

(1) 全部机组都参加一次调整时，K_S 应包含所有的 K_{Gi}，$i = 1,2,\cdots,5$，即

$$K_S = K_{LD} + \sum_{i=1}^{5} K_{Gi} = 99 + (400 + 273 + 343 + 500 + 500) = 2\,115 \ (MW/Hz)$$

(2) 全部机组都不参加一次调整，K_S 仅剩余负荷的 K_{LD}，即

$$K_S = K_{LD} = 99 \ (MW/Hz)$$

(3) 仅水轮机组参加一次调整时，K_S 应为

$$K_S = K_{LD} + K_{G1} + K_{G2} = 99 + (400 + 273) = 772 \ (MW/Hz)$$

(4) 仅水轮机组和 20 台 50 MW 的汽轮机组参加一次调整时，K_S 应为

$$K_S = K_{LD} + K_{G1} + K_{G2} + K_{G4} = 99 + (400 + 273 + 500) = 1\,272 \ (MW/Hz)$$

当需要用标么值计算 K_S 时，可将 K_{Gi}（$i = 1,2,\cdots,5$）换算为以负荷的额定容量为基准值的标么值，即用式（5.9）直接改写为 $K_{G*} = \dfrac{P_{GN}}{\sigma(\%)P_{LDN}} \times 100$ 即可。

【例 5.3】 有一电厂装有两台 100 MW 的同型号的汽轮发电机组，并联运行且两台机组功率相同，调差系数 $\sigma(\%) = 4$，机组满载时，频率为 49.5 Hz。求发电厂功率分别为 50、100、150 MW 时，频率各为多少？

解 因为机组调差系数 $\sigma(\%) = 4$，所以 $K_{G*} = \dfrac{1}{\sigma(\%)} \times 100 = 25$，根据式（5.8）得

$$K_{G*} = -\dfrac{\Delta P_G f_N}{\Delta f P_{GN}} \Longrightarrow \Delta P_G = -\dfrac{K_{G*} \Delta f P_{GN}}{f_N}$$

以下根据上式分别计算发电厂功率为 50、100、150 MW 时的频率。

(1) 发电厂出力为 50 MW 时，得

$$200 - 50 = -\dfrac{25 \times 200(49.5 - f_{50})}{50} \Longrightarrow f_{50} = 51 \ (Hz)$$

(2) 发电厂出力为 100 MW 时，得

$$200 - 100 = -\dfrac{25 \times 200(49.5 - f_{100})}{50} \Longrightarrow f_{100} = 50.5 \ (Hz)$$

(3) 发电厂出力为 150 MW 时，得

$$200 - 150 = -\dfrac{25 \times 200(49.5 - f_{150})}{50} \Longrightarrow f_{150} = 50 \ (Hz)$$

5.4.3 电力系统的二次调频

电力系统频率的二次调整任务只有系统中部分发电机组（调频机组）或发电厂（调频厂）承担。它是通过调频器来实现的。通过操作调频器，使发电机组的功-频静特性平行地移动，从而较大幅度改变发电机的输出功率，使由于较大负荷变动引起的频率偏移保持在允许范围内。必要时，可调整频率偏移为零。

1. 频率二次调整的原理

频率二次调整的原理可用图 5.7 说明。在图 5.7 中，仍然设只有一台发电机组、一个综合负荷。

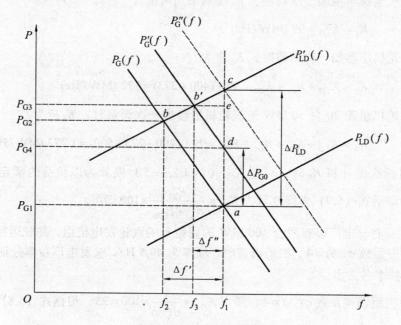

图 5.7 频率的二次调整

当负荷突然增加 ΔP_{LD} 时，一次调频的结果使工作点从 a 点移到 b 点，如果这时的频率偏差 $\Delta f'$ 在 $\pm(0.2 \sim 0.5)\text{Hz}$ 范围内，系统可以继续运行；如果 $\Delta f'$ 超出了 $\pm(0.2 \sim 0.5)\text{Hz}$ 的范围，则说明系统频率不满足电能质量的要求，这时就必须操作发电机组的调频器，进行频率的二次调整。

在图 5.7 中，调频器动作再增加发电机的输出功率 ΔP_{G0}，使发电机的功-频静特性平行地向右移动至 $P'_G(f)$ 直线，则运行点又从 b 点移到 b' 点。点 b' 对应的频率为 f_3、功率为 P_{G3}。进行了二次调整后，频率偏移由仅有一次调整时的 $\Delta f'$ 减小为 $\Delta f''$，发电机的输出功率由仅有一次调整时的 P_{G2} 增加为 P_{G3}。尽管这样仍是有差调节，但明显可见，由于进行了二次调整，使系统的频率质量得到了改善。

如果二次调整发电机组增发的功率能够完全补偿负荷功率的原始增量，即 $\Delta P_{G0} = \Delta P_{LD}$，则 $\Delta f = 0$，亦即实现了无差调节。无差调节如图 5.7 中虚线所示。这时，工作点移到 c 点，所对应的频率回到负荷变动前的位置。

2. 频率二次调整的计算

当负荷有功功率增大 ΔP_{LD} (图中 $\overline{ac}$ 段)时，通过二次调频，系统频率偏移调整为 $\Delta f''$，在调整过程中，发电机组由于调速器的一次调整作用增发的功率 $\Delta P_{G} = -K_{G}\Delta f'' = P_{G3} - P_{G4}$ (图中 $\overline{de}$ 段)；负荷因其调节效应减少的功率为 $\Delta P'_{LD} = K_{LD}\Delta f''$ (图中 $\overline{ec}$ 段)。发电机组由于调频器的二次调整作用增发的功率为 ΔP_{G0} (图中 $\overline{ad}$ 段)。二次调频结束后，发电机组一次调整和二次调整所增发的功率之和与负荷的实际增量应该平衡，即

$$\Delta P_{G} + \Delta P_{G0} = \Delta P_{LD} + \Delta P'_{LD}$$

或

$$\begin{aligned} \Delta P_{LD} - \Delta P_{GD} &= -K_{G}\Delta f - K_{LD}\Delta f'' \\ &= -(K_{G} + K_{LD})\Delta f'' \\ &= -K_{S}\Delta f'' \end{aligned} \tag{5.19}$$

因此得到

$$K_{S} = K_{LD} + K_{G} = -\frac{\Delta P_{LD} - \Delta P_{G0}}{\Delta f''} \tag{5.20}$$

公式说明：

① 对比式（5.16）、式（5.20）可见，发电机组有二次调整时仅比一次调整多一项操作调频器增发的功率 ΔP_{G0}，对于同样的负荷增量 ΔP_{LD} 而言，二次调整使频率偏差小得多。若二次调频增发功率 ΔP_{G0} 与负荷功率增量 ΔP_{LD} 相等，则 $\Delta f'' = 0$，即实现了无差调节，如图5.7中虚线所示。

② 在有 n 台发电机组的电力系统中，ΔP_{G0} 应为所有参加二次调频的机组增发功率之和。电力系统在实际运行中，二次调频的增发功率基本上由系统的主调频机（安装在主调频厂内）来承担，当一台主调频机的容量不能满足要求时，必须增设另外的调频机。当系统中有多台调频机组时，调度中心须规定其参加二次调频的顺序，分别称为第一、第二、⋯调频机组或调频厂。设 n 台机组全部进行一次调整，只有编号为 n 的一台机组进行二次调整，类似式（5.14）可直接列出

$$K_{S} = K_{GE} + K_{LD} = -\frac{\Delta P_{LD} - \Delta P_{Gn0}}{\Delta f} \tag{5.21}$$

由于 n 台机组的等值单位调节功率 K_{GE} 远大于一台机组，在同样的功率差额时，系统频率的变化比仅有一台机组时小得多。

5.4.4 互联系统的频率调整

现代大型电力系统一般是由若干个互相联系的子系统组成，在某个子系统中进行频率调整时，将会引起网络中潮流分布的改变，子系统之间的联络线上流通的功率可能超过允许值。某些系统的调频厂不在负荷中心，调整频率时也有可能使调频厂与系统的联络线上流通的功率超过允许值。这样就出现了调整频率时需要控制联络线上输送功率的问题。

为简便起见，下面以两个子系统通过一条联络线组成的互联系统为例进行分析。

图 5.8 所示为 A、B 两个子系统组成互联系统，A、B 各自都能进行二次调整。设 K_{SA}、K_{SB} 分别为两个子系统的单位调节功率；ΔP_{GA}、ΔP_{GB} 分别为两个子系统二次调整时发电机组的功率增量；ΔP_{LDA}、ΔP_{LDB} 分别为两个子系统的负荷功率变量；ΔP_{ab} 为联络线上交换功率的增量，规定由 A 向 B 流动时为正值。

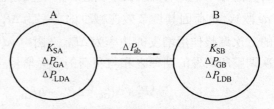

图 5.8 互联系统的频率调整

两个子系统在联合以前，可按式（5.21）分别写出二次调整的关系

$$\left.\begin{aligned}\Delta P_{LDA} - \Delta P_{GA} &= -K_{SA}\Delta f\\ \Delta P_{LDB} - \Delta P_{GB} &= -K_{SB}\Delta f\end{aligned}\right\}$$

两个子系统互联后，全系统的频率变化量是一致的。联络线上流通的功率增量 ΔP_{ab} 在 A 子系统中作为负荷功率变量处理，而在 B 子系统中可作为发电机组增发的功率处理，这样针对 A、B 子系统可以分别得出

$$\left.\begin{aligned}\Delta P_{LDA} + \Delta P_{ab} - \Delta P_{GA} &= -K_{SA}\Delta f\\ \Delta P_{LDB} - \Delta P_{ab} - \Delta P_{GB} &= -K_{SB}\Delta f\end{aligned}\right\} \tag{5.22}$$

由式（5.22）即可解出 Δf 和 ΔP_{ab} 如下

$$\Delta f = \frac{(\Delta P_{LDA} - \Delta P_{GA}) + (\Delta P_{LDB} - \Delta P_{GB})}{K_{SA} + K_{SB}} \tag{5.23}$$

$$\left.\begin{aligned}\Delta f_{ab} &= \frac{(\Delta P_{LDB} - \Delta P_{GB}) + (\Delta P_{LDA} - \Delta P_{GA})}{K_{SA} + K_{SB}}\\ \Delta P_{ab} &= \frac{K_{SA}(\Delta P_{LDB} - \Delta P_{GB}) - K_{SB}(\Delta P_{LDA} - \Delta P_{GA})}{K_{SA} + K_{SB}}\end{aligned}\right\} \tag{5.24}$$

如果令 $\Delta P_A = \Delta P_{LDA} - \Delta P_{GA}$，$\Delta P_B = \Delta P_{LDB} - \Delta P_{GB}$，$\Delta P_A$、$\Delta P_B$ 分别为 A、B 两个子系统的功率缺额，式（5.22）～式（5.24）可改写为

$$\left.\begin{aligned}\Delta P_A + \Delta P_{ab} &= -K_{SA}\Delta f\\ \Delta P_B - \Delta P_{ab} &= -K_{SB}\Delta f\end{aligned}\right\}$$

$$\left.\begin{aligned}\Delta f_{ab} &= -\frac{\Delta P_A + \Delta P_B}{K_{SA} + K_{SB}}\\ \Delta P_{ab} &= \frac{K_{SA}\Delta P_B - K_{SB}\Delta P_A}{K_{SA} + K_{SB}}\end{aligned}\right\} \tag{5.25}$$

可以看出：

① 若整个系统发电机组二次调频的功率增量 $\Delta P_G(\Delta P_{GA} + \Delta P_{GB})$ 与整个系统负荷功率增量 $\Delta P_{LD}(\Delta P_{LDA} + \Delta P_{LDB})$ 相平衡，则 $\Delta f = 0$，即实现了无差调节。

② 若 A、B 两个系统均参加二次调整，且分别的功率缺额与其本身的单位调节功率成正比，即 $\Delta P_A / K_{SA} = \Delta P_B / K_{SB}$，则联络线交换功率 $\Delta P_{ab} = 0$。

③ 若其中一个系统（如系统 B）不参加二次调整，即 $\Delta P_{GB}=0$，此时联络线交换功率用下式计算：

$$\Delta P_{ab}=\frac{K_{SA}\Delta P_{LDB}-K_{SB}(\Delta P_{LDA}-\Delta P_{GA})}{K_{SA}+K_{SB}}=\Delta P_{LDB}-\frac{(\Delta P_{LDA}+\Delta P_{LDB}-\Delta P_{GA})K_{SB}}{K_{SA}+K_{SB}}$$

说明系统 B 的负荷变化量 ΔP_{LDB} 将由系统 A 二次频率调整来承担部分功率，这部分功率即为联络线上交换功率 ΔP_{ab}。

④ 如果 $\Delta P_{GA}=\Delta P_{LDA}+\Delta P_{LDB}$，则有 $\Delta P_{ab}=\Delta P_{LDB}$，即整个系统 B 的功率缺额都由系统 A 二次调整来承担。此时联络线上交换功率 ΔP_{ab} 最大，且 $\Delta f=0$，即实现了无差调节。但只有联络线交换功率 ΔP_{ab} 不超出范围，才能实现无差调节。

由此可见，互联电力系统频率的变化取决于系统总的功率缺额和总的单位调节功率。联络线交换功率的增量 ΔP_{ab} 取决于各子系统的单位调节功率、二次调整的能力及负荷变化的情况。当 ΔP_{ab} 数值超过允许范围时，即使互联系统具有足够的二次调整能力，由于联络线交换功率的限制，也不能使系统的频率保持不变。

如果子系统数超过 2 个时，可参照式（5.22）列出多个子系统的关系式，解多元联立线性方程组即可求得频率变化量和各条联络线上的功率增量。

【例 5.4】 如图 5.9 所示两个子系统形成的互联电力系统，正常运行时联络线交换功率为零。两个子系统的容量分别为 1 500 MW 和 1 000MW，其单位调节功率（以其自身容量为基准值）的标幺值示于图中。设 A 子系统负荷增加 100 MW，试计算下列情况下系统频率变化量和联络线上功率的变化量：

(1) A、B 子系统机组都不参加一次、二次调整；

(2) A、B 子系统机组都只参加一次调整；

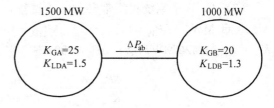

图 5.9 例 5.4 系统图

(3) A、B 子系统机组都参加一次调整，A 系统有机组参加二次调整，增发 60 MW；

(4) A、B 子系统机组都参加一次调整，B 系统有机组参加二次调整，增发 60 MW；

(5) A 子系统所有机组都参加一次调整，并有部分机组参加二次调整，增发 60 MW；B 系统有一半机组参加一次调整，另一半机组为负荷限制器所限不能参加调频。

解 首先将所有的单位调节功率换算为有名值。

$$K_{LDA}=K_{LDA*}\frac{P_{GAN}}{f_N}=1.5\times\frac{1\,500}{50}=45\ (MW/Hz)$$

$$K_{LDB}=K_{LDB*}\frac{P_{GBN}}{f_N}=1.3\times\frac{1\,000}{50}=26\ (MW/Hz)$$

$$K_{GA}=K_{GA*}\frac{P_{GAN}}{f_N}=25\times\frac{1\,500}{50}=750\ (MW/Hz)$$

$$K_{GB}=K_{GB*}\frac{P_{GBN}}{f_N}=20\times\frac{1\,000}{50}=400\ (MW/Hz)$$

(1) A、B 子系统机组都不参加一次、二次调整时：$\Delta P_{GA}=\Delta P_{GB}=\Delta P_{LDB}=0$；$\Delta P_{LDA}=$

$100\ \text{MW}$; $K_{GA} = K_{GB} = 0$; $K_{SA} = K_{LDA} = 45\ \text{MW} / \text{Hz}$, $K_{SB} = K_{LDB} = 26\ \text{MW} / \text{Hz}$; $\Delta P_A = 100\ \text{MW}$, $\Delta P_B = 0$ 。利用式（5.25）得

$$\Delta f = -\frac{\Delta P_A + \Delta P_B}{K_{SA} + K_{SB}} = -\frac{100}{45 + 26} = 1.41\ (\text{Hz})$$

$$\Delta P_{ab} = \frac{K_{SA} \Delta P_B - K_{SB} \Delta P_A}{K_{SA} + K_{SB}} = -\frac{26 \times 100}{45 + 26} = -36.6\ (\text{MW})$$

这种情况一般是所有的发电机组都已满载，调速系统无法动作，只能依靠负荷自身的调节效应，系统的频率偏差很大，无法保证频率质量。

（2）A、B子系统机组都只参加一次调整时：$\Delta P_{GA} = \Delta P_{GB} = \Delta P_{LDB} = 0$ ；$\Delta P_{LDA} = 100\ \text{MW}$ ；$K_{SA} = K_{GA} + K_{LDA} = 795\ \text{MW} / \text{Hz}$ ，$K_{SB} = K_{GB} + K_{LDB} = 426\ \text{MW} / \text{Hz}$ ；$\Delta P_A = 100\ \text{MW}$ ，$\Delta P_B = 0$ 。

$$\Delta f = -\frac{\Delta P_A + \Delta P_B}{K_{SA} + K_{SB}} = -\frac{100}{795 + 426} = -0.082\ (\text{Hz})$$

$$\Delta P_{ab} = \frac{K_{SA} \Delta P_B - K_{SB} \Delta P_A}{K_{SA} + K_{SB}} = -\frac{426 \times 100}{795 + 426} = -34.9\ (\text{MW})$$

这种情况就是电力系统中没有主调频机组或主调频厂的情况，频率偏差较小，通过联络线由B子系统向A输送的功率较大。

（3）A、B子系统机组都参加一次调整，A系统有机组参加二次调整，增发60 MW时：$\Delta P_{GA} = 60\ \text{MW}$ ，$\Delta P_{GB} = \Delta P_{LDB} = 0$ ；$\Delta P_{LDA} = 100\ \text{MW}$ ；$K_{SA} = K_{GA} + K_{LDA} = 795\ \text{MW} / \text{Hz}$ ，$K_{SB} = K_{GB} + K_{LDB} = 426\ \text{MW} / \text{Hz}$ ；$\Delta P_A = 100 - 60 = 40\ \text{MW}$ ，$\Delta P_B = 0$ 。

$$\Delta f = -\frac{\Delta P_A + \Delta P_B}{K_{SA} + K_{SB}} = -\frac{40}{795 + 426} = -0.032\ 8\ (\text{Hz})$$

$$\Delta P_{ab} = \frac{K_{SA} \Delta P_B - K_{SB} \Delta P_A}{K_{SA} + K_{SB}} = -\frac{426 \times 40}{795 + 426} = -14\ (\text{MW})$$

这种情况频率偏差很小，通过联络线由B子系统向A输送的功率也较小。这相当于A子系统中调频厂或调频机组位于负荷中心，就近调整，二次调整的作用很明显。

（4）A、B子系统机组都参加一次调整，B系统有机组参加二次调整，增发60 MW时：$\Delta P_{GA} = 0$ ，$\Delta P_{GB} = 60\ \text{MW}$ ；$\Delta P_{LDB} = 0$ ；$\Delta P_{LDA} = 100\ \text{MW}$ ；$K_{SA} = K_{GA} + K_{LDA} = 795\ \text{MW} / \text{Hz}$ ，$K_{SB} = K_{GB} + K_{LDB} = 426\ \text{MW} / \text{Hz}$ ；$\Delta P_A = 100\ \text{MW}$ ，$\Delta P_B = -60\ \text{MW}$ 。

$$\Delta f = -\frac{\Delta P_A + \Delta P_B}{K_{SA} + K_{SB}} = -\frac{100 - 60}{795 + 426} = -0.032\ 8\ (\text{Hz})$$

$$\Delta P_{ab} = \frac{K_{SA} \Delta P_B - K_{SB} \Delta P_A}{K_{SA} + K_{SB}} = -\frac{795 \times (-60) - 426 \times 100}{795 + 426} = -74\ (\text{MW})$$

这种情况与第（3）种相比，频率偏差相同，但A子系统中功率缺额的很大一部分是通过联络线由B子系统输送的。这相当于主调频厂或调频机组设在远离负荷中心，子系统B的二次调整能力如果受限制不能充分发挥，系统频率将进一步下降。

（5）A 子系统所有机组都参加一次调整，并有部分机组参加二次调整，增发 60 MW；B 系统有一半机组参加一次调整，另一半机组为负荷限制器所限不能参加调频。$\Delta P_{GA} = 60$ MW，$\Delta P_{GB} = 0$；$\Delta P_{LDB} = 0$；$\Delta P_{LDA} = 100$ MW；$K_{SA} = K_{GA} + K_{LDA} = 795$ MW / Hz，$K_{SB} = K_{SB} / 2 + K_{LDB} = 200 + 26 = 226$ MW / Hz；$\Delta P_A = 100 - 60 = 40$ MW，$\Delta P_B = 0$。

$$\Delta f = -\frac{\Delta P_A + \Delta P_B}{K_{SA} + K_{SB}} = -\frac{40}{795 + 226} = -0.039\ 1\ (\text{Hz})$$

$$\Delta P_{ab} = \frac{K_{SA}\Delta P_B - K_{SB}\Delta P_A}{K_{SA} + K_{SB}} = -\frac{226 \times 40}{795 + 226} = -8.85\ (\text{MW})$$

这种情况说明，B 子系统有一半机组不参加调频时，频率的偏差增大，但 B 子系统向 A 子系统通过联络线提供的输送功率也相应减小。

根据以上计算分析可知，在大型电力系统中要实现有功功率平衡和频率调整，应尽量采用区分调整、就地实现功率平衡的方法，这样既可保证系统的频率质量，又不会加重联络线的负担。

5.4.5 电力系统调频厂的选择

现代电力系统中，绝大部分发电机组都在有热备用的条件下参加频率的一次调整，少数的发电机组或发电厂承担二次调频任务，这种发电厂可称为调频厂。调频厂必须满足一定的条件，如：具有足够的调整容量和调频范围，能比较迅速地调整出力，调整出力时符合安全及经济运行原则，不会引起系统内部或联络线工作困难等。根据这些条件，在水、火电厂并存的电力系统中，一般应选择大容量的有调节库容的水电厂作为主调频电厂，因为水电厂调整出力时，速度快，操作简便，调整范围大，且调整出力时不影响电厂的安全生产。大型火电厂中效率较低的机组可作为辅助调频之用，电厂的其余机组宜带基本负荷。即非调频厂在系统正常运行情况下只按调度中心预先安排的日发电计划运行，并进行频率的一次调整，而不参加频率的二次调整。

下面介绍调整容量、调整速度这两个重要问题。

1. 调频厂的调整容量

由式（5.20）可得调频厂可用于二次调整的容量为

$$\Delta P_{Gn0} = \Delta P_{LD} + K_S \Delta f$$

式中，系统的单位调节功率 K_S 是可以计算的；Δf 可认为是允许的频率偏差，通常是已知的；而负荷变动的幅度 ΔP_{LD} 具有随机性质，较难确定，可用统计方法作近似估算，例如可近似按 $\sqrt[4]{P_{GN}}$ 估算 ΔP_{LD}，这样可确定 ΔP_{Gn0}。

ΔP_{Gn0} 是可用于二次调整的容量，并不是调频厂的容量。前面已介绍，火电厂受锅炉最小负荷限制，可调容量仅为其额定容量的 30%（高温高压）～75%（中温中压），这样选择中温中压的火电厂作调频厂时，其装机容量比高温高压火电厂要小。水电厂的可调容量一般大于火电厂，至少有其额定容量的 50% 或以上。

2. 调频厂的调整速度

电力系统中负荷上升的速度是很快的，例如容量为 5 000 MW 的系统其负荷上升的速度就可达 15～20 MW/min。但火电厂的调整速度受汽轮机的限制在 50%～100% 额定负荷范围内，每分钟仅能增加出力 2%～5%。水电厂水轮机出力变化速度非常快，每分钟可达 50%～400%，即 1 min 内可达到额定出力。核能电厂的运行费用很低，通常是满负荷运行，不考虑作调频厂。

从以上两方面分析可见，一般可选水电厂作调频厂；系统中没有水电厂或水电厂不宜担任调频任务时（如丰水季节），可选中温中压火电厂作调频厂。抽水蓄能电厂放水发电时也可考虑参与调频。

当仅由一个发电厂担任调频任务时，其调整容量可能不够大，应确定几个调频厂，并分别规定其调整范围和顺序，如第一、第二、第三调频厂，等等。

一台发电机组进行二次调整时的调整速度也可能不够快，需要几台机组同时调整。但手动操作调频器时，为防止混乱，一般不允许同时调几台机组。这就需要采用自动调频方式。

广义的自动调频又称为自动负荷-频率控制（ALFC）或自动发电控制（AGC），有时也包含经济调度控制（EDC）的内容，即自动负荷-频率控制应有如下三方面的功能：保持系统频率等于或十分接近额定值；保持各子系统间的交换功率为给定值；保持各发电设备以最经济的方式运行。详细情况请参考有关书籍。

思考题和习题

一、填空题

1. 电力系统频率的变化，主要是由_____变化所引起的，我国规定的频率偏差为_____ Hz。

2. 负荷备用是为了满足系统中_____和一天中_____而留有的备用容量。

3. 事故备用是为了电力用户在发电设备发生_____时不受严重影响，能够维持系统_____所需的备用容量。

二、选择题

1. 从调整容量和调整速度来看，电力系统中应选择（　　）作为调频厂。

    A. 火电厂　　　　　　　　B. 水电厂　　　　　　　　C. 核电厂

2. 影响电力系统频率的主要因素是（　　）。

    A. 有功功率　　　　　　　B. 无功功率　　　　　　　C. 视在功率

3. 系统综合有功功率随频率的变化关系是（　　）。

    A. 成正比　　　　　　　　B. 成反比　　　　　　　　C. 不受影响

4. 有功负荷变化引起发电机机组转速和频率变化，原动机的调速器自动调节频率的过程，称为频率的（　　）。

    A. 一次调整　　　　　　　B. 二次调整　　　　　　　C. 三次调整

5. 在电力系统频率调整的计算中，K_L、K_G、K_S 分别是负荷的调节效应、发电机的单位调节功率、电力系统的单位调节功率，其中（　　）是不可控制的。

A. K_L B. K_G C. K_S

6. 如果电力系统中参与二次调频的所有机组不足以承担电力系统负荷的变化，则系统频率（   ）保持不变。

A. 能   B. 可能   C. 不能

三、判断题（正确的划"√"，错误的划"×"）

1. 检修中的发电设备属于冷备用。   （   ）

2. 当电力系统负荷变化幅度较大时，依靠一次调频能满足系统对频率的要求。（   ）

3. 造成系统低频运行的主要原因是用户太少。   （   ）

4. 水电厂因为机组退出运行和再度投入不需耗费很多能量和时间，所以一般都承担调频任务。   （   ）

5. 进行频率的二次调整可以保证系统的频率不变或在允许的范围内。   （   ）

6. 电力系统的单位调节功率 K_S 越大，电力系统承受负荷变化越大，所以 K_S 越大越好。
                                                                                                                        （   ）

7. 发电机频率经一次调整后，能使系统频率保持不变。   （   ）

四、简答题

1. 简述热备用、冷备用、负荷备用、事故备用、检修备用、国民经济备用的概念。

2. 电力系统有功功率负荷变化的情况与电力系统频率的一、二、三次调整有何关系？

3. 什么是频率的一次调整？什么是频率的二次调整？

4. 电力系统的主调频厂应具备什么条件？

5. 电力系统低频运行时有什么危害？

6. 电力系统综合负荷静态特性曲线的意义是什么？画出系统综合负荷频率静态特性曲线。

7. 电力系统有功功率平衡方程包括哪些内容？设置有功功率备用容量的目的是什么？

8. 什么是发电机组原动机调速装置的有差特性？

9. 发电机组功-频静态特性系数、机组调差系数的意义是什么？

五、计算题

1. 某一容量为 100 MW 的发电机，调差系数整定为 4%，当系统频率为 50 Hz 时，发电机出力为 60 MW；若系统频率下降为 49.5 Hz 时，发电机的出力是多少？

2. 在如图 5.10 所示的两机系统中，当负荷 P_{LD} 为 600 MW 时，频率是 50 Hz。此时 A 机组出力 500 MW，B 机组出力 100 MW，试求：

（1）当系统增加 50 MW 负荷后，系统的频率和机组出力各为多少？

（2）当系统切除 50 MW 负荷后，系统的频率和机组出力各为多少？

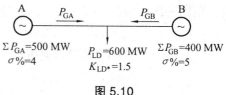

图 5.10

第 6 章

电力系统的电压调整

电压是电力系统电能质量的一个重要指标。对电压质量的衡量，是以电压偏移是否超过允许值为标准的。保证电压偏移在允许的范围内，是电力系统运行的主要任务之一。本章将通过分析电压变化的原因，引出电力系统无功功率平衡问题，并介绍为了保证电压质量如何对电压进行调整的有关知识。

6.1 电力系统电压变动的基本概念

6.1.1 电压质量指标

由于电力系统中节点很多，网络结构复杂，负荷分布不均匀，各节点的负荷变动时，会引起各节点电压的波动。要使各节点电压都维持在额定值是不可能的。所以只能在满足各负荷正常需求的条件下，使各节点的电压偏移在允许范围内。

我国规定的各类用户正常运行情况下允许的电压偏移范围如下：

① 35 kV 及以上电压供电并对电压质量有特殊要求的用户为 ±5%。

② 10 kV 及以下高压供电和低压电力用户为 ±7%。

③ 低压照明用户为 −10% ~ +5%。

④ 220 kV 及以上枢纽变电所一次侧母线的运行电压偏移为 −5% ~ 0%。

在事故情况下或事故后，允许的电压偏移可再增加 5%。

对电压质量的考核是以统计电压合格率为指标的。电压合格率是指实际运行电压在允许偏差范围内累计运行时间与对应总运行统计时间之比的百分数，即

$$U(主网节点电压合率) = \left(1 - \frac{电压超上限与超下限时间总和（s）}{电压监测总时间（s）}\right) \times 100\%$$

$$U'(主网电压合格率) = \frac{\sum_{i=1}^{n} U_i(主网节点电压合格率)}{n}$$

式中　n —— 主网电压监测点数。

主网年电压合格率不应低于 90%。年电压合格率达 98% 以上者，则称电压质量为优质。

6.1.2　电压偏移过大的影响

电力系统中的电气设备和用户的用电设备，也是按照额定电压设计和制造的，只有在额定电压下运行才能获得最佳的工作效果。电力系统中某些母线电压的偏移过大时，也会对电力系统的运行产生不利的影响。

1. 电力系统电压变化对用户的不利影响

① 系统电压降低时，各类负荷中占比重最大的异步电动机转差率增大，绕组中电流将增大，温升增加，导致电动机效率降低、寿命缩短。电动机转差增大、转速下降时，将影响用户产品的产量和质量。尤其严重的是系统电压降低后，异步电动机的启动过程大为增长，持续较长时间且较大的启动电流，可能会使电动机在启动过程中因温度过高而烧毁。

② 用户的电热设备（如电炉）的有功功率与电压的平方成正比，钢铁厂中的电炉将因电压降低而减小发热量，使产品产量和质量下降。

③ 电压过低时将减小白炽灯的亮度和发光效率，各种电子设备也不能正常工作。照明设备在电压过高时其寿命也会明显缩短，例如电压偏移 +10% 时，白炽灯的寿命约缩短一半。

2. 电力系统电压变化对发电厂和电力系统的不利影响

① 系统电压降低时，发电机的定子电流将因其功率角的增大而增大，不得不减小发电机所发功率，相似地，也不得不减小变压器的负荷。

② 系统电压降低时，发电厂中由异步电动机拖动的厂用机械（如风机、泵等）出力将减小，从而影响到锅炉、汽轮机和发电机的出力。

③ 当电压太高时，电气设备的绝缘会受到损坏。变压器和电动机由于铁芯饱和，损耗和温升都将增加。

④ 当电力系统中某些重要的节点电压低于某一临界值时，系统中的微小扰动将使电压急剧下降，这种现象称为"电压崩溃"。电压崩溃后，大量电动机将自动切除，某些发电机将失去同步，最后导致系统解列和发生大面积停电的灾难性事故。

综上可见，电力系统运行中应该使电压偏移保持在允许的范围内。

6.1.3　影响电压变化的因素

正常运行状态下，电压的变化主要是由于负荷的变动引起的，下面用一个简单电力网来说明，如图 6.1 所示。

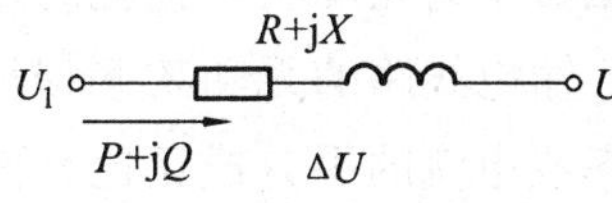

假设负荷所取用有功功率和无功功率都要从电力网输送，则电力网两节点 U_1、U_2 的电压损耗为

$$\Delta U = U_1 - U_2 = \frac{PR + QX}{U_N} \tag{6.1}$$

图 6.1　简单电力网

从式（6.1）可以看出，负荷的变动使从电力网所取用的有功功率和无功功率发生变化，这样引起电力网节点电压发生变化。

一般来说，在高压和超高压电网中，因为输电线路的截面较大，$X \gg R$，所以QX的数值对电压影响较大，X也是消耗无功功率的。由此看来，影响电力系统电压变化的主要因素是无功功率。

6.2 电力系统的无功负荷和无功电源

电力系统的无功功率包括无功负荷、电力网的无功损耗以及无功电源。下面分别给以介绍。

6.2.1 无功负荷和无功损耗

1. 无功负荷

电力系统的无功负荷分为感性与容性两类：感性无功负荷用于建立变压器、电动机以及所有电磁元件的磁场，容性无功负荷用于建立电容器等元件的电场，感性无功与容性无功可以相互补偿。电力系统的无功负荷主要是指以滞后的功率因数运行的用电设备所吸收的感性无功功率，其中主要是异步电动机。一般情况下，系统综合负荷的功率因数大致为0.6~0.9。综合负荷的功率因数愈低，负荷所吸收的无功功率也愈多。

2. 无功损耗

电力网的无功损耗包括变压器和输电线路的无功损耗。

变压器的无功损耗为

$$Q_{\mathrm{T}} = \Delta Q_0 + \Delta Q_{\mathrm{T}} = U^2 B_{\mathrm{T}} + I^2 X_{\mathrm{T}} = \frac{I_0(\%)S_{\mathrm{N}}}{100} + \frac{U_{\mathrm{K}}(\%)S^2}{100 S_{\mathrm{N}}} \tag{6.2}$$

式中　ΔQ_0——变压器空载无功损耗，它与所施的电压平方成正比；

　　　ΔQ_{T}——变压器绕组漏抗中的无功损耗，与通过变压器的电流平方成正比。

变压器的无功功率损耗在系统的无功需求中占有相当的比重。假设一台变压器的空载电流$I_0(\%) = 2.5$，短路电压$U_{\mathrm{K}}(\%) = 10.5$。由式（6.2）可见，在额定功率下运行时，变压器无功功率损耗将达其额定容量的13%。一般电力系统从电源到用户需要经过好几级变压，因此，变压器中的无功功率损耗的数值将是相当可观的。

输电线路的无功功率损耗分为两部分，其串联电抗中的无功功率损耗与通过线路的无功功率或电流的平方成正比；而其并联电纳中发出的无功功率与电压平方成正比（可以看做无功电源）。输电线路等值的无功消耗特性取决于输电线传输的无功功率与运行电压水平。当线路传输功率较大、电抗中消耗的无功功率大于电容中发出的无功功率时，线路等值为消耗无功功率；当传输无功功率较小、线路运行电压水平较高，电容中产生的无功功率大于电抗中消耗的无功功率时，线路等值为无功电源。

3. 综合无功负荷的电压静态特性

无功负荷的电压静态特性是指：在系统频率等于额定值且负荷连接容量不变时，负荷的无功功率与电压的关系曲线。

异步电动机在电力系统负荷中占很大的比重，故电力系统的综合无功负荷与电压的静态特性主要由异步电动机决定，如图 6.2 所示。

从图 6.2 所示可知，负荷的无功功率随电压的升高而增加，随电压的降低而减少。因此，电力系统必须有足够的无功电源容量，以满足负荷所需的无功功率的需要来保证电力系统的电压维持在正常水平上。

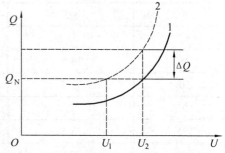

图 6.2　综合无功负荷的电压静态特性

6.2.2　无功电源

1. 同步发电机

同步发电机除发出有功功率、实现机械能变电能，作为系统的有功功率电源之外，同时又是系统最基本的无功功率电源。

同步发电机在额定有功功率条件下运行时，所能提供的最大无功出力与发电机的额定功率因数有关。发电机的额定有功功率 P_{GN}，额定无功功率 Q_{GN}，额定视在功率 S_{GN} 以及额定功率因数 $\cos\varphi_N$ 之间有如下的关系

$$Q_{GN} = S_{GN} \sin\varphi_N = P_{GN} \tan\varphi_N \tag{6.3}$$

$$S_{GN} = \sqrt{P_{GN}^2 + Q_{GN}^2} = P_{GN}\sqrt{1+\tan^2\varphi_N} \tag{6.4}$$

由式（6.4）可见，当发电机的额定功率因数为 0.8 时，其视在功率为 $1.25P_e$，而发出的无功功率则达 $0.75P_e$，也就是把发电机的视在功率增加 25%，即可换取 75% 的无功功率。从费用方面比较，用发电机供给无功功率，其单位投资相当于同步调相机或电容器的 $1/5 \sim 1/3$。所以，当发电机的有功功率容量有余，而系统无功功率电源容量不足时，可以降低功率因数运行。发电机在不同的功率因数下运行时，其定子、转子绕组容量的利用是不相同的。一般发电机额定功率因数在 $0.8 \sim 0.9$ 之间。

发电机所能供给的最大无功出力既受额定容量的限制，还受转子电流不过载以及原动机出力的条件所限制。因此，对于一些远离负荷中心的发电厂，若经过长距离输电线路传输大量无功功率，必将引起较大的有功、无功损耗，这时靠它来供给无功功率在技术经济上也是不合理的。表 6.1 列出了汽轮发电机的额定有功和无功容量，可供参考。

表 6.1　汽轮发电机额定有功和无功容量表

额定有功容量（MW）	额定无功容量（Mvar）	$\cos\varphi_N$	扣除厂用后可送出无功容量（Mvar）	升压后高压侧可送出无功容量（Mvar）
3	2.25	0.8	2	1.8

额定有功容量 （MW）	额定无功容量 （Mvar）	$\cos\varphi_N$	扣除厂用后可送出无 功容量（Mvar）	升压后高压侧可送出 无功容量（Mvar）
6	4.5	0.8	4	3.5
12	9	0.8	8	6.7
25	18.8	0.8	17	14
50	37.5	0.8	33	27
100	62	0.85	54	40
125	77.5	0.85	67	48
200	124	0.85	110	110
300	186	0.85	160	110
500	310	0.85	270	186
600	291	0.9	240	140
800	387	0.9	325	200

2. 同步调相机

同步调相机是专门发无功功率的发电机，其工作原理又相当于空载运行的同步电动机，是电力系统中能大量吞吐无功功率的设备。调相机的电压相量关系如图 6.3 所示。

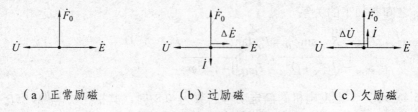

（a）正常励磁　　　　　（b）过励磁　　　　　（c）欠励磁

图 6.3 调相机电压相量图

在正常励磁（平励磁）状态下，调相机电势 $\dot{E}$ 与端电压 $\dot{U}$ 大小相等、相位相差 $180°$（忽略损耗），调相机既不发出无功功率，也不吸收系统的无功功率，电压相量关系如图 6.3（a）所示。如果加大调相机的励磁电流，增大磁势 $\dot{F}_0$，电势 $\dot{E}$ 也相应地增大，但端电压 $\dot{U}$ 不变，在平衡电势 $\Delta\dot{E}=\dot{E}-\dot{U}$ 的作用下，通过调相机绕组中电流 $\dot{I}$ 超前电压 $\dot{U}$ $90°$，这时，调相机向系统提供感性无功功率，电压相量关系如图 6.3（b）所示。如果减小调相机的励磁电流，减小磁势 $\dot{F}_0$，电势 $\dot{E}$ 也相应地减小，但由于端电压 $\dot{U}$ 不变，在平衡电压 $\Delta\dot{U}=\dot{U}-\dot{E}$ 的作用下，通过调相机绕组中的电流 $\dot{I}$ 滞后电压 $\dot{U}$ $90°$，这时，调相机则从系统吸取感性无功功率，电压相量关系如图 6.3（c）所示。所以，通过调节调相机的励磁电流大小可以平滑地改变其输出的无功功率的大小和方向。因此，调相机既可作为无功电源，发出无功功率，提高母线电压，又可作为无功负荷，吸收无功功率，降低母线电压。由于同步调相机主要用于发出感性无功功率，它在欠励磁运行时的容量仅设计为过励磁运行时容量的 $50\%\sim60\%$。调相机一般装在接近负荷中心处，直接供给负荷无功功率，以减少传输无功功率所引起的损耗。

3. 电力电容器

电力电容器中通过的电流，为超前端电压 90° 的容性电流，吸收容性无功功率，相当于发出感性无功功率。因此，电力电容器可作为无功电源，向系统供给无功功率。

电力电容器只能由系统吸取容性的无功功率，它最适合补偿系统的感性无功负载。它一般单台容量不大，多成组使用，是目前系统中使用最广的无功电源（无功补偿装置）之一。

电力电容器并接于电网，它供给的无功功率与所在节点的电压平方成正比，即

$$Q_C = \frac{U^2}{X_C} \tag{6.5}$$

式中　U —— 电容器安装处的电压；

　　　X_C —— 电容器的容抗，$X_C = \frac{1}{\omega C}$。

根据式（6.5）可知，当系统发生故障或其他原因而使电容器安装处的电压下降时，电容器供给系统的无功功率会减少，结果将导致电网电压继续下降，这是电力电容器在调压特性上的主要缺点。为改变其调节特性，使用时可根据需要由多个电容器连接组成，借配置的机械式开关按需要成组地投入或切除，使它的容量可大可小。

同步调相机是旋转元件，电力电容器是静止元件。它们的性能比较见表 6.2。

表 6.2　电力电容器与同步调相机的比较

比较内容	电力电容器	同步调相机
有功功率损耗	0.05% ~ 0.5%	1.8% ~ 5.5%
运行与维修	不需人值班，检修周期长、维护方便	需人值班，要定期检修
调节性能	只能阶梯的调压	可平滑无级的调压
电压下降时的影响	对无功出力有较大影响	对无功出力影响不大
单位容量设备费	廉	贵

另外，电力电容器使用较灵活，既可集中又可分散使用，还可随意拆迁，从而可在靠近负荷中心处安装。电力电容器还可用来提高负载的功率因数，减少线路上的功率损耗及电压损耗等。

从表 6.2 中看出，调相机适宜于大容量、集中地安置在负荷中心的枢纽变电所中，但由于存在运行和检修方面的缺陷，正逐步被淘汰，用静止补偿器所代替；电力电容器适宜于小容量、集中安装于用户变电所，或消耗无功功率比较大的用电器附近。

4. 静止补偿器

静止补偿器是一种技术先进、调节性能良好、使用方便可靠、经济性能良好的动态无功功率补偿设备，简称为 SVC。

静止补偿器由电力电容器组与可调电抗器组成。根据调压需要，通过可调电抗器吸收电容器组中无功功率的大小，来调节母线电压。其特点是：利用晶闸管电力电子元件所组成的

电子开关来分别控制电容器组与电抗器的投切,这样它的性能完全可以做到和同步调相机一样,既可发出感性无功,又可发出容性无功,并能依靠自动装置实现快速调节,从而可以作为系统的一种动态无功电源。对稳定电压,提高系统的暂态稳定性以及减弱动态电压闪变等均能起较大的作用。与同步调相机和电力电容器比较,静止补偿器运行时的有功损耗较小,满载时不超过额定容量的 1%,可靠性高,维护工作量小,不增加短路电流,因此,日益受到重视,且越来越广泛地得到应用,并正在不断发展与完善之中。但是,由于使用电力电子开关投切电抗器与电容器组,将使电力系统产生一些附加的高次谐波,这是使用静止补偿器中存在的问题之一。

静止补偿器既可接在低压侧,也可通过升压变压器直接接在高压或超高压线路上,这样还能对改善长距离输电线路的运行性能起较大的作用。

目前,电力系统中应用的静止补偿器有饱和电抗器型(Saturated Reactors,SR)和晶闸管控制电抗器型(Thyristor Controlled Reactors,TCR)两种。其中,饱和电抗器型静止补偿器又可分为可控饱和电抗器型和自饱和电抗器型两种类型。晶闸管控制的并联静止补偿器也可分为两种类型:固定连接电容器(Fixed Capacitor,FC)加晶闸管控制的电抗器,简记为 FC-TCR;晶闸管开关操作的电容器(Thyristor Switched Capacitor,TSC)加晶闸管控制的电抗器,简记为 TSC-TCR。下面分别进行介绍。

1)FC-TCR 型静止补偿器

其原理接线如图 6.4 所示,图中 C 为固定电容器(FC),TCR 由线性电抗器 L_h 和两个反极性并联的双向晶闸管构成。调节晶闸管的导通角即可改变流过电抗器的电流及其吸收的无功功率。图中与 C 串联的电抗器 L 为高次谐波调谐电感线圈,它与 C 组成滤波电路,可按需要滤去晶闸管动作所形成的高次谐波。

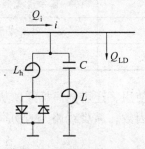
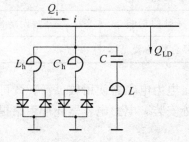

图 6.4　FC-TCR 型静止补偿器原理图　　图 6.5　TSC-TCR 型静止补偿器原理图

2)TSC-TCR 型静止补偿器

其原理接线如图 6.5 所示,图中和固定电容 C 并联的既有由晶闸管控制的电抗器(TCR),又有晶闸管开关操作的电容器(TSC)。其中 TSC 输出的无功是阶梯式可调的,在无功调节中起粗调的作用,TCR 则用作对 TSC 粗调的补充,起细调的作用。TSC 的采用可以减小 TCR 的容量,从而减小由 TCR 带来的高次谐波分量和电抗器的损耗。TSC 和 TCR 的组合运行则可以得到平滑可调的无功功率输出,弥补了 TSC 阶梯式调压的缺陷。

TSC-TCR 混合型静止补偿器一般由 1~2 个 TCR 和 n 个 TSC 组成。

3）可控饱和电抗器型静止补偿器

其原理接线如图6.6所示，它是由并联电容器组、可调饱和电抗器和检测与控制系统等部分组成。电容器组的任务是向负荷供给无功功率，一般分为若干组。在组回路中串联6%左右的限流电抗器，其目的之一是限制电容器投入时的过电流和切除时的过电压；其目的之二是电容器组与限流电抗器串联，构成对某一高次谐波电压的串联谐振回路，短接该次谐波电压，从而改善交流电压波形，提高电能质量。

饱和电抗器为一可调电感元件，相当于一个可控的感性负荷。每相有两个铁芯，绕有交流绕组AC和直流绕组DC。检测与控制系统是根据用户需要，不断改变饱和电抗器直流绕组DC中的励磁电流，调节铁芯的饱和程度，从而改变电抗器所吸收的感性无功功率，调节供电系统进线无功功率的大小，以达到调压的目的。例如，当母线电压较低，需要提高电压时，检测与控制系统会自动减少直流绕组的励磁电流，使电抗器铁芯饱和

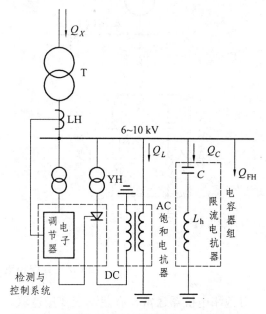

图 6.6　可控饱和电抗器型静止补偿器原理图

程度降低，从而使交流绕组的感抗增大，减少吸收电容器组的无功功率，电容器组供给负荷的无功功率增加，这就提高了母线电压，达到了调压的目的。

检测与控制系统包括：无功功率检测器、无功功率调节器、电流调节器、移相触发装置以及可控硅整流器等五个部分。控制调节方式有：按进线无功功率不变原则调节、按进线无功电流不变原则调节以及按母线电压不变原则调节等三种方式。

4）自饱和电抗器型静止补偿器

它是由并联电容器组 C、自饱和电抗器 L 和串联电容器 C_s 等部分组成。实质上是一种大容量的磁饱和稳压器，不需要外加控制调节设备，主要用于稳定电压，其原理接线如图6.7（a）所示。

由图6.7（b）可以看出自饱和电抗器的特点是外加电压低于额定电压时，铁芯未饱和（图中 OA 段），感抗很大（曲线在 OA 段斜率大）。当外加电压等于额定电压（A 点）时，铁芯开始饱和。当外加电压略高于额定电压（B 点）时，铁芯完全饱和，其作用相当于空芯电抗器，电压与电流成正比。串联电容器的电容值 C_s 选择得在额定频率下，容抗的绝对值恰与电抗器饱和后感抗的绝对值相等，即两者斜率相反（曲线3），以至铁芯饱和后，$L\text{-}C_s$ 组合回路为零电抗回路（曲线2），所以 C_s 又称为斜率校正器。

当电压低于额定电压时，铁芯不饱和，$L\text{-}C_s$ 回路总感抗很大，基本上不消耗无功功率，整个装置由并联电容器 C 发出无功功率，使母线电压升高。

电压达到或略超过额定电压时，$L\text{-}C_s$ 组合回路接近于零电抗回路，从外界大量吸收无功功率，使母线电压降低。在额定电压附近，电抗器吸收的无功功率随电压敏捷地变化，从而达到稳定电压的目的。

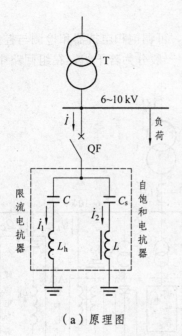
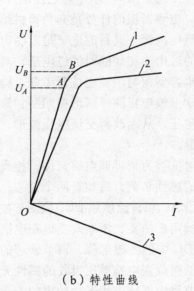

（a）原理图　　　　　　　　　　（b）特性曲线

图 6.7　自饱和电抗器型静止补偿器

　　自饱和电抗器通常与有载调压变压器联合运行，前者在一定范围内能对电压的快速变化（闪变）进行调节；后者可对电压的缓慢变化进行调节，从而使自饱和电抗器运行在合适的工作点上。

　　不同类型 SVC 装置的综合技术经济比较如表 6.3 所示。

表 6.3　SVC 装置的技术经济比较

比较内容	可控饱和 电抗器型	自饱和电抗器型	TCR	TCR/TSC	TSC
动态响应时间 （ms）	60	10	5～10	5～10	10～20
调节连续与否	连续	连续	连续	连续	级差调节
能否分相调节	三相式的不能	不能，但能改善 不平衡度	能	能	能
吸收无功能力 （抑制过电压）	好	很好	依靠设计决定	依靠设计决定	无
是否可控	可控	稳压，但无控	可控	可控	可控
能否快速接受 多路信号控制	能，但偏慢	不能	能	能	能
铁磁谐振可能	有	有	无	无	无
噪声	大，约 100 dB	大，约 100 dB	小，约 70 dB	稍大，约 75 dB	最小， <70 dB

比较内容	可控饱和电抗器型	自饱和电抗器型	TCR	TCR/TSC	TSC
生谐波量	大	曲折接线，消除了大量谐波	较小	较小	无
投资	较大	与所配合的有载调压变压器一起具体核算	较小	较小	最小
本身能耗大小	较大	较大	小（0.5%~1.0%）	较大（2%~3%）	最小（0.3%）
成套性能	无	无	允许部分设备暂时退出工作或逐步安装		
制造要求解决的主要问题	饱和电抗器的制造与控制问题	实现曲折接线及内部串联电容问题	高压阀组问题	阀组问题，高阻抗变压器制造问题	阀组问题和电容器组的控制角度投入问题

静止补偿器既可以发出无功功率，又可以消耗无功功率；既可以补偿电压偏移，又可以调节电压波动。它在技术、经济特性上的优点主要有：

① 反应快，能迅速跟踪补偿无功功率突然而频繁地变化，特别适用于补偿冲击无功负荷；

② 在补偿无功功率的同时，又装有滤波电路，提高了电能质量；

③ 调节电压平滑无级，准确度高；

④ 安全经济，维护简便，可实现分相操作及无人值班。

最后，再将调相机、电力电容器、静止补偿器的技术经济比较于表6.4。表中电压调节效应为正时，是指端电压下降时输出的感性无功功率增加。

表 6.4 同步调相机、电力电容器、静止补偿器的技术经济比较

比较内容	调相机	电容器	静止补偿器		
			TCR	TSC	SR
调节范围	超前/滞后	超前	超前/滞后	超前	超前/滞后
控制方式	连续	不连续	连续	不连续	连续
调节灵活性	好	差	很好	好	差
启动速度	慢	中等	很快	快	快
反应速度	慢	快	快	快	快
调节精度	好	差	很好	差	好
产生高次谐波	少	无	多	无	少
电压调节效应	正	负	正	负	正
承受过电压能力	好	无	中等	无	好
有功功率损耗	1.5%~3%	0.3%~0.5%	<1%	0.3%~0.5%	<1%
单位容量投资	高	低	中等	中等	中等
维护检修	不方便	方便	方便	方便	不常维修
其他	过负荷能力较强；增大系统短路电流				过负荷能力强；噪声大

6.2.3 电力系统的无功功率平衡和无功备用

电力系统综合负荷电压静态特性曲线如图 6.2 所示。分析此特性曲线可知，如果某一负荷运行在 U_N 时所需的无功功率为 Q_N，现若负荷的无功功率增加 ΔQ，如果系统对负荷供给的无功功率不相应增加 ΔQ，则负荷无功功率的静态电压特性曲线将平行上移，如图 6.2 中的虚线所示，负荷的端电压将相应降低为 U_1。

由此可见，为提高电力系统运行的电压质量，减小电压偏移，必须使电力系统的无功功率在额定电压或允许的电压偏移范围内保持平衡，这是保证电力系统电压水平的必要条件。而要使电力系统的无功功率保持平衡，系统又必须在有功功率平衡的基础上，有足够的无功电源容量，并应有一定的备用。

因此，电力系统无功功率平衡包含两个含义：

① 对于运行的各个设备，在保证电压质量的前提下，要求运行过程中任何时刻系统各类无功电源所发出的无功功率总和与系统无功负荷及无功损耗相平衡。电力系统中所有无功电源发出的无功功率，是为了满足整个系统无功负荷和网络无功损耗的需要。在电力系统运行的任何时刻，电源发出的无功功率总是等于同时刻系统无功负荷和网络的无功损耗之和，即

$$\sum Q_G = \sum Q_L + \sum \Delta Q \tag{6.6}$$

式中　$\sum Q_G$ ——系统所有无功电源所发出的无功功率；

　　　$\sum Q_L$ ——系统所有无功负荷所需要的无功功率；

　　　$\sum \Delta Q$ ——系统网络元件所引起的无功功率损耗。

② 对于一个实际系统或是在系统的规划设计中，要求系统无功电源设备容量与系统运行所需要的无功电源及系统的备用无功电源相平衡，以满足运行的可靠性及适应系统负荷发展的需要，即

$$\sum Q_N = \sum Q_G + \sum Q_R \tag{6.7}$$

式中　$\sum Q_N$ ——系统无功电源设备容量；

　　　$\sum Q_R$ ——系统无功备用容量。

在实际系统运行中，并不需要每时每刻都作无功功率平衡计算，而是每隔一段时间（如一日、一月、一季或一年）进行该时段中最大负荷运行方式下的无功功率平衡计算，以确定系统运行的电压水平，必要时还需核验某些设备停运时间的无功功率平衡。在进行电力系统规划设计时，也要进行无功功率平衡计算，以便确定无功电源补偿容量和对这些容量进行合理配置。因此，无功备用容量是维持电力系统无功平衡所必需的，规划设计中，无功功率备用容量一般取最大无功功率负荷的 7%～8%；通常将无功备用容量放在发电厂内，发电机在额定功率因数下运行，若发电机有一定的有功备用容量，也就保持了一定的无功备用容量。

6.3 电力系统的电压管理

目前电力系统的电压和无功管理的主要技术依据是《电力系统的电压和无功电力技术导则》、《电力系统的电压和无功管理条例》、《电力系统的电压质量和无功电力管理规定》。基本管理程序是：选择电压监控点，下达电压和无功管理曲线，对电压进行调整、监测和考核。下面就电压调整的有关问题进行叙述。

6.3.1 电压调整的目的

保证供给用户用电设备的电压不超过允许的偏移范围是电力系统电压调整的基本目的。但在电力系统中有许多发电厂、变电站和大量的负荷节点，要全部监视、控制并调整所有节点的电压不仅很难做到，而且也无必要。

往往在电力系统中选择一些有代表性的发电厂和变电站的母线作为电压监控点，例如系统中大型发电厂和枢纽变电站的母线以及具有大量地方负荷的发电厂和变电站的二次母线。这些母线上一般都装设无功功率电源，具有调节电压的能力。我们把这些用来监视、控制、调整电压的母线称为电压中枢点。如果能够控制电压中枢点的电压偏移，也就控制了系统中大部分负荷的电压偏移。所以电力系统的电压调整实质上就是保证系统中各电压中枢点的电压不超过允许范围。

电压调整和频率调整相比较有如下的不同：

① 全系统频率相同，而系统中为数甚多的节点（母线）其电压值各不相同。

② 频率与系统有功功率密切相关，系统的有功电源集中于发电厂的发电机；而电压则与系统无功功率关系很大，无功电源除各类发电厂的发电机外，可分散在各变电所设置的其他无功电源。

③ 调整频率只需采用调整发电厂原动机功率这唯一手段，而要使全系统各节点电压满足要求，必须采用各种调整措施。

显然，这些差别的存在增加了电压调整的复杂性和难度。

6.3.2 中枢点的电压管理

对中枢点电压的监控，其实际上就是根据各个负荷点所允许的电压偏移，在计及中枢点到各负荷点线路上的电压损耗后，确定每个负荷点对中枢点电压的要求，从而确定中枢点电压的允许变化范围。这样，只要中枢点电压在允许范围之内，便可以保证由该中枢点供电的负荷点的电压能满足要求。

1. 中枢点电压的允许变动范围

各负荷点的电压偏移有一个允许的变化范围，但从中枢点到各负荷点的供电线路上却存在着不同的电压损耗（见表6.5）。如果能够通过负荷点电压的允许变化范围，确定电压中枢点的变化范围，则调整和控制电压中枢点的电压就能使该中枢点供电的所有负荷点的电压偏移都满足要求。下面讨论如何编制中枢点电压曲线的问题。

表 6.5 地方电力网最大允许电压损耗

电力网类型及工作情况	允许电压损耗（%）
正常运行时高压配电网	4～6
事故运行时高压配电网	8～12
正常运行时高压供电线路	6～8
事故运行时高压供电线路	10～12
正常运行时户外和户内低压配电网	6

设有一简单电力网络如图 6.8（a）所示，中枢点 1 向负荷 2、3 供电。负荷 2、3 简化的日负荷曲线如图 6.8（b）所示，由变化的负荷功率流通引起的电压损耗如图 6.8（c）所示，负荷允许的电压偏移都是 ±5%，即 $(0.95～1.05)U_N$，如图 6.8（d）所示。

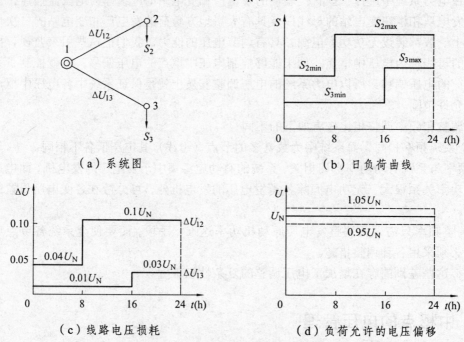

（a）系统图   （b）日负荷曲线

（c）线路电压损耗   （d）负荷允许的电压偏移

图 6.8 简单电力网络的电压损耗

负荷 2 对中枢点电压的要求是在 0：00～8：00 应维持的电压为

$$U_2 + \Delta U_{12} = (0.95～1.05)U_N + 0.04U_N = (0.99～1.09)U_N$$

8：00～24：00 中枢点应维持的电压为

$$U_2 + \Delta U_{12} = (0.95～1.05)U_N + 0.10U_N = (1.05～1.15)U_N$$

负荷 3 对中枢点电压的要求是在 0：00～16：00 应维持的电压为

$$U_3 + \Delta U_{13} = (0.95～1.05)U_N + 0.01U_N = (0.96～1.06)U_N$$

16：00～24：00 中枢点应维持的电压为

$$U_3 + \Delta U_{13} = (0.95 \sim 1.05)U_N + 0.03U_N = (0.98 \sim 1.08)U_N$$

根据这些要求可作电压中枢点 1 的允许变动范围如图 6.9（a）、（b）所示，将此二图合并可得同时满足负荷 2、3 要求的电压中枢点 1 允许的变动范围，如图 6.9（c）中阴影部分所示。由图 6.9（c）可见，虽然负荷 2、3 允许的电压偏移都是 ±5%，即有 10% 的允许变动范围，但中枢点电压允许变动范围却大为缩小。这是因为线路电压损耗 ΔU_{12}、ΔU_{13} 的大小和变化规律不同造成的，最小时仅有 1%。如果作出的中枢点电压曲线所示的允许变动范围都有公共部分，则控制和调整中枢点电压在允许的公共变动范围内，就可以满足各负荷点调压要求。

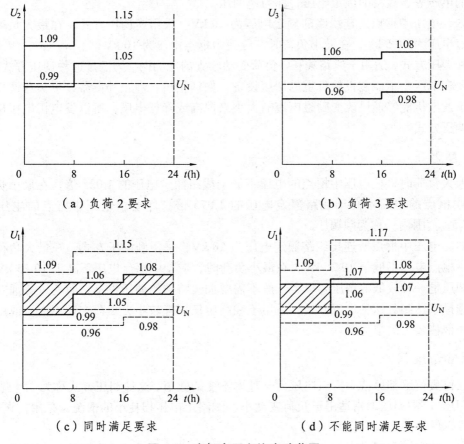

图 6.9　中枢电压允许变动范围

如果各条线路上的电压损耗 ΔU_{12}、ΔU_{13} 的大小和变动规律相差更大一些，完全可能在某些时间段内，中枢点的电压不能同时满足负荷 2、3 的电压质量要求。如设在 8：00～24：00 内增大为 $0.12U_N$，则在 8：00～16：00 的 8 个小时内，中枢点 1 的电压就不能同时满足负荷 2、3 对电压质量的要求，如图 6.9（d）所示。出现这种情况时，仅靠控制和调整中枢点电压已经不能控制所有负荷处的电压，必须考虑采用其他措施。

上述编制中枢点电压曲线找出中枢点电压允许的变动范围的方法，主要是电力系统运行部门的电压管理工作。在电力系统的规划设计时，由系统供电的较低电压等级的电网往往还未建成，甚至还未兴建，很多运行数据和要求都不确定，不能正确计算较低电压等级电网中的电压损耗，无法按照上述方法作出中枢点的电压曲线。为了进行调压计算，可以根据电网的性质对中枢点的调压方式提出原则性的要求。

2. 中枢点的调压方式

中枢点的调压方式一般分为逆调压、顺调压和常调压三种。

1）逆调压

在最大负荷时，使中枢点的电压较该点所连线路的额定电压提高 5%；在最小负荷时，使中枢点的电压等于线路的额定电压，称为逆调压。

例如，电压中枢点所连线路的额定电压为 10 kV，采用逆调压方式，在最大负荷时，应使中枢点电压为 10.5 kV；在最小负荷时，应使中枢点电压为 10 kV。

这种调压方式，适用于线路较长、负荷变动较大的电力网。为满足这种调压方式的要求，一般需要在电压中枢点装设较贵重的调压设备，如调相机、静止补偿器、带负荷调压变压器等。由于发电机能够通过改变励磁电流的大小来提高或降低电压，所以发电机电压母线能够采用逆调压方式。

2）顺调压

在最大负荷时，使电压中枢点的电压不低于线路额定电压的 1.025 倍；在最小负荷时，使电压中枢点的电压不高于线路额定电压的 1.075 倍，即要求电压中枢点的电压偏移在 2.5%～7.5% 范围内，称为顺调压。

例如，电压中枢点所连接线路额定电压为 10 kV，采用顺调压方式，在最大负荷时，应使电压中枢点电压不低于 10.25 kV；在最小负荷时，应使中枢点电压不高于 10.75 kV。

顺调压是一种较低的调压要求，一般不需要加装特殊的调压设备，而通过普通变压器的分接头选择来达到。这种调压方式，适用于线路电压损耗较小，负荷变动不大，或用电单位容许电压偏移较大的电力网。

3）常调压

在任何负荷下都保持中枢点电压为一基本不变的数值，这种调压方式称为"常调压"，也叫"恒调压"。常调压通常适用于负荷变动小、线路上电压损耗小的情况。采用常调压方式，其电压可以保持为 $(102\%～105\%)U_N$。

以上三种方式中都是正常运行时对电压调整的要求。当系统发生故障时，电压损耗一般比正常运行时大，因此对电压质量的要求允许适当降低，通常允许事故时的电压偏移较正常时再增大 5%。

6.3.3 电压调整的基本原理

拥有较充足的无功功率电源是保证电力系统有较好的运行电压水平的必要条件，但是要使所有用户的电压质量都符合要求，还必须采用各种调压措施。现以图 6.10 所示简单电力系统为例，说明常用的各种调压措施所依据的基本原理。

为简便起见，略去电力线路的电容功率、变压器的励磁功率和网络的功率损耗。变压器参数已归算到高压侧。负荷节点 D 的电压为

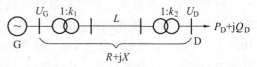

图 6.10　简单电力系统

$$U_D = (U_G k_1 - \Delta U)\frac{1}{k_2}$$

$$= \left(U_G k_1 - \frac{P_D R + Q_D X}{U_N}\right)\frac{1}{k_2} \tag{6.8}$$

由式（6.8）可见，为了调整用户端电压，可以采用以下措施：
① 改变发电机端电压 U_G 调压；
② 改变变压器变比 k_1、k_2 调压；
③ 改善网络参数 R 和 X 调压；
④ 改变电网无功功率 Q 的分布调压。

6.4　电力系统的主要调压措施

6.4.1　利用发电机调压

利用发电机调压是增、减无功功率进行调压的措施之一。现代同步发电机在端电压偏离额定值不超过 ±5% 的范围内，能够以额定功率运行。因此在实际运行中可以根据具体情况，调整发电机的励磁，改变发电机的端电压。

对于不同类型的供电网络，发电机调压的范围会受到限制，而且大电力系统单靠调整发电机励磁是不够的。

① 在发电机不经升压直接向用户供电的简单系统中，如果供电线路不长、线路上电压损耗不大，改变发电机的端电压进行逆调压时，一般可满足负荷点电压质量的要求。

用图 6.11（a）所示的简单系统说明。在图中，网络各元件在最大、最小负荷时的电压损耗已在图中标明。

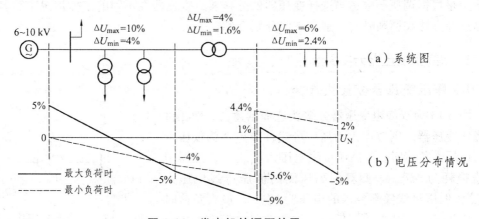

图 6.11　发电机的调压效果

由图可见，在最大负荷时发电机母线至最远负荷处的总电压损耗为 20%，最小负荷时为 8%，即该负荷的电压变动范围达到 12%。设发电机母线采用逆调压方式，最大负荷时升高为 $105\%U_N$，最小负荷时降低为 U_N；设变压器的变比为 1/1.1，即一次侧为 U_N 时，二次侧空载电压为 $110\%U_N$。全网最大、最小负荷时电压分布如图 6.9（b）所示。由图 6.9（b）可见，最远负荷处的电压偏移在最大负荷时为 -5%，最小负荷时为 $+2\%$，在一般负荷要求的 $\pm5\%$ 的范围内。

② 在线路较长、供电范围较大、发电机经多级变压向负荷供电时，仅靠发电机调压可能达不到负荷点电压质量的要求。

用图 6.12 所示的系统说明。

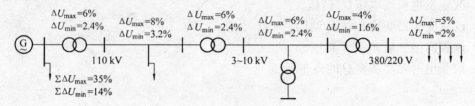

图 6.12　多电压系统中的电压损耗

在图中发电机至最远负荷处在最大、最小负荷时电压总损耗分别为 35%、14%，即其电压变动范围为 21%，由发电机逆调压可缩小为 16%，但此电压变动已不能满足一般负荷的要求。在发电机的母线上，一般都有距发电厂不远的地方负荷，使发电机母线电压的调整幅度受到限制。

6.4.2　利用变压器调压

利用变压器调压就是改变变压器的变比调压，而改变变压器的变比是指通过改变变压器的分接头来实现的。也就是说改变变压器的变比实质上就是通过改变绕组的匝数比来实现的。变压器的分接头在第 1 章中已作过介绍，这里就不再重复。

具有分接头的变压器有两种，无载调压变压器和有载调压变压器。

改变变压器的变比进行调压，一般是在系统中无功功率不缺乏的情况下有效。具体工作实际上是根据调压要求适当选择变压器的分接头。变压器在不同的工作情况下，其分接头的具体选择方法和原则略有区别，下面分别介绍。

1. 双绕组变压器分接头选择

1）降压变压器分接头选择

图 6.13 为双绕组变压器分接头选择示意图，现在讨论降压变压器，则节点 1 为高压母线，节点 2 为低压母线。设最大负荷时，其高压母线电压为 U_{1max}，变压器中电压损耗为 ΔU_{max}，归算到高压侧的低压母线电压为 U_{2max}，低压母线实际要求的电压为 U'_{2max}，最大负荷时的变比为 K_{max}，由此可得低压母线的实际电压应为

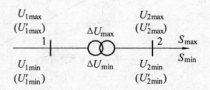

图 6.13　变压器分接头选择示意图

$$U'_{2\max} = \frac{U_{2\max}}{K_{\max}} = \frac{U_{1\max} - \Delta U_{\max}}{K_{\max}} = (U_{1\max} - \Delta U_{\max})\frac{U_{N2}}{U_{T1\max}}$$

最大负荷时变压器高压绕组应选择的分接头则为

$$U_{T1\max} = (U_{1\max} - \Delta U_{\max})\frac{U_{N2}}{U'_{2\max}} \qquad\qquad (6.9)$$

式中　$U_{T1\max}$——变压器最大负荷时应该选择的高压绕组分接头电压；

　　　U_{N2}——变压器低压绕组的额定电压。

与最大负荷时相似，可得最小负荷时变压器高压绕组应选择的分接头为

$$U_{T1\min} = (U_{1\min} - \Delta U_{\min})\frac{U_{N2}}{U'_{2\min}} \qquad\qquad (6.10)$$

式中　各符号与式（6.9）中符号一一对应。

对于有载调压变压器而言，由于可以在运行中调整分接头，则 $U_{T1\max}$ 和 $U_{T1\min}$ 就是其调压时分接头的调整区间。

对于普通变压器而言，由于只能在停电情况下才能改变分接头，则最大、最小负荷时只能选用同一个分接头，应兼顾这两种情况下低压母线的实际电压偏移的要求，高压绕组的分接头电压可取 $U_{T1\max}$、$U_{T1\min}$ 的算术平均值作为应选的分接头电压，即

$$U_{T1} = \frac{1}{2}(U_{T1\max} + U_{T1\min}) \qquad\qquad (6.11)$$

根据 U_{T1} 选择一个最接近的分接头，然后再根据选出的分接头校验最大、最小负荷时低压母线上的实际电压是否符合要求。

【例 6.1】　一台降压变压器，其容量为 31.5 MVA，变比为 110(1±2×2.5%) kV / 6.3 kV，归算到高压侧的阻抗为 $R_T + jX_T = 2.44 + j40\ \Omega$。在最大、最小负荷时通过变压器的功率分别为 $S_{\max} = 28 + j14\ \text{MVA}$、$S_{\min} = 10 + j6\ \text{MVA}$，高压侧的电压分别为 $U_{1\max} = 110\ \text{kV}$、$U_{1\min} = 113\ \text{kV}$，低压母线的电压允许变动范围为 6.0～6.6 kV。试选择该变压器的分接头。

解　示意图仍用图 6.13。首先按 $\Delta U = \dfrac{PR + QX}{U}$ 计算最大、最小负荷时变压器的电压损耗，即

$$\Delta U_{\max} = \frac{28 \times 2.44 + 14 \times 40}{110} = 5.712\ (\text{kV})$$

$$\Delta U_{\min} = \frac{10 \times 2.44 + 6 \times 40}{113} = 2.339\ 8\ (\text{kV})$$

最大、最小负荷时低压侧运行电压取 $U'_{2\max} = 6\ \text{kV}$、$U'_{2\min} = 6.6\ \text{kV}$，由式（6.9）～（6.11）得

$$U_{T1\max} = (U_{1\max} - \Delta U_{\max})\frac{U_{N2}}{U'_{2\max}} = (110 - 5.712) \times \frac{6.3}{6} = 109.5\ (\text{kV})$$

$$U_{T1\min} = (U_{1\min} - \Delta U_{\min})\frac{U_{N2}}{U'_{2\min}} = (113 - 2.339\ 8) \times \frac{6.3}{6.6} = 105.6\ (\text{kV})$$

$$U_{T1} = \frac{1}{2}(U_{T1\max} + U_{T1\min}) = \frac{1}{2} \times (109.5 + 105.6) = 107.5\ (\text{kV})$$

选取最接近的 -2.5% 分接头，得 $U_{T1} = 110 \times (1 - 0.025) = 107.25$ (kV)。按选出的分接头校验低压母线的实际电压

$$U'_{2max} = (110 - 5.712) \times \frac{6.3}{107.25} = 6.13 > 6 \text{ (kV)}$$

$$U'_{2min} = (113 - 2.339\,8) \times \frac{6.3}{107.25} = 6.5 < 6.6 \text{ (kV)}$$

可见所选取的分接头能够满足调压要求，即选定的实际变比为 $\dfrac{107.25\ \text{kV}}{6.3\ \text{kV}}$。

2）升压变压器分接头选择

双绕组升压变压器分接头的选择与降压变压器类似，图 6.13 中的节点 1 为低压母线，而节点 2 为高压母线。假设低压母线 1 的电压归算到高压母线 2 侧，因功率由低压侧流向高压侧，此时由高压母线 2 的电压推算低压母线 1 的电压时，应将高压母线电压与电压损耗相加。双绕组升压变压器高压侧 2 分接头的选择计算公式为

$$\left. \begin{array}{l} U_{T2max} = (U_{2max} + \Delta U_{max}) \dfrac{U_{N1}}{U'_{1max}} \\[2mm] U_{T2min} = (U_{2min} + \Delta U_{min}) \dfrac{U_{N1}}{U'_{1min}} \\[2mm] U_{T2} = \dfrac{1}{2}(U_{T2max} + U_{T2min}) \end{array} \right\} \tag{6.12}$$

式中　U_{T2} ——升压变压器高压绕组 2 应选择的分接头。

有载调压变压器分接头的选择不必兼顾最大、最小负荷的调压需要，可对不同的运行方式，分别选择各自合适的分接头，选择方法与无载调压变压器的相似。

【例 6.2】　一台升压变压器，其容量为 31.5 MV·A，变比为 $121(1 \pm 2 \times 2.5\%)$ kV/6.3 kV，归算到高压侧的阻抗为 $R_T + jX_T = 3 + j4.8\ \Omega$。在最大、最小负荷时通过变压器的功率分别为 $S_{max} = 25 + j18$ MV·A、$S_{min} = 14 + j10$ MV·A，高压侧的电压分别为 $U_{2max} = 120$ kV、$U_{2min} = 114$ kV，低压母线的电压允许变动范围为 $6.0 \sim 6.6$ kV。试选择该变压器的分接头。

解　示意图仍用图 6.13。首先按 $\Delta U = \dfrac{PR + QX}{U}$ 计算最大、最小负荷时变压器的电压损耗。

$$\Delta U_{max} = \frac{25 \times 3 + 18 \times 48}{120} = 7.825 \text{ (kV)}$$

$$\Delta U_{min} = \frac{14 \times 3 + 10 \times 48}{114} = 4.579 \text{ (kV)}$$

由于低压侧电压可调，可暂时假设最大、最小负荷时低压侧电压都取为 $U'_{1max} = 6.3$ kV、$U'_{1min} = 6.3$ kV，由式（6.12）得

$$U_{T2max} = (U_{2max} + \Delta U_{max}) \frac{U_{N1}}{U'_{1max}} = (120 + 7.825) \times \frac{6.3}{6.3} = 127.8 \text{ (kV)}$$

$$U_{T2min} = (U_{2min} + \Delta U_{min}) \frac{U_{N1}}{U'_{1min}} = (114 + 4.579) \times \frac{6.3}{6.3} = 118.6 \text{ (kV)}$$

$$U_{T2} = \frac{1}{2}(U_{T2max} + U_{T2min}) = \frac{1}{2} \times (127.8 + 118.6) = 123.2 \ (\text{kV})$$

选取接近的 +2.5% 分接头，得 $U_{T2} = 121 \times (1 + 0.025) = 124.025 \ (\text{kV})$。按选出的分接头校验低压母线的电压变化范围如下

$$U'_{1max} = (120 + 7.825) \times \frac{6.3}{124.025} = 6.493 < 6.6 \ (\text{kV})$$

$$U'_{1min} = (114 + 4.579) \times \frac{6.3}{124.025} = 6.023 > 6 \ (\text{kV})$$

可见所选择的分接头能够使低压侧调压时满足高压侧母线电压的要求。低压母线属于逆调压方式，即选定的实际变比为 124.025 kV/6.3 kV。

2. 三绕组变压器分接头选择

三绕组变压器在高压侧和中压侧设置了分接头，这就需要根据三绕组变压器的基本运行方式，两次应用双绕组变压器选择分接头的方法，分别确定三绕组变压器高压侧和中压侧的分接头。一般的选择方法是首先按照高、低压侧的调压要求确定高压侧的分接头，然后再按中、高压侧的调压要求选择中压侧的分接头。如果高、中压侧分别选择一个分接头不能满足各种负荷情况的调压要求时，往往需要采用有载调压变压器。也可以采用附加串联加压器调压，附加串联加压器一般都可以有载调压。

【例 6.3】 某三绕组变压器的额定电压为 110 kV/38.5 kV/6.6 kV，等值电路如图 6.14 所示，图中 1、2、3 分别表示高、中、低压绕组。各绕组最大负荷时通过的功率示于图中，最小负荷为最大负荷的 1/2。设最大、最小负荷时高压母线电压为 $U_{1max} = 112$ kV、$U_{1min} = 115$ kV；中、低压母线电压最大、最小负荷时允许的电压偏移分别为 0、+7.5%。试选择该变压器高、中压绕组的分接头（不计功率损耗）。

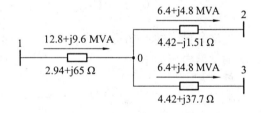

图 6.14 三绕组变压器的等值电路

解 根据已知条件近似计算各绕组中电压损耗。高压绕组中电压损耗为

$$\Delta U_{1max} = \frac{12.8 \times 2.94 + 9.6 \times 65}{112} = 5.91 \ (\text{kV})$$

$$\Delta U_{1min} = \frac{6.4 \times 2.94 + 4.8 \times 65}{115} = 2.88 \ (\text{kV})$$

中点 0 的电压为

$$U_{0max} = 112 - 5.91 = 106.09 \ (\text{kV})$$

$$U_{0min} = 115 - 2.88 = 112.12 \ (\text{kV})$$

因此可得中压、低压绕组中电压损耗为

$$\Delta U_{2max} = \frac{6.4 \times 4.42 - 4.8 \times 1.51}{106.09} = 0.2 \ (\text{kV})$$

$$\Delta U_{2\min} = \frac{3.2 \times 4.42 - 2.4 \times 1.51}{112.12} = 0.09 \text{ (kV)}$$

$$\Delta U_{3\max} = \frac{6.4 \times 4.42 + 4.8 \times 37.7}{106.09} = 1.97 \text{ (kV)}$$

$$\Delta U_{3\min} = \frac{3.2 \times 4.42 + 2.4 \times 37.7}{112.12} = 0.93 \text{ (kV)}$$

据此可计算出中、低压母线归算到高压母线侧的电压为

$$U_{2\max} = 106.09 - 0.20 = 105.89 \text{ (kV)}$$

$$U_{2\min} = 112.12 - 0.09 = 112.03 \text{ (kV)}$$

$$U_{3\max} = 106.09 - 1.97 = 104.12 \text{ (kV)}$$

$$U_{3\min} = 112.12 - 0.93 = 111.19 \text{ (kV)}$$

（1）按照高、低压母线的调压要求选择高压绕组的分接头。低压母线实际电压要求是

$$U'_{3\max} = 6 \text{ (kV)} ; \quad U'_{3\min} = 6 \times (1 + 7.5\%) = 6.45 \text{ (kV)}$$

由双绕组变压器选择公式可得

$$U_{T1\max} = U_{3\max} \frac{U_{N3}}{U'_{3\max}} = 104.12 \times \frac{6.6}{6} = 114.53 \text{ (kV)}$$

$$U_{T1\min} = U_{3\min} \frac{U_{N3}}{U'_{3\min}} = 111.19 \times \frac{6.6}{6.45} = 113.78 \text{ (kV)}$$

$$U_{T1} = \frac{1}{2}(U_{T1\max} + U_{T1\min}) = \frac{1}{2} \times (114.53 + 113.78) = 114.16 \text{ (kV)}$$

选取最接近的 +5% 分接头，得 $U_{T1} = 110 \times (1 + 0.05) = 115.5 \text{ (kV)}$。按选出的分接头校验低压母线的实际电压如下：

$$U'_{3\max} = 104.12 \times \frac{6.6}{115.5} = 5.95 \text{ (kV)}$$

$$U'_{3\min} = 119.19 \times \frac{6.6}{115.5} = 6.35 < 6.45 \text{ (kV)}$$

在最大负荷时，低压母线的实际电压与要求的 6 kV 有偏差：$(6 - 5.95)/6 \times 100\% = 0.83\%$，其值小于分接头之间电压差 2.5% 的一半，因此这个偏差是允许的。即所选择的高压绕组的分接头 115.5 kV 能够满足调压要求。

（2）选定高压绕组的分接头后，可按照高、中压绕组的调压要求选定中压绕组的分接头。中压母线实际电压要求是

$$U'_{2\max} = 35 \text{ (kV)} ; \quad U'_{2\min} = 35 \times (1 + 7.5\%) = 37.625 \text{ (kV)}$$

由双绕组变压器高压绕组分接头选择公式 $U_{T1\max} = U_{2\max} \dfrac{U_{T2\max}}{U'_{2\max}}$ 可推得

$$U_{T2\max} = U'_{2\max} \frac{U_{T1\max}}{U_{2\max}} = 35 \times \frac{115.5}{105.89} = 38.18 \text{ (kV)}$$

$$U_{\text{T2min}} = U'_{2\text{min}} \frac{U_{\text{T1min}}}{U_{2\text{min}}} = 37.625 \times \frac{115.5}{112.03} = 38.8 \text{ (kV)}$$

$$U_{\text{T2}} = \frac{1}{2}(U_{\text{T2max}} + U_{\text{T2min}}) = \frac{1}{2} \times (38.18 + 38.8) = 38.49 \text{ (kV)}$$

选取主分接头 $U_{\text{T2}} = 38.5 \text{ kV}$。按选出的高、中压绕组的分接头校验中压母线的实际电压如下：

$$U'_{2\text{max}} = 105.89 \times \frac{38.5}{115.5} = 35.3 > 35 \text{ (kV)}$$

$$U'_{2\text{min}} = 112.03 \times \frac{38.5}{115.5} = 37.34 < 37.625 \text{ (kV)}$$

由此可见所选择的中压绕组的分接头 38.5 kV 能够满足调压要求。

该变压器应选的分接头电压或变比为 115.5 kV/38.5 kV/6.6 kV。

6.4.3 利用补偿设备调压

1. 概　述

前面介绍的发电机调压、改变变压器的变比调压的措施是不需要附加设备的调压手段，主要适用于系统中无功功率可以平衡或具有一定储备的场合。

电力系统的实际运行中，可能会由于无功功率电源不足使电力网中某些母线电压降低，也可能会发生局部感性无功功率过剩使电力网中某些母线电压过高的情况。这两种情况都需要利用无功功率补偿设备，补充电力网中无功功率的不足或吸收电力网中过剩的无功功率，保证电力网中各母线（节点）的电压变动在允许的范围内。

电力系统中的无功功率补偿设备可以根据补偿的过程和功能，分为静态无功补偿和动态无功补偿设备两大类。还可根据补偿的方式分为串联补偿和并联补偿两类。静态无功补偿设备包括并联电容器，中、低压并联电抗器，交流滤波器，超高压并联电抗器。动态无功补偿设备包括同步调相机、静止补偿装置等。以上所列静态和动态无功补偿设备都属于并联补偿。串联补偿是指串联电容器补偿，如果串联电容器专用于调压，其作用非常简单，只是抵偿线路的感抗，因此将串联电容器单纯用于调压的方式并不多见。

在各种补偿设备中，中、低压并联电抗器的主要功能是从系统中吸收过剩的感性无功功率，以保证电压水平不超限；交流滤波器的主要功能是吸收各次谐波电流，改善电压波形，同时向电力网提供无功功率；超高压并联电抗器主要是补偿超高压线路的充电功率，可降低系统的工频过电压。

下面主要讨论利用电力电容器、同步调相机和静止补偿器进行并联补偿调压的问题。

2. 并联补偿调压原理

并联补偿调压实质上是利用无功补偿设备来改变电力网的无功功率分布，达到调压目的。从电力网的电压损耗计算公式 $\Delta U = \dfrac{PR + QX}{U_{\text{N}}}$ 知，运行中的电力网，有功功率的输送容量 P 由负荷或调度决定，不能随便改变。如果负荷需要的无功功率可由无功补偿设备就地提供，这样就能减少无功功率 Q 在电力网中的输送容量，因而可以减少电力网的电压损耗，提高负荷端电压。

3. 并联补偿设备容量的选择

如图 6.15 所示的简单电力系统，图中阻抗 Z_{12} 是归算到高压线路侧的电源与装设补偿设备节点之间的等值阻抗，其余功率、电压都是归算到高压侧的数值。

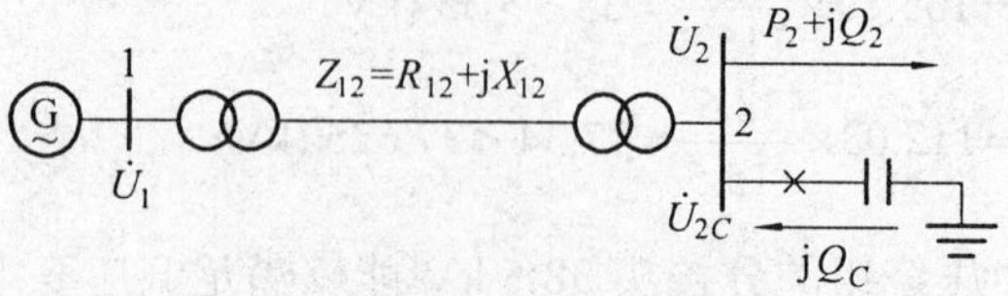

图 6.15 简单系统的无功补偿

现在来计算此系统中要将节点 2 的电压（可认为是中枢点的电压）从 U_2 改变为 U_{2C} 时，需要多大容量的并联补偿设备。在计算中，略去电压降落的横分量。

在变电所的低压母线上设置并联补偿设备前，节点 1 的电压为

$$U_1 = U_2 + \frac{P_2 R_{12} + Q_2 X_{12}}{U_2} \tag{6.13}$$

在变电所的低压母线上设置并联补偿设备后，节点 2 的电压发生变化，这时节点 1 的电压应为

$$U_1 = U_{2C} + \frac{P_2 R_{12} + (Q_2 - Q_C) X_{12}}{U_{2C}} \tag{6.14}$$

式中 U_{2C}——补偿后归算到高压侧的变电所低压母线电压。

如果电源电压 U_1 在补偿前后保持不变，补偿后需要提高（或降低）的电压 U_{2C} 已给定，则联立式（6.13）和（6.14）可以求解 Q_C。即有

$$U_2 + \frac{P_2 R_{12} + Q_2 X_{12}}{U_2} = U_{2C} + \frac{P_2 R_{12} + (Q_2 - Q_C) X_{12}}{U_{2C}}$$

解出 Q_C 得

$$Q_C = \frac{U_{2C}}{X_{12}}\left[(U_{2C} - U_2) + \left(\frac{P_2 R_{12} + Q_2 X_{12}}{U_{2C}} - \frac{P_2 R_{12} + Q_2 X_{12}}{U_2}\right)\right] \tag{6.15}$$

式（6.15）中，方括号内第二部分的数值一般不大，可略去，于是上式简化为

$$Q_C = \frac{U_{2C}}{X_{12}}(U_{2C} - U_2) \tag{6.16}$$

解出的 Q_C 为正值时应提供感性无功功率，反之应吸收感性无功功率。在复杂电力系统中，X_{12} 应该是经过网络变换消去所有中间节点后，补偿设备对电源节点的转移电抗。

4. 最小补偿设备容量的确定

式（6.16）只是从归算到高压侧的数值确定并联补偿设备的容量，实际电力系统中的无

功功率并联补偿设备一般都是设置在变电所的低压母线上。此式中并没有计及变压器的变比，当此式中的电压用变电所低压侧数值U'_{2C}、U'_2表示时，式（6.16）可改写为

$$Q_C = \frac{U'_{2C}}{X_{12}}\left(U'_{2C} - \frac{U_2}{k}\right)k^2 \tag{6.17}$$

式中　Q_C——需要设置无功功率补偿设备的容量，Mvar；

　　　X_{12}——归算到高压侧的等值电抗，Ω；

　　　U_2——补偿前归算到高压侧的变电所低压母线电压，kV；

　　　U'_{2C}——变电所低压母线要求保持的电压，kV；

　　　k——降压变压器的变比，$U_{2C} = kU'_{2C}$。

由式（6.17）可见，待定的补偿设备容量Q_C不仅取决于调压要求，而且也取决于变压器的变比。而变压器变比k的选择（与分接头的选择有关）应该是在满足调压要求的条件下，使无功补偿设备的容量最小。由于各种无功功率补偿设备的调节、运行方式不同，因此选择变比的条件也不相同。

1）补偿设备为静电电容器时容量的确定

由于静电电容器只能发出感性无功功率而不能吸收感性无功功率，也不能连续调节，其具体运行方式就是在最大无功负荷时全部投入、最小无功负荷时全部退出，因此，变压器的变比应该按最小负荷时电容器全部退出进行选择，然后用选定的变比按照最大负荷时的调压要求确定应设置的静电电容器的容量。

由式（6.10）选择变压器的变比

$$U_{T1min} = U_{2min}\frac{U_{N2}}{U'_{2min}} \tag{6.18}$$

用选定的U_{T1min}分接头确定变比$k = \dfrac{U_{T1min}}{U_{N2}}$，再将$k$代入式（6.17），确定$Q_C$为

$$Q_C = \frac{U'_{2C\,max}}{X_{12}}\left(U'_{2C\,max} - \frac{U_{2max}}{k}\right)k^2 \tag{6.19}$$

选择与Q_C最接近的电容器标准容量来校验电压是否满足要求。这样最终确定的静电电容器容量，就是能够得到充分利用的最小容量。

2）补偿设备为调相机时容量的确定

调相机运行时既能过激运行，作为无功功率电源发出感性无功功率，又能欠激运行，作为无功功率负荷吸收感性无功功率，但欠激运行时的容量约为过激运行时的50%~60%，其调节过程是连续的。可由式（6.17）列出最大、最小负荷时的容量

$$Q_C = \frac{U'_{2C\,max}}{X_{12}}\left(U'_{2C\,max} - \frac{U_{2max}}{k}\right)k^2 = \frac{U'_{2C\,max}}{X_{12}}(kU'_{2C\,max} - U_{2max})k$$

$$-\frac{1}{2}Q_C = \frac{U'_{2C\,min}}{X_{12}}\left(U'_{2C\,min} - \frac{U_{2min}}{k}\right)k^2 = \frac{U'_{2C\,min}}{X_{12}}(kU'_{2C\,min} - U_{2min})k$$

将以上两式相除可得

$$-2 = \frac{U'_{2C\max}(kU'_{2C\max} - U_{2\max})}{U'_{2C\min}(kU'_{2C\min} - U_{2\min})} \tag{6.20}$$

由式（6.20）可解出变压器的变比 k ，由此选定变压器的分接头，再按照最大负荷时的调压要求代入式（6.19）可确定调相机应该选用的容量。这样确定的调相机容量，在过激和欠激运行时容量都得到充分的利用，是补偿时所需的最小容量。

3）补偿设备为静止补偿器时容量的确定

静止补偿器也能发出和吸收感性无功功率，可以连续调节。它与调相机的不同之处在于静止补偿器额定的感性和容性无功功率的容量，计算时应按照额定感性和额定容性无功功率容量的实际比值，修改式（6.20）左侧的数值。

【例 6.4】 某简单输电系统如图 6.16 所示，变压器变比为 110(1±2×2.5%) kV/11 kV，阻抗 Z_{12} 为线路和变压器归算到高压侧的总阻抗。节点 1 的电压在最大、最小负荷时保持不变，为 118 kV。变压器低压侧母线要求常调压，保持 10.5 kV。试选择变压器的变比，并确定采用下列无功功率补偿设备时的设备容量：（1）补偿设备为静电电容器；（2）补偿设备为调相机。

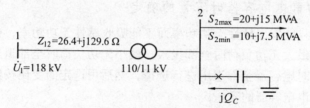

图 6.16 例 6.4 的系统接线图

解 计算设置无功补偿前变压器低压侧归算到高压侧的电压。

$$U_{2\max} = U_{1\max} - \frac{P_{2\max}R_{12} + Q_{2\max}X_{12}}{U_{1\max}} = 118 - \frac{20\times26.4 + 15\times129.6}{118} = 97.05 \text{ (kV)}$$

$$U_{2\min} = U_{1\min} - \frac{P_{2\min}R_{12} + Q_{2\min}X_{12}}{U_{1\min}} = 118 - \frac{10\times26.4 + 7.5\times129.6}{118} = 107.53 \text{ (kV)}$$

变压器低压侧母线为常调压，即 $U'_{2\max} = U'_{2\min} = 10.5 \text{ kV}$ 。

（1）补偿设备为静电电容器。应按最小负荷时电容器全部退出运行的情况选择变压器的变比，用式（6.18）计算

$$U_{T1\min} = U_{2\min}\frac{U_{N2}}{U'_{2\min}} = 107.53 \times \frac{11}{10.5} = 112.65 \text{ (kV)}$$

选用最接近的 +2.5% 分接头，得 $U_{T1} = 110\times(1+2.5\%) = 112.75 \text{ (kV)}$ ，即选定变比为 $k = 112.75 \text{ kV}/11 \text{ kV}$ ，然后按照最大负荷时的调压要求，将 k 代入式（6.19）确定 Q_C 。

$$Q_C = \frac{U'_{2C\max}}{X_{12}}\left(U'_{2C\max} - \frac{U_{2\max}}{k}\right)k^2$$

$$= \frac{10.5}{129.6}\times\left(10.5 - 97.5\times\frac{11}{112.75}\right)\times\left(\frac{112.75}{11}\right)^2 = 8.78 \text{ (Mvar)}$$

用确定的静电电容器的最小容量 8.78 Mvar 校验电压偏移。最大负荷时补偿设备全部投

入，$Q_C = 8.78\,\text{Mvar}$，此时有

$$U_{2C\max} = 118 - \frac{20 \times 26.4 + (15-8.78) \times 129.6}{118} = 106.69\,(\text{kV})$$

最小负荷时补偿设备全部退出，$Q_C = 0$，$U_{2\min}$ 仍然是补偿前的值，即 $U_{2\min} = 107.53\,\text{kV}$。

低压母线在最大负荷时的实际电压和电压偏移分别为

$$U'_{2C\max} = 106.69 \times \frac{11}{112.75} = 10.41\,(\text{kV})\,;\quad \frac{10.41-10.5}{10.5} \times 100\% = -0.86\%$$

低压母线在最小负荷时的实际电压和电压偏移分别为

$$U'_{2C\min} = 107.53 \times \frac{11}{112.75} = 10.49\,(\text{kV})\,;\quad \frac{10.49-10.5}{10.5} \times 100\% = -0.09\%$$

由此可见，选择的静电电容器的容量能够满足常调压的要求。

（2）补偿设备为调相机。按式（6.20）确定应选择的变比如下：

$$-2 = \frac{U'_{2C\max}(kU'_{2C\max} - U_{2\max})}{U'_{2C\min}(kU'_{2C\min} - U_{2\min})} = \frac{10.5 \times (k \times 10.5 - 97.05)}{10.5 \times (k \times 10.5 - 107.53)}$$

解出 $k = 9.908$，应选的变压器分接头应为 $9.908 \times 11 = 108.99\,(\text{kV})$，选用主接头 $U_{\text{T1}} = 110\,\text{kV}$，即选定的变比为 $k = 110\,\text{kV}/11\,\text{kV}$，然后按照最大负荷时的调压要求，将 k 代入式（6.19）确定 Q_C。

$$Q_C = \frac{U'_{2C\max}}{X_{12}}\left(U'_{2C\max} - \frac{U_{2\max}}{k}\right)k^2 = \frac{10.5}{129.6} \times \left(10.5 - 97.5 \times \frac{11}{110}\right) \times \left(\frac{110}{11}\right)^2 = 6.44\,(\text{Mvar})$$

可选用容量为 7.5 MVA 的调相机。最大负荷时调相机过激满载运行，发出感性无功功率 $Q_C = 7.5\,\text{Mvar}$，此时有

$$U_{2C\max} = 118 - \frac{20 \times 26.4 + (15-7.5) \times 129.6}{118} = 105.29\,(\text{kV})$$

最小负荷时调相机欠激满载运行，吸收感性无功功率 $Q_C = -3.75\,\text{Mvar}$，此时有

$$U_{2C\min} = 118 - \frac{10 \times 26.4 + (7.5+3.75) \times 129.6}{118} = 103.41\,(\text{kV})$$

低压母线在最大负荷时的实际电压和电压偏移分别为

$$U'_{2C\max} = 105.29 \times \frac{11}{110} = 10.53\,(\text{kV})\,;\quad \frac{10.53-10.5}{10.5} \times 100\% = 0.29\%$$

低压母线在最小负荷时的实际电压和电压偏移分别为

$$U'_{2C\min} = 103.41 \times \frac{11}{110} = 10.34\,(\text{kV})\,;\quad \frac{10.34-10.5}{10.5} \times 100\% = -1.52\%$$

由此可见，最大负荷时电压稍高，基本符合调压要求；而最小负荷时，由于调相机吸取感性无功功率多，电压降低 1.52%,即这时应适当减少吸收的无功功率,可使电压达到 10.5 kV。这说明所选择的调相机容量能够满足常调压的要求，还有一定的无功功率备用。

6.4.4　调压方法的分析与综合

实际电力系统的调压问题，很少是用单一措施就得以解决的。一般而论，对上述各种调压措施的合理选用可概括如下：利用发电机调压不附加设备也就不需附加投资，是首先应考虑的调压措施。当发电机母线没有负荷时，一般可在95%～105%的范围内调压；当发电机母线有负荷时，一般采用逆调压。合理使用发电机调压后，在大多数情况下都可以减轻其他调压措施的负担。

当电力系统中的无功功率供应比较充裕时，利用改变变压器的变比或分接头调压可以取得成效。普通变压器只能在退出运行后才能改变分接头，在不要求逆调压时，适当调整分接头可满足调压要求；在要求逆调压时，必须采用有载调压变压器或串联加压器，而串联加压器需附加设备。采用各种类型的有载调压变压器后，几乎可以满足系统中各负荷点对电压质量的要求。有载调压变压器的特殊功能还体现在系统间联络线以及中低压配电网络中的应用方面。在联络线上装设串联加压器后，可使两个系统的电压调整互不影响，即分散调压；中、低压配电网络的线路电阻较大，往往不得不采用有载调压变压器。

改变变压器变比调压有一定的局限性。普通变压器在运行过程中不能改变变比也就不能调整电压；采用有载调压变压器虽能带负荷切换变比，但又必须以系统电源无功充足为前提。当系统电源无功不足时，系统电压水平偏低，在有有载调压变压器的地区由它的作用可将该地区电压升高，从而该地区负荷需求的无功功率也增加，造成整个系统无功缺额加大，导致整个系统电压水平进一步下降，电压质量更不能得到保证。显然，这样对系统很不利。但只要电力系统电源无功充裕，使用有载调压变压器确为有效且灵活的调压措施。随着对电能质量认识水平的提高，以及制造水平的进步，有载调压变压器将在我国电力网中得到广泛地使用。

对无功功率不足的电力系统，应设置无功功率补偿设备进行调压，以增加系统的无功功率电源，如采用并联补偿，设置电容器、调相机或静止补偿器等附加的设备。由前面分析可知，一般电力系统若只有发电机为无功电源，系统的无功功率总是不够的。所以，基本上在任何电力系统中都必须采用并联补偿的措施。而且，在采用这些并联补偿设备后，还可以减少网络中无功功率的流通，降低网络中有功功率和电能的损耗。

作为调压措施之一的串联补偿电容器，其调压效果显著，特别适用于电压波动频繁、负荷功率因数低的场合。但由于设计、运行等方面的原因，目前很少应用。

应特别指出，在电力系统中具体采用何种调压措施，需要进行技术经济比较。所选择的调压措施在技术上应优越，可完全满足调压要求，而且还要具有最优的经济指标。对各种初选调压措施进行比较时，应计算其折旧维修费、投资回收费和电能损耗费，这三项指标之和最小的方案才是经济上最优的方案。具体的比较方法从略。

不同的调压措施各有其优缺点，如果将各种调压措施组合起来以取长补短，就会取得更好的调压效果，可称为组合调压。组合调压需要分析负荷变化、各类调压措施同时调整时的综合效果，一般是运用称为敏感度分析的方法进行，这里从略。

思考题和习题

一、填空题

1. 最大负荷时提高中枢点电压、最小负荷时降低中枢点电压的调整方式称为_____；而最大负荷时允许中枢点电压低一些，最小负荷时允许中枢点电压高一些的调整方式称为_____。

2. 采用逆调压时，最大负荷时可将中枢点电压升高至_____，最小负荷时将其下降为_____。

3. 采用顺调压时，最大负荷时中枢点电压允许不低于_____，最小负荷时允许中枢点电压不高于_____。

4. 在无功功率电源中，_____只能向系统提供无功功率。它所供应的无功功率与其_____的平方成正比。

5. 调相机实质上是只能发无功功率的发电机。它在_____时向系统提供无功功率，在_____时从系统吸取无功功率。

6. 某 10 kV 母线上要求按逆调压方式进行调压，则最大负荷时，母线电压应为____kV；最小负荷时，母线电压应为____kV。

7. 某双绕组变压器的额定电压为 $110(1\pm2\times2.5\%)$ kV/11 kV，此变压器高压绕组有____个分接头，分接头位置在 -2.5% 挡时，分接头电压为_____kV。

8. 普通变压器分接头电压的选择要兼顾最大、最小负荷两种情况，这是因为其分接头的改变只能_____进行；有载调压变压器分接头电压的选择不用这样兼顾，这是因为它能_____改变分接头。

二、选择题

1. 影响电力系统电压的主要因素是（　　）。

    A. 有功功率　　　　B. 无功功率　　　　C. 视在功率

2. 在无功功率不足的系统，采用（　　）调压是有效措施。

    A. 改变发电机端电压　　　　B. 改变变压器分接头

    C. 改变电力网无功功率分布

三、判断题（正确的划"√"，错误的划"×"）

1. 电力系统中的无功功率损耗远大于有功功率损耗。（　　）

2. 电力系统的电压调整问题是保证系统中各节点的电压偏移不超过给定范围的问题。

（　　）

3. 电力系统的电压调整问题是保证电压中枢点的电压偏移不超过给定范围的问题。

（　　）

4. 对无功功率不足的系统采用改变变压器的分接头能解决改善电压质量的问题。（　　）

5. 在电力网中，不合理的无功功率流动，将引起有功功率损耗的增加。（　　）

6. 改变变压器变比调压是通过对变压器的切换来实现的。（　　）

四、问答题

1. 电力系统中无功负荷和无功损耗主要是指什么？

2. 电力系统的电压变动对用户有什么影响？

3. 电力系统中无功功率与节点电压有什么关系?

4. 电力系统中无功功率电源有哪些? 其分别的工作原理是什么?

5. 什么叫电压中枢点? 通常选什么母线作为电压中枢点? 电压中枢点的调压方式有哪几种?

6. 电力系统中电压中枢点一般选在何处? 电压中枢点的调压方式有哪几种? 哪一种方式容易实现? 哪一种方式最不容易实现? 为什么?

7. 电力系统电压调整的基本原理是什么? 当电力系统无功功率不足时, 是否可以通过改变变压器的变比调压? 为什么?

8. 有载调压变压器与普通变压器有什么区别? 在什么情况下宜采用有载调压变压器?

9. 什么是静止补偿器? 其原理是什么? 有何特点? 常见的有哪几种类型?

10. 三绕组变压器分接头电压的选择原则是什么?

11. 电力系统电压调整的基本原理是什么? 当电力系统无功功率不足时, 是否可以通过改变变压器的变比调压? 为什么?

12. 电力系统常见的调压措施有哪些?

13. 串联电容补偿适用于什么电力网线路?

五、计算题

1. 某降压变电所变压器变比为 $110(1\pm2\times2.5\%)$ kV, 容量为 20 MV·A。最大负荷时, 变压器高压侧电压为 113 kV, 阻抗中电压损耗为 4.8 kV; 最小负荷时, 变压器高压侧电压为 115 kV, 阻抗中电压损耗为 2.6 kV。变压器低压母线采用顺调压。问: 通过计算, 能否选出符合要求的变压器的分接头?

2. 某降压变电所安装有两台变压器, 其额定电压为 $110(\pm2\times2.5\%)/6.6$ kV。在最大负荷时, 高压侧电压为 113 kV, 变压器的电压损耗为 $4.63\%U_N$, 在最小负荷时, 高压侧电压为 115 kV, 变压器的电压损耗为 $2.81\%U_N$。在变电所低压母线上实行顺调压, 试选择变压器高压侧的分接头。

3. 有一降压变压器归算至高压侧的阻抗为 $2.44+j40\Omega$, 变压器的额定电压为 110 $(1\pm2\times2.5\%)$ kV/10.5 kV。在最大负荷时, 变压器高压侧通过功率为 $28+j14$MV·A, 高压母线电压为 113 kV; 在最小负荷时, 变压器高压侧通过功率为 $10+j6$MV·A, 高压母线电压 115 kV, 低压侧母线电压允许变化范围为 10~11 kV。试选择该变压器的分接头。

4. 某降压变电所有一台容量为 31.5 MV·A 的变压器, 最大负荷、最小负荷时归算到高压侧的电压分别为 108 kV 和 112 kV:

(1) 采用普通变压器, 电压为 $110(1\pm2\times2.5\%)$ kV/11 kV, 变电所低压母线要求顺调压, 试选择普通变压器的分接头;

(2) 采用有载调压变压器, 电压为 $110(1\pm2\times2.5\%)$ kV/11 kV, 变电所低压母线要求逆调压, 试选择有载调压变压器的分接头。

5. 某降压变电所通过两条额定电压为 110 kV, 长 100 km 的线路供电。线路首端电压在最大负荷时为 116 kV; 在最小负荷时为 113 kV。线路采用 LGJ-95 导线, 水平排列, 线间距离为 4 m。变电所装有两台容量各为 20 MV·A 的双绕组变压器 (型号: SFL$_1$-2000/110), 变电所低压侧 10 kV 母线, 最大负荷为 30 MV·A, $\cos\varphi=0.8$; 最小负荷时切除一台变压器, 最小负荷为 10 MV·A, $\cos\varphi=0.8$。(1) 变电所低压母线要求顺调压时, 选择普通变压器的分接头电压;(2)变电所低压母线要求逆调压时,选择有载调压器在最大、最小负荷运行方式下的分接头电压。

6. 某降压变电所变压器电压为 110(1±2×2.5%) kV/11 kV,最大负荷时,变压器低压侧归算到高压侧的电压为 108 kV;在最小负荷时,归算到高压侧的电压为 112 kV。(1)变电所低压母线要求顺调压时,试选择普通变压器的分接头电压;(2)变电所低压侧母线要求逆调压时,试选择有载调压器在最大、最小负荷运行方式下的分接头电压。

7. 水电厂通过 SFL-40000/110 型升压变压器与系统连接,变压器归算至高压侧的阻抗为 2.1+j38.5Ω,额定电压为 121(1±2×2.5%) kV/10.5 kV。在系统最大、最小负荷时,变压器高压母线电压分别为 112.09 kV 和 115.92 kV;低压侧要求电压,在系统最大负荷时不低于 10 kV,在系统最小负荷时不高于 11 kV。当水电厂在最大、最小负荷时输出功率为 28+j21 MV·A 时,试选择变压器分接头。

第7章

电力系统的经济运行

　　电力系统的经济运行，就是在保证整个系统安全、可靠供电和电能质量满足需求的前提下，努力提高电能生产和输送的效率，尽量降低发电的一次能源消耗和供电成本。因此，煤耗率和网损率是反映电力系统经济运行的两个重要指标。

　　应该说，电力系统的经济运行涉及电能生产、输送、分配和使用各个环节，也涉及电力系统规划设计和运行两个方面。本章主要从运行角度讨论减少系统煤耗及降低网损两方面的问题。简要介绍电力网的经济运行，包括电力网电能损耗的计算；降低电能损耗的各种技术措施及导线经济截面的选择；使电力系统煤耗最小的有功功率负荷的经济分配。电力系统无功功率的经济分配要用较复杂的数学来分析，本书就不作介绍了。

7.1　电力网的电能损耗

　　考核电力网经济运行的重要指标是网损率。网损率是指电力网中损失的电量与电力网供电量的百分比，用公式表示为

$$网损率 = \frac{损失电量}{供电量} \times 100\% \tag{7.1}$$

其中　　供电量＝电厂上网电量＋邻网输入电量－向邻网输出电量

　　　　损失电量＝供电量－售电量

　　损失电量分为两部分：一部分是电力网元件上的电能损耗（简称电力网的电能损耗），可以通过理论计算出来，称为理论网损；另一部分损失电量则无法通过理论计算出来，如用户不通过计量装置用电、计量装置的误差大以及漏抄、错算等电量，它与供电部门的管理水平有关，因此称为管理网损。

　　由此可以说，电力网的电能损耗是反映电力网运行状况和管理水平的重要经济指标。努力降低电力网的电能损耗是电力网设计与运行中的重要任务。

7.1.1　电力网的电能损耗概述

1. 电能损耗与有功功率损耗的关系

　　电力网的电能损耗是一定时间内网络各元件的有功功率损耗对时间的积分值，用数学式

子表示为

$$\Delta A = \int_0^t \Delta P \mathrm{d}t \tag{7.2}$$

而对已运行的电力网来说，有功功率损耗在电力系统各环节的分布情况，大致如图 7.1 所示，其中百分数为系统各部分有功功率损耗相对于系统总发电功率的百分比。

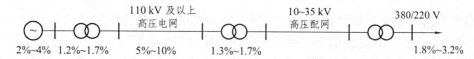

图 7.1　电力系统有功损耗情况

如第 3 章所述，电力系统的有功功率损耗包括变动损耗和固定损耗，其中，变动损耗与传输功率有关，传输功率愈大，有功功率损耗也愈大，该部分损耗占系统总损耗的 80%左右；固定损耗与传输功率无关，只与电压有关，占系统总损耗的 20%左右。

由此可见，电力系统的有功功率损耗是很可观的。它要占用一定数量的发电容量，因而大大增加了发电厂及变电所的设备容量，增加了国家的建设投资。同时，有功功率损耗大必然伴随着电能损耗大，因而使电力系统能源消耗量增加，也会使电力系统的运行费用增大。

2. 与电能损耗有关的因素

电力网有功功率损耗的计算公式为

$$\Delta P = 3I^2 R = \frac{S^2}{U^2} R = \frac{P^2}{U^2 \cos^2 \varphi} R = \frac{P^2 + Q^2}{U^2} R \tag{7.3}$$

式（7.3）说明了影响电能损耗的因素有：

① 无功功率对电能损耗的影响。在一定的电压和有功功率下，电力网在输送无功功率的同时，将引起有功功率损耗，输送的无功功率增加，会增加有功功率损耗，因此也就增加了电能损耗。减少从电力网输送的无功功率，不仅可以提高电力网输送有功功率的能力，提高电压质量，还可以减少电能损耗。

② 功率因素对电能损耗的影响。从电工基础知，功率因素与视在功率、有功功率、无功功率的关系为

$$\cos \varphi = \frac{P}{S} = \frac{P}{\sqrt{P^2 + Q^2}} = \frac{1}{\sqrt{1 + \left(\dfrac{Q}{P}\right)^2}}$$

在一定的电压和有功功率下，功率因数的高低与无功功率的大小有关。从电力网输送的无功功率越大，其视在功率也越大，而功率因数就越低。反过来也可以说，用电企业功率因数越低，从电力网输送的无功功率就越大，也就增加了电能损耗。因此提高功率因数，可降低电能损耗。

③ 电力网参数的影响。优化电网结构，合理地选择电力网导线截面，都有利于减小电力网参数对电能损耗的影响。

④ 运行电压的影响。电力网的运行电压可以在一定的允许范围内调整。在这个范围内适

当提高运行电压，可降低变动损耗，但会增加固定损耗，因此需要综合考虑。

7.1.2　电力网电能损耗的计算

1. 电能损耗计算的意义

通常电力网的损失电量可根据电度表所计量的供电量和售电量的差值计算出来。用式（7.1）就可得到网损率。这里的损失电量就包括理论网损和管理网损。下面要讨论的是理论网损（电力网的电能损耗）的计算。之所以要进行电力网的电能损耗计算，是因为通过对电力网电能损耗的计算，能够查明电能损耗的组成和分布情况，从而找出影响电力网经济运行的主要因素，以便采取措施把电能损耗降低到一个比较合理的范围内。因此，进行理论网损的计算可以使企业提高生产技术和经营管理水平，加快电网建设与技术改造的步伐；可以使企业合理制订网损考核指标，提高电网经济运行水平。

2. 电力网电能损耗的组成

电力网电能损耗主要由两部分组成：电力线路上的电能损耗和变压器中的电能损耗。

① 电力网阻抗支路的电能损耗，是变动损耗，与电力网的传输功率有关。它又包括电力线路阻抗中的电能损耗和变压器阻抗中的损耗（即铜耗）。

② 电力网导纳支路的电能损耗，它又包括电力线路的电晕损耗和变压器铁芯损耗（即铜耗），是固定损耗。由于除 330 kV 及以上超高压线路外，电晕损耗一般不大，故计算电力线路上的电能损耗时往往忽略电晕损耗。变压器铁芯损耗可以略等于变压器的空载损耗，所以变压器铁芯的电能损耗只与变压器的运行时间有关。

因此电力网电能损耗的计算任务是计算电力网阻抗支路的电能损耗。

3. 电能损耗计算方法

严格来说，电能损耗的计算要采用式（7.2）计算。将式（7.2）进一步写成

$$\Delta A = \int_0^t \Delta P \mathrm{d}t = \int_0^t 3I^2 R \times 10^{-3} \mathrm{d}t = \int_0^t \left(\frac{S}{U}\right)^2 R \times 10^{-3} \mathrm{d}t \ (\mathrm{kW \cdot h})$$

$$= 3I^2 R \times 10^{-3} \int_0^t I^2 \mathrm{d}t$$

$$= \frac{R \times 10^{-3}}{U^2} \int_0^t S^2 \mathrm{d}t$$

$$= \frac{R \times 10^{-3}}{U^2 \cos^2 \varphi} \int_0^t P^2 \mathrm{d}t \tag{7.4}$$

若时间 $t = 24 \ \mathrm{h}$ ，则 ΔA 为一天的电能损耗；若 $t = 8\ 760 \ \mathrm{h}$ ，则 ΔA 为全年的电能损耗。

从式（7.4）知，要准确地计算电能损耗，必须知道电力网中的电流或功率随时间变化的函数关系式。也就是说，负荷曲线难以用简单的函数式来表示，因而也就不可能用式（7.4）来计算线路中的电能损耗。

实际上，我们是根据式（7.4）所表示的几何意义，采用一些近似的方法计算电力网中的

电能损耗。其主要方法有：最大功率损耗时间法、面积法、均方根电流法。

用最大功率损耗时间法计算电能损耗较简单，但准确度较低，常用于电网的规划设计中；面积法和均方根电流法计算电能损耗准确度较高，但必须有负荷的实测记录或表征负荷变化规律的负荷曲线，一般用于已运行的电网中。

下面介绍用面积法和最大功率损耗时间法计算电力网的电能损耗。

4. 面积法计算电能损耗

用面积法计算电能损耗依据的公式是

$$\Delta A = \frac{R \times 10^{-3}}{U^2 \cos^2 \varphi} \int_0^t P^2 \mathrm{d}t \quad (\mathrm{kW \cdot h}) \tag{7.5}$$

其计算思路是：

第一步，已知某电力网或用户的年持续负荷曲线 $P = f(t)$。在第 1 章中叙述过，这种负荷曲线描述的是一年中按时间排列负荷所取用的功率随时间的变化情况，如图 7.2 所示曲线 1。

第二步，把负荷的平方曲线绘出来，如图 7.2 所示曲线 2。根据积分的几何意义，$\int_0^t P^2 \mathrm{d}t$ 表示负荷平方曲线下 t 时间内的面积。

第三步，把负荷的平方曲线用网格法近似代替，如图 7.2 中的虚线所示。这样，求 $\int_0^t P^2 \mathrm{d}t$（曲线 2 所包围的面积）就变为求若干个矩形面积之和。即可将式（7.5）写成

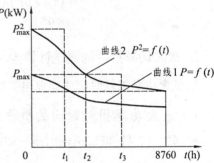

图 7.2　面积法计算电网能耗

$$\Delta A = \frac{R \times 10^{-3}}{U^2 \cos^2 \varphi} \sum_{i=1}^{n} P_i^2 \Delta t_i \tag{7.6}$$

用式（7.6）可以计算电力网运行一年的电能损耗。

【例 7.1】　有一条额定电压为 10 kV、长度为 10 km 的三相架空电力线路，采用 LJ-50 型导线，已知由此线路所供给的用户年持续曲线如图 7.3 所示，有关数据示于图中，$\cos \varphi = 0.85$，试求一年内线路中的电能损耗。

解　由附表 1.3 查得 $r_1 = 0.64 \ \Omega/\mathrm{km}$，则线路电阻为

$$R = r_1 l = 0.64 \times 10 = 6.4 \ (\Omega)$$

将负荷曲线画成阶梯形，数据如图 7.3 中虚线所示，则线路在一年中的电能损耗为

$$\Delta A = \frac{R \times 10^{-3}}{U^2 \cos^2 \varphi} \sum P_i^2 \Delta t_i$$

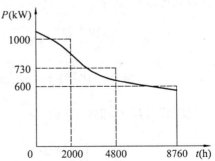

图 7.3　例 7.1 的负荷曲线

$$= \frac{6.4 \times 10^{-3}}{10^2 \times 0.85^2}[1\,000^2 \times 2\,000 + 730^2 \times (4\,800 - 2\,000) + 600^2 \times (8\,760 - 4\,800)]$$
$$= 8.86 \times 10^{-5} \times 4.92 \times 10^9$$
$$= 4.4 \times 10^5 \ (\mathrm{kW \cdot h})$$

上述线路运行时，每年损耗电能 $4.4 \times 10^5 \ \mathrm{kW \cdot h}$。

用户一年取用电能为

$$A = \sum P_i \Delta t_i$$
$$= 1\,000 \times 2\,000 + 730 \times 2\,800 + 600 \times 3\,960$$
$$= 6.42 \times 10^6 \ (\mathrm{kW \cdot h})$$

电能损耗百分数为

$$\Delta A(\%) = \Delta A / A$$
$$= (4.4 \times 10^5)/(6.42 \times 10^6) \times 100$$
$$= 6.9$$

5. 最大功率损耗时间法计算电能损耗

用最大功率损耗时间法计算电能损耗，要已知负荷的性质和最大负荷利用小时 $T_{\max}$。

1）最大功率损耗时间的概念

根据式（7.4）可写出电力网一年的电能损耗的计算式为

$$\Delta A = \frac{R \times 10^{-3}}{U^2} \int_0^{8\,760} S^2 \mathrm{d}t \tag{7.7}$$

式（7.7）的几何意义如图 7.4 所示。

电力网在一年中的电能损耗 ΔA 为在一定比例下视在功率 S 平方曲线下的面积 S_{abeo}。如果用一矩形面积 S_{acdo} 来代替面积 S_{abeo}，并令矩形的高等于最大视在功率的平方，则矩形的底以 τ 表示，电能损耗计算式可以写为

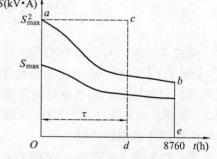

$$\Delta A = \frac{R \times 10^{-3}}{U^2} \int_0^{8\,760} S^2 \mathrm{d}t$$
$$= R \times 10^{-3} \frac{S_{\max}^2}{U^2} \tau = \Delta P_{\max} \tau \tag{7.8}$$

图 7.4　最大功率损耗时间 τ

比较式（7.7）和式（7.8）得

$$\tau = \frac{\int_0^{8\,760} S^2 \mathrm{d}t}{S_{\max}^2} \tag{7.9}$$

τ 称为最大功率损耗时间，它的意义是：线路连续以最大功率运行，经过 τ 小时后，线

路中所损耗的电能，恰好等于线路实际负荷在 t 时间内所损耗的电能。当时间 $t = 8\,760\,\text{h}$ 时，则 τ 称为年最大功率损耗时间。

最大功率损耗时间 τ 与视在功率的曲线有关，而最大负荷利用小时 T_{max} 与有功功率负荷曲线有关。在一定的功率因数下，视在功率和有功功率成正比。因此，对于给定的功率因数，τ 和 T_{max} 之间存在一定的关系，见表 7.1。

表 7.1 最大负荷利用小时 T_{max} 与最大功率损耗时间 τ 的关系

T_{max} （h/y）	τ （h/y）				
	$\cos\varphi = 0.8$	$\cos\varphi = 0.85$	$\cos\varphi = 0.9$	$\cos\varphi = 0.95$	$\cos\varphi = 1$
2 000	1 500	1 200	1 000	800	700
2 500	1 700	1 500	1 250	1 100	950
3 000	2 000	1 800	1 600	1 400	1 250
3 500	2 350	2 150	2 000	1 800	1 600
4 000	2 750	2 600	2 400	2 200	2 000
4 500	3 200	3 000	2 900	2 700	2 500
5 000	3 600	3 500	3 400	3 200	3 000
5 500	4 100	4 000	3 950	3 750	3 600
6 000	4 650	4 600	4 500	4 350	4 200
6 500	5 250	5 200	5 100	5 000	4 850
7 000	5 950	5 900	5 800	5 700	5 600
7 500	6 650	6 600	6 550	6 500	6 400
8 000	7 400	7 350	7 350	7 300	7 250

在不知道负荷曲线时，根据用户的性质，在有关资料中查出 T_{max}，再根据 T_{max} 及功率因数，查出 τ 值，即可用式（7.8）计算出电网全年的电能损耗。

【例 7.2】 对于例 7.1 所述的电力线路，不知负荷曲线，但知道线路一年中输送的电能为 $6\,420\,000\,\text{kW·h}$，已知最大负荷 $P_{max} = 1\,000\,\text{kW}$，平均功率因数 $\cos\varphi = 0.85$，试求一年中线路的电能损耗。

解 根据式（1.7）求最大负荷利用小时数，得

$$T = \frac{A}{P_{max}} = \frac{6\,420\,000}{1\,000} = 6\,420\,\text{(h)}$$

由 $\cos\varphi = 0.85$，$T_{max} = 6\,420\,\text{h}$，查表 7.1，用插值法求最大功率损耗时间，得

$$\frac{6\,500 - 6\,000}{5\,200 - 4\,600} = \frac{6\,420 - 6\,000}{\tau - 4\,600}$$

解之得 $\tau = 5\,104\,\text{(h)}$

因为
$$S_{max} = \frac{P_{max}}{\cos\varphi}$$

所以线路全年的电能损耗为

$$\Delta A = \frac{R \times 10^{-3}}{U^2} S_{max}^2 \tau = \frac{6.4 \times 10^{-3}}{10^2 \times 0.85^2} \times 1\,000^2 \times 5\,104 = 452\,119.03\ (\mathrm{kW \cdot h})$$

比较例 7.1 和例 7.2 可知，采用最大功率损耗时间法求取电网全年的电能损耗，计算简单，故在系统规划中得到了广泛的运用。但因其误差较大，对于已运行电网的电能损耗计算，不适宜采用。

综上所述，将电力网一年的电能损耗计算归纳如下：

① 忽略线路的电晕损耗，线路的电能损耗为

采用面积法时 $\Delta A_L = \frac{R \times 10^{-3}}{U^2 \cos^2\varphi} \sum_{i=1}^{n} P_i^2 \Delta t_i$ ，计算条件是已知年持续负荷曲线。

采用最大功率损耗时间法时 $\Delta A_L = \frac{R \times 10^{-3}}{U^2} S_{max}^2 \tau = \frac{R \times 10^{-3}}{U^2 \cos^2\varphi} P_{max}^2 \tau = \Delta P_{max} \tau$ ，计算条件是已知负荷性质（或 T_{max} ）和 $\cos\varphi$ 。

② 变压器的电能损耗为其绕组中的电能损耗（阻抗支路）和铁芯损耗之和。

采用面积法时 $\Delta A_T = \frac{R \times 10^{-3}}{U^2 \cos^2\varphi} \sum_{i=1}^{n} P_i^2 \Delta t_i + \Delta P_0 \times 8\,760$

采用最大功率损耗时间法时 $\Delta A_T = \Delta P_{max} \tau + \Delta P_0 \times 8\,760$

式中　　ΔP_0——变压器的空载损耗，计算条件同线路。

【例 7.3】　有一额定电压为 11 kV、长度为 100 km 的双回输电线路向某变电所供电。变电所装有额定变比为 110 kV/11 kV、额定容量为 31 500 kV·A 的变压器两台，全年并列运行，接线图如图 7.5（a）所示。

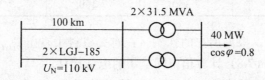

（a）原理接线图

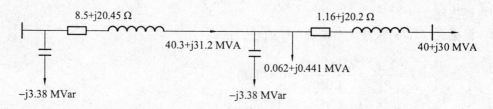

（b）等值电路与潮流分布图

图 7.5　例 7.3 题图

单回线路的参数为：$r_1 = 0.17\ \Omega/\mathrm{km}, x_1 = 0.409\ \Omega/\mathrm{km}, b_1 = 2.79 \times 10^{-6}\ \mathrm{S/km}$

单台变压器的技术数据：$\Delta P_0 = 31.05\ \mathrm{kW}, \Delta P_K = 190\ \mathrm{kW}, I_0(\%) = 0.7, U_K(\%) = 10.5$

变压所低压母线上的最大负荷为 40 MW，$\cos\varphi = 0.8$，$T_{\max} = 4\,500\,\text{h}$，试计算此电力网的电能损耗。

解　（1）作电力网的等值电路，并根据已知数据计算网络参数及潮流分布（计算过程略），结果如图 7.5（b）所示。

（2）计算变压器的电能损耗。

由 $T_{\max} = 4\,500\,\text{h}$、$\cos\varphi = 0.8$ 查表 7.1，得 $\tau = 3\,200\,\text{h}$。

$$\Delta A_{\text{T}} = \Delta P_0 \times 8\,760 + \Delta P_{\max\text{T}}\tau$$

$$= 0.062 \times 10^3 \times 8\,760 + \frac{40^2 + 30^2}{110^2} \times 1.16 \times 3\,200 \times 10^3 = 1.31 \times 10^6\,(\text{kW}\cdot\text{h})$$

（3）计算线路的电能损耗。

$$\Delta A_{\text{L}} = \Delta P_{\max\text{L}}\tau$$

$$= \frac{40.3^2 + 31.2^2}{110^2} \times 8.5 \times 3\,200 \times 10^3 = 5.84 \times 10^6\,(\text{kW}\cdot\text{h})$$

（4）计算电力网全年的电能损耗。

$$\Delta A = \Delta A_{\text{T}} + \Delta A_{\text{L}} = 1.31 \times 10^6 + 5.84 \times 10^6 = 7.15 \times 10^6\,(\text{kW}\cdot\text{h})$$

7.2　降低电力网电能损耗的措施

降低电力网电能损耗是各电力部门增产节约的一项重要任务。电力网的电能损耗不仅要耗费一次能源，而且要占用一部分发电设备容量。因此降低电力网的电能损耗可以节约大量的能源，使生产出来的有限电力发挥更大的作用，使电力网能够经济运行。这对于保护我国的能源资源和生活环境具有特别重要的意义。

降低电力网电能损耗的技术措施，大体上可以分为运行性措施和建设性措施两大类。运行性措施主要是指在运行的电力网中，合理地组织运行方式以降低网络的功率损耗和能量损耗，这类措施不需要增加投资，只要求改进电力网的运行管理，因此应优先予以考虑。建设性措施是指新建电力网时，为提高运行的经济性而采用的措施，以及为降低网损对现有电力网采取的改进措施。这一类措施需要增加投资，因此往往要进行技术经济比较，才能确定合理的方案。下面分别简要地介绍它们中的一些主要技术措施。

7.2.1　合理组织或调整电力网的运行条件

改变电力网的接线及运行方式，可以降低电力网总损耗，主要措施有以下几个方面：

1. 合理确定电力网的运行电压水平

对 35 kV 以上的电力网，变动损耗一般为电力网总损耗的 80%～85%，根据电力网的有功功率损耗计算式

$$\Delta P = \frac{P^2 + Q^2}{U^2} R = \frac{S^2}{U^2} R \tag{7.10}$$

在 ΔP 不变的条件下，如果电力网的运行电压提高 5%，则电力网中的变动损耗可降低 9.3%。由此电力网的总损耗可降低 7.44%~7.91%。

电力网总损耗中的 15%~20% 是与电压平方有关的空载损耗，当电力网电压提高 5%，且电力网中变压器的工作分接头没有作相应调整时，则变压器的空载损耗将增加 1.1 倍，所以电力网的总损耗要增加 1.5%~2%。

将总损耗中由于电压提高 5% 而降低及增加的部分进行简单计算，即可得到电力网总的降低百分数。

必须指出，在电压水平提高后，负荷所取用的功率会略有增加。在额定电压附近，电压提高 1%，负荷的有功功率和无功功率将分别增大 1% 和 2%。这将稍微增加网络中的变动损耗。

一般说，电压在 35 kV 及以上的电力网，变压器的铁损占网络总损耗的比重小于 50%，适当提高运行电压都可以降低网损。在 6~10 kV 的农村配电网中，变压器铁损占配电网总损失的比重可达 60%~80% 甚至更高，这是因为小容量变压器的空载电流较大，农村电力用户的负荷率又比较低，变压器有许多时间处于轻载状态。对于这类电力网，为了降低功率损耗和能量损耗，宜适当降低运行电压。

无论对于哪一类电力网，为了经济的目的提高或降低运行电压水平时，都应将其限制在电压偏移的容许范围内。当然，更不能影响电力网的安全运行。

2. 组织变压器的经济运行

当变电所中装有多台容量及型号相同的变压器时，负荷的变化将直接影响变电所中总的功率损耗。当负荷较大时，投入运行的变压器台数多一些，可以大大降低与通过负荷的平方成正比的变压器阻抗中的损耗（即铜耗）；当负荷较小时，投入运行的变压器台数少一些，可以大大降低与变压器台数成正比的变压器导纳中的损耗（即铁耗）。我们可以找到临界功率值，使 n 台变压器运行和 $(n-1)$ 台变压器运行的功率损耗相等。下面用计算公式说明。

当变电站总负荷功率为 S 时，n 台变压器并联运行的总损耗为

$$\Delta P_n = nP_0 + nP_K \left(\frac{S}{nS_N}\right)^2 = nP_0 + \frac{P_K}{n}\left(\frac{S}{S_N}\right)^2 \tag{7.11}$$

式（7.11）中，P_0 和 P_K 分别为 1 台变压器的空载损耗和短路损耗；S_N 为 1 台变压器的额定容量。

当变电站总负荷功率为 S 时，$(n-1)$ 台变压器并联运行时的总损耗为

$$\Delta P_{n-1} = (n-1)P_0 + (n-1)P_K \left[\frac{S}{(n-1)S_N}\right]^2$$

$$= (n-1)P_0 + \frac{P_K}{n-1}\left(\frac{S}{S_N}\right)^2 \tag{7.12}$$

使 $\Delta P_n = \Delta P_{n-1}$ 的负荷功率即是临界功率 S_{cr}，联立式（7.11）和式（7.12）可得

$$S_{cr} = S_N \sqrt{n(n-1)\frac{P_0}{P_K}} \tag{7.13}$$

当负荷功率 $S > S_{cr}$ 时，宜投入 n 台变压器并联运行；当 $S < S_{cr}$ 时，在变压器不过负荷的情况下，并联运行的变压器可减少为 $(n-1)$ 台。这就叫做变压器的经济运行。

应该指出，对于季节性变化的负荷，使变压器投入的台数符合损耗最小的原则是有经济意义的，也是切实可行的。但对一昼夜内多次大幅度变化的负荷，为了避免断路器因过多的操作而增加检修次数，变压器则不宜完全按照上述方式运行。此外，当变电所仅有 2 台变压器而需要切除 1 台时，应有相应的措施以保证供电的可靠性。

3. 在闭式网络中实行功率的经济分布

在图 7.6 所示的简单环网中，根据第 3 章的知识可知其功率分布为

$$\tilde{S}_1 = \frac{\tilde{S}_b(\dot{Z}_2 + \dot{Z}_3) + \tilde{S}_c \dot{Z}_2}{\dot{Z}_1 + \dot{Z}_2 + \dot{Z}_3} \tag{7.14}$$

$$\tilde{S}_2 = \frac{\tilde{S}_b \dot{Z}_1 + \tilde{S}_c(\dot{Z}_1 + \dot{Z}_3)}{\dot{Z}_1 + \dot{Z}_2 + \dot{Z}_3} \tag{7.15}$$

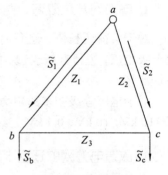

图 7.6 简单环网

式（7.14）和式（7.15）说明功率在环形网络中是与阻抗成反比分布的。这种没有外施任何调节和控制手段的功率分布称为自然功率分布，自然功率分布往往不能使网络的功率损耗为最小。

现在讨论一下，欲使网络的功率损耗为最小，功率应如何分布。图 7.6 所示环网的功率损耗为

$$\Delta P_{\Sigma} = \frac{S_1^2}{U_N^2}R_1 + \frac{S_2^2}{U_N^2}R_2 + \frac{S_3^2}{U_N^2}R_3 \tag{7.16}$$

由此可以解出欲使 ΔP_{Σ} 最小的 P_1、Q_1 及 P_2、Q_2 分别为

$$\left. \begin{array}{l} P_1 = \dfrac{P_b(R_2 + R_3) + P_c R_2}{R_1 + R_2 + R_3} \\[3mm] Q_1 = \dfrac{Q_b(R_2 + R_3) + Q_c R_2}{R_1 + R_2 + R_3} \end{array} \right\} \tag{7.17}$$

$$\left. \begin{array}{l} P_2 = \dfrac{P_b R_1 + P_c(R_1 + R_3)}{R_1 + R_2 + R_3} \\[3mm] Q_2 = \dfrac{Q_b R_1 + Q_c(R_1 + R_3)}{R_1 + R_2 + R_3} \end{array} \right\} \tag{7.18}$$

公式（7.17）、（7.18）表明，功率在环形网络中与电阻成反比分布时，功率损耗为最小。我们称这种功率分布为经济分布。只有在每段线路的比值 R/X 都相等的均一网络中，功率的自然分布才与经济分布相符。在一般情况下，这两者是有差别的，各段线路的不均一程度越大，功率损耗的差别就越大。

为了降低网络功率损耗，可以采取一些措施使非均一网络的功率分布接近经济分布，可采用的办法有：

① 选择适当地点作开环运行。为了限制短路电流或满足继电保护动作选择性要求，需将闭式网络开环运行时，开环点的选择尽可能兼顾到使开环后的功率分布更接近于经济分布。

② 对环网中比值 R/X 特别小的线段进行串联电容补偿。

③ 在环网中增设混合型加压调压变压器，由它产生环路电势及相应的循环功率，以改善功率分布。

④ 在两端供电网络中，调整两端电源电压，改变循环功率的大小，可使功率分布等于或接近功率损耗最小的分布。

当然，不管采用哪一种措施，都必须对其经济效果以及运行可能产生的问题作全面的考虑。

4. 电力网升压改造，简化电压等级，减少变电层次

对于负荷增长快、运行时间长、能耗很大的电力网，经过技术经济论证，合理的可以升高一级电压，进行升压改造。如 35 kV 线路升压改造为 110 kV，就可以明显地提高输送能力，降低能耗。

对于电压等级较多的电力网，简化电压等级、减少变电层次，也能明显降低能耗。如采用 110 kV、10 kV、0.4 kV 三级电压等级或采用 110 kV、35 kV、0.4 kV 三级电压等级配电等。

5. 改造电力网的迂回卡脖现象，采取高压深入大城市负荷中心的供电方式

电力网在发展中，负荷一般逐年增长，供电区域逐年增大，这有可能形成迂回倒送电现象。有的电网在延伸时，可能形成首端导线截面小于末端导线截面的卡脖现象。改造迂回倒送及卡脖等不合理现象，可明显降低电网能耗，同时可采用较高电压等级深入大城市负荷中心，以提升电压水平、降低网损。

7.2.2 提高负荷的功率因数，减少线路传输的无功功率

实现无功功率的就地平衡，不仅能改善电压质量，而且能提高负荷的功率因数，对提高电网运行的经济性也有重大作用。线路有功功率损耗的计算式为

$$\Delta P = \frac{S^2}{U^2} R = \frac{P^2}{U^2 \cos^2 \varphi} R \tag{7.19}$$

如果将功率因数由原来的 $\cos\varphi_1$ 提高到 $\cos\varphi_2$，则线路中的功率损耗可降低

$$\delta_P(\%) = \left[1 - \left(\frac{\cos\varphi_1}{\cos\varphi_2} \right)^2 \right] \times 100 \tag{7.20}$$

当功率因数由 0.75 提高到 0.9 时，线路中的功率损耗可减少 28%。

提高功率因数的主要措施有以下两种：

1. 合理选择异步电机的额定容量

许多工业企业都大量地使用异步电动机，因此合理地选择异步电动机的容量对提高电力网的功率因数是至关重要的。异步电动机所需的无功功率可用下式表示

$$Q = Q_0 + (Q_N - Q_0)(P/P_N)^2 \tag{7.21}$$

式（7.21）中，Q_0 表示异步电动机空载运行时所需的无功功率；P_N 和 Q_N 分别为额定负载下运行时的有功功率和无功功率；P 为电动机的实际机械负荷。

式（7.21）中的第一项是电动机的励磁功率，它与负荷无关，其数值约占 Q 的 60%～70%。第二项是绕组漏抗中的损耗，与负荷率的平方成正比，当负荷率降低时，电动机所需的无功功率大部分维持不变，只有小部分按负荷率的平方而减小。因此，负荷率越小，功率因数就越低。如额定功率因数为 0.85 的电动机，$Q_0 = 0.65P_0$；负荷率为 0.5 时，该电动机的功率因数将下降到 0.74。所以，电动机运行时的负荷率不应太小，即所选择的电动机容量只能略大于它所带动的机械负荷，这样才能保证电动机在额定功率因数附近运行。在技术条件许可的情况下，采用同步电动机代替异步机，可以减少电网的无功负荷。

2. 增设并联无功补偿装置

为了减小和限制无功功率在电力网中的流动，应在用户处或靠近用户的变电所中，装设无功功率补偿装置，如静电电容器、同步调相机或静止补偿器等。装设补偿装置后，使无功功率基本上做到就地平衡，减小无功功率在电力网中的传送，这也是提高功率因数、降低电能损耗的有效措施。

此外，调整用户的负荷曲线，减小高峰负荷和低谷负荷的差值，提高最小负荷率，使负荷曲线尽可能平坦，也可以降低电能损耗。

7.3　电力线路导线的截面选择

从降低功率损耗及电能损耗的观点来看，导线的截面愈大愈有利；而从减少投资和节约有色金属的观点来看，导线的截面愈小愈有利。而且投资和电能损耗都直接影响电力网的年运行费。为了降低网损，提高电力网运行的经济性，就必须合理的选择导线截面。

7.3.1　导线截面选择的三个必要条件

导线截面选择必须认真执行国家的技术经济政策，做到保障人身安全、供电可靠、技术先进和经济合理。在技术上，导线截面选择必须满足以下三个必要条件：

1. 机械强度条件

导线在长期运行的过程中必然会受到各种外力的作用，如线间张力、导线自重、风力及覆冰冰重等，为保证导线运行的安全可靠性，就必须保证导线具有一定的机械强度。规程规

定：为保证电力线路的机械强度，导线的截面不应小于表 7.2 中所列数值。

表 7.2 导线最小截面（mm²）

导线类型	通过居民区	通过非居民区
铝绞线和铝合金线	35	25
钢芯铝绞线	25	16
铜 线	16	16

2. 发热条件

当导线流通电流时，因电阻的作用，导体会发热，为防止导线因运行过热而烧毁或老化加速，保证导线长期安全可靠运行，还必须满足发热温升条件。即通过导线的最大持续负荷电流必须小于导线允许的长期持续安全电流。并规定取导线周围环境温度为 25 ℃时的长期持续安全电流如表 7.3 所示。

表 7.3 导线允许的长期持续安全电流（A）

截面面积（mm²）	35	50	70	95	120	150	185	240	300	400	500
LJ	170	215	265	325	375	440	500	610	680	830	980
LGJ	170	220	275	335	380	445	515	610	700	800	
LJGQ							510	610	710	845	966

3. 电晕条件

在较高电压等级的架空线路周围，电场强度较大，易诱发局部电晕或全面电晕，导致电能损耗增加以及设备氧化、通信干扰等问题。为了保证电力线路运行的安全，防止电晕，应适当减小周围空气介质的电场强度，增大导线截面。即要求电力线路的实际运行电压不得超过其电晕临界电压。电力线路的临界电压与导线的直径（或截面）有关，因而在设计线路时一般以晴朗天气导线不发生电晕为条件，选择导线最小容许截面或最小容许直径。

当电压等级低于 60 kV 时，因运行电压低，周围电场强度较小，不会产生全面电晕现象；当电压等级高于或等于 110 kV 时，由电晕条件要求的最小导线截面如表 7.4 所示。

表 7.4 电晕条件要求的最小导线截面

额定电压（kV）	110	220	330
最小导线截面（mm²）	LGJ-70	LGJ-300	LGJ-2×240

以上导线截面选择的三个必要条件可作为导线截面选择时的选择条件，但必须是导线截面用其他条件选择时的校验条件。

7.3.2　按容许电压损耗选择导线截面

为了保证良好的电能质量，减少线路电能损耗，在电压较低、不装设特殊调压设备、电阻相对较大的地方性电力网中，通常按照容许电压损耗选择导线的截面。

在选择导线时，首先根据线路的容许电压损耗及各负荷点的最大负荷，计算导线的最小容许截面 S；然后再选择一个与计算截面相近的额定截面作为所选导线截面，反过来计算实际电压损耗，校验其是否满足电压损耗要求。

7.3.3　按经济电流密度选择导线截面

考虑导线截面选择的经济性，主要是考虑建设线路的投资和线路建成后以电能损耗为主的年运行费用。为确保导线选择的经济性，应按照经济电流密度选择导线。综合考虑国家总的利益原则（投资，运行费用，投资回收率，折旧率）后，单位截面导线对应的最经济的电流大小，就称为经济电流密度，其大小与导体材料、线路的利用系数以及投资大小相关，应用中按导线材料、最大负荷利用小时数及额定电压取定，见表 7.5。按经济电流密度选择的截面即为经济截面，即

$$S_{\mathrm{J}} = \frac{I_{\mathrm{gmax}}}{J} \tag{7.22}$$

式中　S_{J} ——经济截面；

　　　J ——经济电流密度；

　　　I_{gmax} ——导线正常运行中最大工作电流。

表 7.5　软导线经济电流密度（A/mm²）

$T_{\max}$（h）	2000	3000	4000	5000	6000	7000
10 kV 及以下 LJ 导线	1.44	1.18	1.00	0.86	0.76	0.66
10 kV 及以下 LGJ 导线	1.70	1.38	1.18	1.00	0.88	0.78
35 kV 及以上 LGJ 导线	1.86	1.50	1.26	1.08	0.94	0.84

按经济电流密度选择导线截面的步骤如下：

① 先确定电力线路输送的最大负荷，一般是从建设时起 5 年后的预计负荷。

② 求经济电流密度 J。根据负荷性质查得最大负荷利用小时数 $T_{\max}$，再由 $T_{\max}$ 查得所用材料的经济电流密度 J。

③ 计算导线截面面积 S，并确定标准截面。

$$S = \frac{I_{\max}}{J} = \frac{P_{\max}}{\sqrt{3} U_{\mathrm{N}} J \cos\varphi}$$

根据计算出的经济截面值选择最接近它的标准截面。当计算出的经济截面介于两标准截面之间时，标准截面一般应取较大值。

④ 用其他条件校验所选择的导线截面。对于 35 kV 及以下电压等级的线路来说，需进行机械强度、发热及电压损耗的校验。所选导线的标准截面应大于机械强度要求的最小允许截面；导线可能通过的最大电流必须小于导线长期允许通过的最大电流；导线在运行时的实际电压损耗不得大于配电线路所规定的允许电压损耗。

对于 110 kV 及以上电压等级的线路来说，需进行机械强度、发热及电晕的校验。机械强度及发热的校验同上所述；电晕校验应满足的条件是：所选择的标准截面不小于相应线路不必验算电晕的最小导线截面。

7.3.4　导线截面选择方法的适用范围及相互关系

在工程实际中应该采用什么方法选择导线截面，与所选电力线路的长度、电压等级、年最大负荷利用小时等因素有关。

1. 工厂电力网

工厂电力网的特点是输电距离短，所以电压损耗较小；年最大负荷利用小时数较大，所以相应的经济电流密度较小；工厂电力网经常使用电力电缆，所以相应的持续容许电流较小，电压不是很高。因此在选择工厂电力网的导线时，一般按照经济电流密度或持续容许电流来选择导线截面。若采用裸导线输电，则按照经济电流密度选择的导线截面一般能够满足长期发热要求；若采用电力电缆输电，则按照经济电流密度选择的导线截面可能不满足长期发热要求，此时需要按照持续容许电流来选择导线截面。

2. 户内配电网

户内配电网的特点是年最大负荷利用小时数较小，电压较低，线路长短差别较大。因此在选择户内配电网的导线时，一般不按照经济电流密度来选择导线截面，而按照容许电压损耗或持续容许电流来选择导线截面。若线路较长，则按照容许电压损耗来选择导线截面；若线路较短，则按照持续容许电流来选择导线截面。

3. 城市电力网和农村电力网

城市电力网和农村电力网的特点是负荷密度比工厂电力网小，电压不是很高，供电线路较长，电压损耗较大。因此在选择城市电力网和农村电力网的导线时，一般按照容许电压损耗来选择导线截面。

4. 区域电力网

区域电力网的特点是输电距离远，输送功率大，电压较高，年最大负荷利用小时数大，电压损耗也较大。因此在选择区域电力网的导线时，一般按照经济电流密度来选择导线截面，然后用持续容许电流和电晕临界电压校验导线截面。由于电压损耗主要是由线路电抗引起的（高压线路中电抗比电阻大得多），因此仅靠增大导线截面无法根本解决电压损耗大的问题，但电压损耗大涉及电压质量问题，所以在区域电力网，需要采用专门的调压措施来解决。

7.3.5 电力网的年运行费

电力网的年运行费是指为维护电力网正常运行每年所付出的费用及网络中电能损耗的折价，它也是衡量一个电力网的经济性的重要指标之一。用于计算供电成本。这里只作简单介绍。

电力网的年运行费主要包括设备折旧费、小修费、维护管理费和电能损耗费四部分。

电力网的折旧费，是指电力网中的各种设备在运行过程中通过损耗而逐渐转移到电能成本的那部分价值费用。电力网中各种设备的折旧费对设备投资总额的百分数称为折旧率。电力网的折旧费与各种设备的使用年限、残值大小有关。电力网各种设备的大修和翻新费用也应从折旧费中支付。

电力网中设备的小修费，是指为了保持电力网中各种设备的技术性能而必须对设备进行的经常性小修所花费的费用。通常以设备投资的百分数来表示。

设备的维护管理费，是指为了保证设备的正常运行而对设备进行的经常性维护和管理以及为此而配备的维护管理人员、交通运输工具、住宅和其他必需设备等所支付的费用。维护管理费通常也可以以设备投资的百分数来表示。

电力网中的电能损耗费，是指电力网一年的网损电量与计算电价（售电价或电能成本）的乘积。电能损耗费与电价有关。电力网中的电能损耗费还应包括电力网的电晕损耗费。

【例 7.4】 某 35 kV 架空线路，采用双回钢芯铝绞线架设，线路长 15 km，末端最大负荷为 16 MW，平均功率因数为 0.9，年最大负荷利用小时数允许最大电压损耗为 5%。试选择导线截面。

解 按经济电流密度选择导线截面，按三个必要条件及允许电压损耗校验导线截面。

最大工作电流：$I_{g\max} = \dfrac{P/2}{\sqrt{3}U_N \cos\varphi} = \dfrac{8 \times 10^3}{\sqrt{3} \times 35 \times 0.9} = 146.63 \text{ (A)}$

由 $T_{\max} = 2\,800$ h，查表得经济电流密度 $J = 1.65 \text{ A/mm}^2$。

计算经济截面：$S_J = \dfrac{I_{g\max}}{J} = \dfrac{146.63}{1.65} = 88.87 \text{ (mm}^2)$

选择最接近的截面：LGJ-95 型导线。其参数是：$r_0 + jx_0 = 0.332 + j0.4 \text{ (}\Omega/\text{km)}$，长期持续安全电流为 335 A。

校验：

① 机械强度。$S = 95 \text{ mm}^2 > S_Y = 25 \text{ mm}^2$ 满足要求。

② 发热温度。因双回线路在运行中允许单回运行，此时，线路流通电流增大，发热加剧，为最恶劣运行情况。在发热温度校验中应考虑该运行方式。

$$I_{\max} = 2 \times 146.63 = 293.26 \text{ A} < I_Y = 355 \text{ (A)} \quad \text{满足要求}$$

③ 电晕条件。由于线路为 35 kV，故不必验算电晕条件。

④ 电压损耗 $\Delta U = \dfrac{PR + QX}{U}L = \dfrac{16 \times 0.332 + 7.75 \times 0.4}{35} \times \dfrac{15}{2} = 1.80 \text{ (kV)}$

$$U(\%) = \dfrac{\Delta U}{U} = \dfrac{1.80}{35} \times 100\% = 5.15\% > 5\%$$

不满足要求，应增大导线截面，改选 LGJ-120 型导线。其参数是：

$r_1 + jx_1 = 0.263 + j0.421 \, (\Omega / \text{km})$，长期持续安全电流为 380 A。

校验：

① 机械强度 $S = 95 \, \text{mm}^2 > S_Y = 25 \, \text{mm}^2$ 满足要求。

② 发热温度 $I_{\max} = 2 \times 146.63 = 293.26 \, \text{A} < I_Y = 335 \, (\text{A})$

查表知 LGJ-95 导线在故障运行方式下最大安全电流为 335 A，大于导线中最大电流，满足要求。

③ 电晕条件 由于线路为 35 kV，故不必验算电晕条件。

④ 电压损耗 $\Delta U = \dfrac{PR + QX}{U} L = \dfrac{16 \times 0.263 + 7.75 \times 0.421}{35} \times \dfrac{15}{2} = 1.60 \, (\text{kV})$

$$U(\%) = \frac{\Delta U}{U} = \frac{1.60}{35} \times 100\% = 4.57\% < 5\% \quad \text{满足要求。}$$

所以所选 LGJ-120 型架空导线符合要求。

7.4 电力系统有功功率的经济分配

电力系统有功功率的经济分配有两个主要内容：有功功率电源的最优组合和有功功率负荷的经济分配。

有功功率电源的最优组合，是指系统中发电机组的合理组合，也就是机组的合理开停。它的主要任务是确定机组的最优组合顺序、机组的最优组合数量和机组的最优开停时间。有功功率电源的最优组合涉及的是系统中冷备用容量合理分配问题。有功功率负荷的经济分配是指电力系统有功负荷在各运行发电机组间的合理分配，也就是电力系统的经济调度，它涉及的是系统中热备用容量的合理分配问题。

对有功功率电源的最优组合内容本书不作详细讨论，只就各类发电厂的运行特点，对它们承担负荷的合理顺序作简单的说明。而对有功功率负荷最优分配作较详细讨论。

7.4.1 各类发电厂的运行特点和合理组合

按照使用的能源形式的不同，发电厂可以分为火力发电、水力发电、原子能发电、风力发电、地热发电、潮汐发电、太阳能发电等形式的发电厂。其中前三类发电厂占主导地位，占整个发电量的 99% 以上。后几种是目前国家提倡的无污染的绿色发电形式。

1. 各类发电厂的运行特点

1）火力发电厂

火力发电厂的运行需要消耗燃料；火力发电设备的效率和有功功率出力的调节范围与蒸汽参数有关，其中高温高压设备的效率高但可灵活调节的范围小，中温中压设备的效率较低但可灵活调节的范围稍大，低温低压设备的效率最低，一般不用于调频；火力发电厂的出力受锅炉、汽轮机最小负荷的限制，锅炉的技术最小负荷约为额定负荷的 25%～70%，汽轮机的技术最小负荷约为额定负荷的 10%～15%；机组的投入和退出费时且消耗能量多。

带有热负荷的热电厂的技术最小负荷取决于热负荷的大小，与热负荷相对应的输出功率是不可调节的强迫功率。热电厂的效率要高于一般的凝汽式火电厂。

2）水力发电厂

水力发电厂的运行不需消耗燃料；水轮机有一个技术最小负荷，水轮机的调节范围较大；水电厂的运行受水库调节性能的影响，有调节水库的水电厂的运行方式由水库调度确定，无调节水库的水电厂发出的功率由河流的天然流量决定；水轮机组的启停快，操作简单；水电厂的水库一般还兼有防洪、航运、灌溉等多种功能，因此必须向下游释放一定的水量，与这部分水量相对应的功率也是强迫功率。

3）原子能发电厂

原子能发电厂一次性投资大，但运行费用小，其技术最小负荷取决于汽轮机；原子反应堆和汽轮机的投入与退出费时且消耗能量多，还比较容易损坏设备。

2. 各类发电厂的合理组合

在安排各类发电厂的发电任务时，应根据它们的运行特点，本着合理利用动力资源的原则，同时考虑我国的能源政策，充分合理地安排各类发电厂的发电任务，实现有功电源的最优组合。

① 无调节水库的水电厂的全部功率和有调节水库的水电厂强迫功率应首先投入。对于有调节水库的水电厂，在丰水期，因水量充足，应让它带稳定负荷，由中温中压凝汽式火电厂来带变动负荷，即担负调频任务；在枯水期，因水量较少应让它带变动负荷。

② 原子能电厂由于运行费用小且启停费时，适宜带稳定负荷。

③ 对于火电厂来说，热电厂和高温高压凝汽式火电厂都应带稳定负荷，效率较低的中温中压火电厂可带稳定负荷，也可带变动负荷。

各类发电厂在电力系统日负荷曲线上的位置如图 7.7 所示。

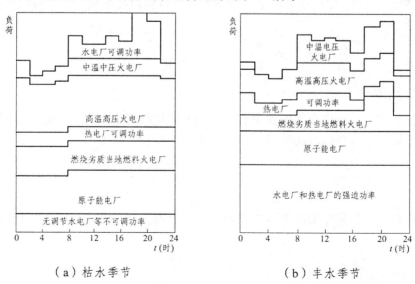

（a）枯水季节　　　　　　　（b）丰水季节

图 7.7　各类发电厂的合理组合

7.4.2 有功功率负荷的经济分配

电力系统中有功功率负荷在各运行发电机组间合理分配的目标，是在满足一定约束条件的前提下，尽可能节约消耗的能源。

不同的发电机组的煤耗率是有区别的，因此系统发电机组的经济运行，其实质就是合理安排发电机组的发电功率，使其总的燃料消耗最少。由于无功功率对燃料消耗量的影响很小，所以只考虑有功功率对燃料的影响问题。

1. 发电机组能源消耗与输出有功功率的关系

1）耗量特性

发电机组单位时间内消耗的燃料 F 或水量 W 与输出有功功率 P_G 的关系，称为耗量特性。可以根据发电厂的运行记录绘制耗量特性曲线，如图 7.8 所示。

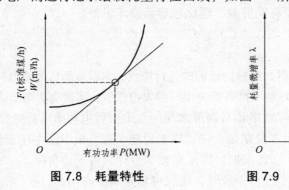

图 7.8　耗量特性　　　　**图 7.9　耗量微增率特性曲线**

2）比耗量 μ

耗量特性曲线上某一点纵坐标和横坐标的比值，称为比耗量 μ。即单位时间内输入能量与输出功率之比。显然，比耗量 μ 实际是原点和耗量特性曲线上某一点连线的斜率，如图 7.8 所示。即

$$\mu = \frac{F}{P_G} \quad 或 \quad \mu = \frac{W}{P_G}$$

3）耗量微增率 λ

耗量特性曲线上某一点切线的斜率称为该点的耗量微增率。它表示在该点运行时，单位时间内输入能量微增量与输出功率微增量的比值。用数学表示为

$$\lambda_i = \frac{\mathrm{d}F_i}{\mathrm{d}P_i} \tag{7.23}$$

反映发电机能源耗量微增率 λ 与输出有功功率之间关系的曲线，称为耗量微增率曲线，如图 7.9 所示。

2. 等耗量微增率准则

有功功率负荷最优分配的目的在于：在供应同样大小负荷有功功率的前提下，单位时间

内的能源消耗最小。在数学上，就是讨论在一定约束条件下，使某一目标函数为最优（求极值）的问题。

下面以有 n 台并联运行机组的火力发电厂设备系统为例，讨论有功功率负荷最优分配的目标函数和约束条件以及对目标函数求值的结果。

目标函数是发电厂的总耗量，它是各发电设备所发有功功率的函数。即

$$F_\Sigma = \sum_{i=1}^{n} F_i(P_{Gi}) \tag{7.24}$$

等约束条件：有功功率必须保持平衡，即

$$\sum_{i=1}^{n} P_{Gi} - \sum_{i=1}^{n} P_{Li} - \Delta P_\Sigma = 0 \tag{7.25}$$

不等约束条件：发电机有功功率、无功功率和电压大小不得超越限额，即

$$\left.\begin{array}{l} P_{G\min} \leqslant P_{Gi} \leqslant P_{G\max} \\ Q_{G\min} \leqslant Q_{Gi} \leqslant Q_{G\max} \\ U_{i\min} \leqslant U_i \leqslant U_{i\max} \end{array}\right\} \tag{7.26}$$

式中　$P_{G\max}$——发电设备的额定有功功率；

$P_{G\min}$——不得低于额定有功功率的 $25\% \sim 70\%$；

$Q_{G\max}$——取决于发电机定子或转子绕组的温升；

$Q_{G\min}$——取决于发电机并列运行的稳定性和定子端部温升等；

$U_{i\max}$ 和 $U_{i\min}$——由对电能质量的要求所决定。

根据相关的数学推导，在式（7.25）和式（7.26）所约束的条件下，目标函数式（7.24）具有最小值的条件为

$$\left.\begin{array}{l} \lambda = \dfrac{\mathrm{d}F_1}{\mathrm{d}P_{G1}} = \dfrac{\mathrm{d}F_2}{\mathrm{d}P_{G2}} = \cdots = \dfrac{\mathrm{d}F_n}{\mathrm{d}P_{Gn}} \\ \lambda_1 = \lambda_2 = \cdots = \lambda_n \end{array}\right\} \tag{7.27}$$

式（7.27）表明：电力系统各发电机组按相等的能源耗量微增率运行,系统总的能源耗量为最小，运行最经济，这称为等微增率准则。

下面用图解的方法来加深对等微增率准则的理解。

① 2 台机组并联运行的耗量特性曲线如图 7.10 所示。

在 7.10 图中，曲线 1 和 2 分别代表 1 号、2 号发电机组的耗量特性曲线；线段 OO' 代表总负荷功率 P；垂线 aa' 与 OO' 的交点 O'' 确定了 1 号、2 号发电机组的出力分配分别为 P_1、P_2，满足功率平衡关系：$P_1 + P_2 = P$；垂线 aa' 与两条耗量特性曲线的交点的纵坐标之和为：$F = F_1(P_1) + F_2(P_2)$，即代表两台机组总耗量。平行移动垂线 aa'，可以得到各种不同的发电机组出力分配方案，每种出力分配方案的发电厂总耗量不同。

可以看出，只有两点的曲线的切线平行时，aa' 间的距离最小，即发电厂的能源耗量最小，切线平行，就是微增率相等。即

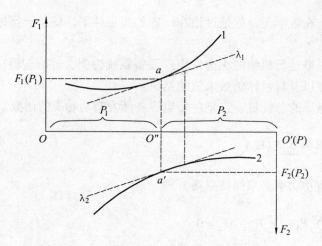

图 7.10　2 台机组运行的等微增率准则图解

$$\frac{\mathrm{d}F_1}{\mathrm{d}P_1}=\frac{\mathrm{d}F_2}{\mathrm{d}P_2} \quad 或 \quad \lambda_1=\lambda_2$$

② 有 n 台发电机组运行的耗量特性曲线如图 7.11 所示。

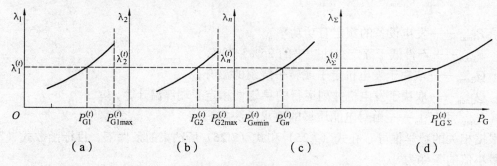

（a）　　　　　　（b）　　　　　　（c）　　　　　　（d）

图 7.11　n 台机组运行的等微增率准则图解

图解法的步骤是：

① 根据运行记录，作出每台发电机组及电力系统的能源耗量特性曲线。

② 根据能源耗量特性曲线，作出各发电机组及电力系统的能源耗量微增率曲线，如图 7.11 所示。

③ 如果在 t 时刻，系统总负荷为 $P_{\mathrm{LG}\Sigma}^{(t)}$，在图 7.11（d）中查出 $\lambda_\Sigma^{(t)}$，根据等微增率准则，有

$$\lambda_1^{(t)}=\lambda_2^{(t)}=\cdots=\lambda_n^{(t)}=\lambda_\Sigma^{(t)}$$

④ 由 $\lambda_1^{(t)}$、$\lambda_2^{(t)}$、$\lambda_n^{(t)}$ 在（a）图、（b）图、（c）图…（d）图中查出相应的 $P_{\mathrm{G}1}^{(t)}$、$P_{\mathrm{G}2}^{(t)}$、$\cdots$、$P_{\mathrm{G}n}^{(t)}$，即分别为各机组在 t 时刻应输出的经济功率。

⑤ 根据上述方法可以得到在一日 24 h 内不同时刻的发电机组的经济输出功率，据此可绘制各机组按等微增率运行的日负荷曲线。

按等微增率条件分配各发电机组出力时，还应考虑电力网中功率损耗、各电厂燃料品质及运输费用等因素。

【例 7.5】 已知某火电厂有 2 台机组，其耗量特性分别为 $F_1=0.01P^2+1.2P+20$、$F_2=$

$0.016P^2 +1.5P +8$，每台机组的额定容量均为 100 MW，当按额定容量发电时，耗煤量分别为 $F_1 = 240$ t/h，$F_2 = 318$ t/h。

（1）求发电厂负荷为 130 MW 时，两机应如何经济的分配负荷；

（2）已知两机使用煤的价格相等，试比较此时平均分配负荷（即按电能成本）与经济分配负荷的差异；

（3）当一台机运行时，电厂负荷在什么范围内采用 2 号机最经济？

解（1）先求两机组的微增率：

$$\lambda_1 = \mathrm{d}F_1 / \mathrm{d}P_1 = 0.02P_1 +1.2$$
$$\lambda_2 = \mathrm{d}F_2 / \mathrm{d}P_2 = 0.032P_2 +1.5$$

根据等微增率准则有：$\lambda_1 = \lambda_2$

即 $$0.02P_1 +1.2 = 0.032P_2 +1.5$$

又发电厂负荷为 130 MW，即

$$P_1 + P_2 = 130$$

联立两方程，解得

$$P_1 = 85.77 \text{ MW}，\quad P_2 = 44.23 \text{ MW}$$

（2）按等微增率准则经济分配负荷时，有

$$F_1 = 0.01P_1^2 +1.2P_1 +20 = 0.01 \times 85.77^2 +1.2 \times 85.77 +20 = 196.49 \text{ (t/h)}$$
$$F_2 = 0.016P_2^2 +1.5P_2 +8 = 0.016 \times 44.23^2 +1.5 \times 44.23 +8 = 105.65 \text{ (t/h)}$$

此时总的耗量为 $F = F_1 + F_2 = 302.11 \text{ (t/h)}$

按平均分配负荷时，有

$$F_1 = 0.01P_1^2 +1.2P_1 +20 = 0.01 \times 65^2 +1.2 \times 65 +20 = 140.25 \text{ (t/h)}$$
$$F_2 = 0.016P_2^2 +1.5P_2 +8 = 0.016 \times 65^2 +1.5 \times 65 +8 = 173.1 \text{ (t/h)}$$

此时，总的耗量为 $F = F_1 + F_2 = 313.35 \text{ (t/h)}$

显然，按等微增率准则经济分配负荷可节省原材料，其经济性可观。

（3）两台机组耗量特性的交点，也就是煤耗量相同点，是选择运行方案的转折点，所以求出交点的功率就能得知什么情况下采用 2 号机更经济。由两条耗量特性建立方程式：

$$0.01P^2 +1.2P +20 = 0.016P^2 +1.5P +8$$

简化成

$$P^2 +50P -2\,000 = 0$$

解方程式可得

$$P = 26.23 \text{ (MW)}$$

由耗量特性可知，2 号机耗量特性在 $0 \sim 26.23$ MW 之间低于 1 号机耗量特性，因此负荷在 $0 \sim 26.23$ MW 时调用 2 号机最经济。

等微增率分配准则不仅可用于同一电厂内各机组间的负荷分配，而且可直接应用于系统中只有火电厂或只有水电厂且不计网络损耗时各电厂间的经济功率分配。

思考题和习题

一、填空题

1. 电力网络的损耗由两部分组成，一部分与电压有关，称为_____；另一部分与传输功率有关，称为_____。

2. 电力网络的不变损耗与_____有关，而可变损耗与_____有关。

3. 电力系统的经济指标一般是指火电厂的_____和_____及电力网的_____。

4. 电力系统中有功功率负荷合理分配的目标是在满足一定的_____前提下，尽可能节约_____。

5. 等耗量微增率准则表示的含义是：为使_____最小，应按相等的耗量微增率在发电设备或发电厂之间_____。

6. 在负荷点适当地装设_____，可以减少_____上的功率损耗和电压损耗，从而提高负荷点的电压。

二、简答题

1. 什么是电力网的电能损耗（损耗电量）？网损率？

2. 简述用最大负荷损耗时间法计算电能损耗的方法。

3. 降低网损的技术措施有哪些？

4. 什么是等耗量微增率准则？

三、计算题

1. 有一 10 kV 配电线路如图 7.12 所示，其末端负荷为 $1\,000+$

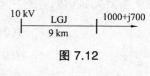

图 7.12

$j700$ kV·A，导线采用钢芯铝绞线，三相导线的几何平均距离为 1 m，线路长度为 9 km，当线路允许电压损耗分别为 5%、7%、10% 时，试选择导线截面。

2. 某 35 kV 线路，采用 LGJ-70 型导线（$r_1 = 0.45\ \Omega/\mathrm{km}$），需输送最大负荷为 $5\,000$ kV·A 功率给某厂，$\cos\varphi = 0.8$，线路长 6 km，$T_{\max} = 4\,500$ h，线路末端有一台容量为 $5\,600$ kV·A 的变压器（$R_{\mathrm{T}} = 2.23\ \Omega$），变比为 35 kV/11 kV，$\Delta P_0 = 9.2$ kW。试计算该电力网全年的电能损耗。

3. 有一条额定电压为 10 kV、长度为 20 km 的架空线路，采用 LG-50 型的导线（$r_1 = 0.64\ \Omega/\mathrm{km}$）。已知由此线路所供电的用户的年持续负荷曲线如图 7.13 所示，$\cos\varphi = 0.85$。试求：

（1）用户全年的用电量及最大负荷利用小时数 $T_{\max}$。

（2）线路一年的电能损耗及电能损耗百分数。

4. 有一额定电压为 10 kV 的架空线路，接线如图 7.14 所示，采用铝绞线架设，干线截面相同，线路的几何均距为 1 m，线路长度及各点负荷均标在图中。最大负荷利用小时数 $T_{\max} = 3\,000$ h，线路允许电压损耗为额定电压的 5%。试分别按经济电流密度和允许电压损耗选择干线 Ac 的截面。

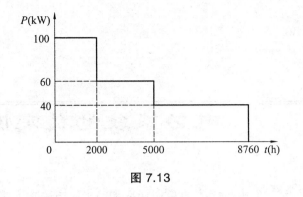

图 7.13

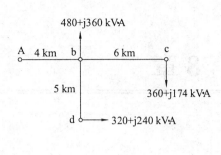

图 7.14

5. 已知某火电厂有两台机组，其耗量特性分别为 $F_1 = 0.004P_1 + 0.3P_1 + 4$ t/h，$F_2 = 0.008P_2 + 0.4P_2 + 2$ t/h。每台机组的额定容量均为 300 MW。求发电厂负荷为 500 MW 时，两机应如何经济地分配负荷。

6. 某电力网年持续负荷曲线如图 7.15 所示，已知 $U_N = 10$ kV，$R = 10$ Ω，有关数据示于图中，$\cos\varphi = 0.8$。试求一年内线路中的电能损耗及能耗百分数。

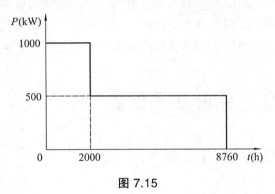

图 7.15

7. 110 kV 输电线路长 120 km，$r_1 + jx_1 = (0.17 + j0.42)$ Ω/km，$b_1 = 2.82 \times 10^{-6}$ S/km。线路末端最大负荷为 $(32 + j22)$ MV·A，$T_{max} = 4\,500$ h，求线路全年电能损耗。

8. 某 110 kV 的架空线路，采用钢芯铝绞线，输送最大功率为 30 MW，$T_{max} = 4\,500$ h，$\cos\varphi = 0.85$，试按经济电流密度选择导线截面。

9. 若例题 7.2 中负荷的功率因素提高到 0.92，电价为 0.50 元/kW·h，求全年因此降低电能损耗而节约的费用。

10. 如图 7.16 所示的电力网，变电站的最大负荷已标在图中，输电线路采用 LGJ-185 型导线，长度 60 km，其单位长度的参数为：$r_1 = 0.17$ Ω/km，$x_1 = 0.409$ Ω/km，$b_1 = 2.82 \times 10^{-6}$ S/km。变压器为 $2 \times$ SFL-25000/110。其单台的技术数据为 $\Delta P_0 = 32.5$ kW，$\Delta P_K = 123$ kW，$I_0(\%) = 0.8$，$U_K(\%) = 10.5$。两台变压器全年投运，试求该电力网全年的电能损耗和理论网损率。

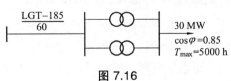

图 7.16

第 8 章

电力系统的稳定性

电力系统发生扰动后（负荷变动或故障），发电机输入的机械功率和输出的电磁功率将出现暂时的不平衡，从而引起转子的机械运动过程。在这个过程中，电力系统是否还能继续稳定运行，是电力系统稳定性要研究的核心问题。如果电力系统在发生扰动后失去了稳定，往往会引起大面积停电，严重影响生产和生活。随着电力系统的日益发展、联网系统的不断扩大及运行经验教训的不断总结，电力系统稳定性问题得到愈来愈广泛的重视。分析电力系统稳定性的内在规律并研究提高稳定性的措施，对现代电力系统的可靠、安全运行极其重要。

本章在介绍电力系统稳定性的基本概念后，以简单电力系统为例，仅对电力系统的稳定问题作定性分析。同时介绍保证电力系统和提高电力系统稳定性的措施。

8.1 电力系统稳定性的基本概念

8.1.1 电力系统稳定性的概念

1. 电力系统的扰动

电力系统的稳定性，是指电力系统受到一定的扰动后能否继续运行的能力。在分析电力系统的稳定性时，常把扰动分为大和小。

小扰动一般指负荷的随机涨落、汽轮机蒸汽压力的波动、发电机电压发生小的偏移等。

大扰动则是指负荷的突然变化（如切除或投入大容量的用电设备）、突然切除电力系统的大型元件（如发电机、变压器、输电线路等）、电力系统发生短路故障等。

2. 电力系统稳定性的概念

电力系统中的同步发电机都是并联运行的，使并联运行的所有发电机保持同步是电力系统维持正常运行的基本条件之一。

正常运行时，发电机的输入功率（原动机的机械输出功率）与输出的电磁功率是平衡的，所有发电机都保持同步的运行。但电力系统的扰动出现，会破坏这种平衡状态。因为任何扰动都会引起系统中发电机的电磁功率发生变化，从而引起发电机的转速变化。这是一个机电暂态过程。

在这个过程中，发电机的转速将偏离同步转速，并在同步转速的上下摇摆。如果这种变化经过一段时间后，能够重新恢复到同步运行状态，则称系统是稳定的；相反，如果转速偏离同步转速后不能恢复到同步运行，则称系统是不稳定的。因此，稳定性问题可以看做是在外界扰动下，发电机机组间保持同步运行的能力。

根据扰动的大小，把电力系统的稳定性问题分为静态稳定性和暂态稳定性。

静态稳定性是指电力系统受到小干扰后，不发生非周期性的失步，自动恢复到起始运行状态的能力。

暂态稳定性是指电力系统受到大干扰后，各同步发电机能保持同步运行，并过渡到新的或恢复到原来的稳定运行方式的能力。

电力系统的稳定性问题，无论是静态稳定、暂态稳定还是动态稳定，都是研究电力系统受到某种干扰后，能否重新回到原来的运行状态或安全的过渡到一个新的运行状态的问题，并以系统中任一发电机是否失步为依据。

8.1.2　分析电力系统稳定性的基础知识

要分析电力系统的稳定性问题，首先要讨论同步发电机组和异步电动机组的机电特性，前者称为电源的稳定性问题，后者称为负荷的稳定性问题，同步发电机组对电力系统的稳定性起主导作用，因此对电力系统的稳定性研究主要是研究同步发电机并联运行的稳定性。

由前面叙述可知，同步发电机并联运行的稳定性问题，涉及发电机的电磁功率变化、发电机转速的变化、发电机与系统或发电机与发电机之间的相对运动。这些变化规律可以用同步发电机的转子运动方程和同步发电机组的功-角特性方程来描述，是我们分析电力系统稳定性的理论基础。

1. 同步发电机的功率及转矩平衡

同步发电机在运行时，原动机（汽轮机、水轮机等）的机械旋转功率除了极少部分损耗外，大部分转变为定子输出的电功率。假设原动机输入功率为 P_T，扣除空载损耗 P_0 和励磁损耗 P_L（励磁机与发电机同轴）后，都由发电机转变为电功率 P_e。发电机输出电功率时，定子电流在绕组中还要损耗一部分功率，即铜损 $P_{Cu} = 3I^2R$。因此，发电机实际输出功率是 $P_e - P_{Cu}$，即有

$$P_T - (P_0 + P_L) = P_e - P_{Cu} \tag{8.1}$$

在定性分析中，常忽略各损耗量，从而将式（8.1）记为

$$P_T = P_e \tag{8.2}$$

式中　P_T——原动机提供给发电机的机械功率；

　　　P_e——发电机发出的电磁功率。

式（8.1）、（8.2）反映了发电机组正常运行时的功率平衡关系。

在式（8.2）等号两边同除以发电机组转子机械角速度 Ω，可得

$$M_T = M_e \tag{8.3}$$

式（8.3）反映了发电机组正常运行时的转矩平衡关系。

2. 发电机组的转子运动方程

从《电机学》的知识可知发电机组的转子运动方程式为

$$\left.\begin{aligned} \frac{\mathrm{d}\delta}{\mathrm{d}t} &= \omega - \omega_0 \\ \frac{\mathrm{d}\omega}{\mathrm{d}t} &= \frac{\omega_0}{T_J}(P_T - P_e) \end{aligned}\right\} \tag{8.4}$$

式中，T_J 是发电机的转子惯性时间常数。ω、ω_0 用来表征发电机机械转速和同步转速，而相对电角度 δ（也称发电机的功角）则用来反映发电机转子的空间位置。ω、ω_0、δ 三者之间的关系如图 8.1 所示。

从式（8.4）可知，发电机组之间的相对位置关系则取决于各发电机的转速。发电机转子的运动状态决定于作用在发电机上的不平衡功率。该不平衡功率取决于由原动机供给的机械功率与发电机输出的电磁功率之间的差值。

根据能量守恒原理：当 $P_T = P_e$ 时，发电机获得的能量等于发电机发出的能量，发电机保持相对静止，转速 $\omega = \omega_0$ 维持不变，其相对功率角 δ 保持不变，发电机为同步运行

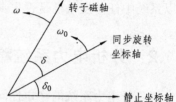

图 8.1 同步发电机转子相对电角度 δ 示意图

状态；当 $P_T > P_e$ 时，发电机获得的能量大于发电机发出的能量，转速 ω 将增大，当 $\omega > \omega_0$ 时，其相对功率角 δ 将减小；当 $P_T < P_e$ 时，发电机获得的能量小于发电机发出的能量，转速 ω 将减小，当 $\omega < \omega_0$ 时，其相对功率角 δ 将增大。

3. 同步发电机的功角特性

由于惯性作用，发电机的机械功率在机电暂态过程中可视为不变，因而电力系统稳定性的定性分析重点是分析发电机的电磁功率与相对功率角 δ 的关系。这种关系被称为同步发电机的功角特性。

下面以一台隐极发电机直接和无限大电源系统母线相连的简单系统（简称单机——无穷大系统）为例，分析同步发电机的功角特性。

图 8.2（a）为一简单电力系统，发电机经过升压变压器 T_1、输电线路及降压变压器 T_2 与无穷大系统的母线连接。系统的电阻和导纳忽略不计，只考虑各元件的电抗。发电机是隐极的（汽轮发电机），代表一个发电厂。受端系统为无限大容量系统，所以其母线电压 $\dot{U}$ 的大小和相位可以认为是恒定不变的。

图 8.2（b）是该系统的相量图。

根据图 8.2（b）有：$\dot{E}_q = \dot{U} + j\dot{I}X_{d\Sigma}$ \hfill (8.5)

其中 $\qquad X_{d\Sigma} = X_d + X_{T1} + \dfrac{X_L}{2} + X_{T2}$

根据图 8.2（b）相量图，可以写出如下的关系（按标么值）

$$E_q \sin\delta = IX_{d\Sigma}\cos\varphi \tag{8.6}$$

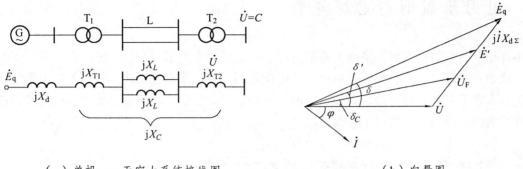

（a）单机——无穷大系统接线图　　　　　　　　（b）向量图

图 8.2　单机——无穷大系统

送端发电机送出电功率为

$$P_e = IU\cos\varphi \tag{8.7}$$

联立（8.6）、（8.7）两式，可得发电机的功角特性方程为

$$P_e = \frac{E_q U}{X_{d\Sigma}}\sin\delta \tag{8.8}$$

式（8.8）中，E_q 代表发电机的空载电势，不计磁路饱和影响时，它与励磁电流成正比，系统运行情况作缓慢的变化时，可认为它保持恒定不变。δ 称为功角，它表示发电机电势与受端系统母线电压之间的相位差；同时代表发电机转子的磁场轴线与受端系统等值发电机转子的磁场轴线之间的空间位移角（简单地说是发电机的转子之间的角度）。

式（8.8）表明，在发电机端电势 E_q 和母线电压 U 恒定时，发电机向受端系统输出的功率与 δ 的函数关系。常用来研究电力系统的静稳定问题。

当系统运行情况的变化迅速而剧烈时（如系统发生短路故障时），发电机的电势要相应的发生变化。这时再用式（8.8）来研究发电机的输出功率和 δ 之间的关系，就不准确和简便。现代发电机都装有自动励磁调节系统，不同类型的自动励磁调节系统，可在电力系统遭受扰动前后的瞬间，保持发电机的暂态电势 $\dot{E}'$ 或端电压 U_F 不变。这样，发电机的功角特性应为

当 $\dot{E}'$ 恒定时，　　　　$P_e = \dfrac{E'U}{X'_{d\Sigma}}\sin\delta'$ 　　　　　　　　　　　　（8.9）

其中　　　　　　　　$X'_{d\Sigma} = X'_d + X_{T1} + \dfrac{X_L}{2} + X_{T2}$

X'_d 为发电机的暂态电抗，它小于 X_d。

当 U_F 恒定时，　　　　$P_e = \dfrac{U_F U}{X_C}\sin\delta_C$。　　　　　　　　　　　　（8.10）

其中　　　　　　　　$X_C = X_{T1} + \dfrac{X_L}{2} + X_{T2}$

8.2 电力系统的静态稳定性

小扰动所引起的稳定问题是电力系统的静态稳定性。电力系统在某一运行方式下，受到外界小扰动后，经过一个机电暂态过程，能够恢复到原始稳态运行方式，则认为电力系统在这一运行方式下是静态稳定的；否则，是静态不稳定的。它包括同步发电机并联运行的静态稳定性和负荷的静态稳定性两个方面。

8.2.1 同步发电机并联运行的静态稳定性

下面以图 8.2 (a) 所示的简单电力系统为例，来分析同步发电机并联运行的静态稳定性。正常运行时，如果不考虑发电机自动调节励磁装置的作用，这个系统的功角特性为

$$P_E = \frac{E_q U}{X_{d\Sigma}} \sin\delta$$

其功角特性曲线如图 8.3 所示。

假定系统在某一正常运行状态下，原动机输入的机械功率为 P_T，发电机输出的电磁功率为 P_0。由图 8.3 可见，在满足机械功率与发电机输出的电磁功率相平衡，即 $P_T = P_0$ 的条件下，在功角特性曲线上将有两个运行点 a、b，与其相对应的功角 δ_a 和 δ_b，下面分析电力系统在这两点运行时，受到微小干扰后的情况，以及静态稳定的实用判据和静态稳定储备系数的概念。

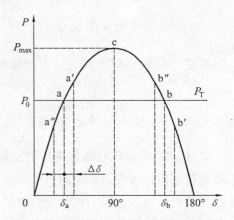

图 8.3　简单电力系统的功角特性曲线

1. 静态稳定性的分析

先分析在 a 点的运行情况。此时，系统运行功角为 δ_0，转速保持为同步转速 ω_0。当系统出现一个瞬时的小干扰，而使功角 δ 增加一个微量 $\Delta\delta$ 时，输出的电磁功率将从 a 点相对应的值 P_a 增加到与 a' 点相对应的 P_a'。但因输入的机械功率 P_T 不调节，仍为 P_a，在 a' 点输出的电磁功率将大于输入的机械功率 P_T。因此作用在转子上的过剩功率小于 0，根据转子运动方程的基本关系，在此过剩功率的作用下，发电机组将减速，转速将小于同步转速 ω_0，功角 δ 将减小，运行点将渐渐回到 a 点，如图 8.4 (a) 中实线所示。

当一个小干扰使功率角 δ 减小一个微量 $\Delta\delta$ 时，情况相反，输出的电磁功率将减小到与 a'' 对应的值 P_a''，此时作用在转子上的过剩功率大于零，在此过剩功率的作用下，发电机组将加速，转速将大于同步转速 ω_0，使功角 δ 增大，运行点将渐渐地回到 a 点，如图 8.4 (a) 中虚线所示。

所以 a 点是静态稳定运行点。

据此分析可得在图 8.3 中 c 点以前，即 $0° < \delta < 90°$ 时，皆为静态稳定运行点。

2. 静态不稳定分析

再分析在 b 点的运行情况，b 点也是一个功率平衡点（$P_T = P_e$）。系统的运行功角为 $180° - \delta_0$，转速保持为同步转速 ω_0，当系统中出现一个瞬时的小干扰，而使功角 δ 增加一个微量 $\Delta \delta$ 时，输出的电磁功率将从 b 点对应的 P_0 减少到 b′ 点相对应的 P_b'，在原动机输出的功率不调节（$P_T = P_0$）的假设下，作用在转子上的过剩功率大于零。在过剩功率的作用下，发电机转子将加速，转速将大于同步转速 ω_0，功角 δ 将进一步增大。而随着功角的增大，与之对应的电磁功率将进一步减小。这样继续下去，运行点不可能再回到 b 点，如图 8.4（b）中实线所示。功角 δ 不断增大，标志着两个电源之间将失去同步，电力系统将不能并列运行而瓦解。

如果瞬时出现的小干扰使功角减小一个微量 $\Delta \delta$，情况又不同，输出的电磁功率将增加到与 b″ 点相对应的值 P_b''，此时过剩功率小于零，在此过剩功率的作用下，发电机将减速，转速将小于同步转速 ω_0，功角将继续减小，一直减小到稳定点 a 点运行，如图 8.4（b）中虚线所示。

所以 b 点不是静态稳定运行点。同理，在 c 点以后，即 $\delta > 90°$ 时，都不具备静态稳定性。

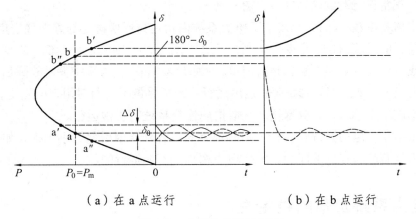

（a）在 a 点运行　　　　　　（b）在 b 点运行

图 8.4　功率角的变化过程

3. 电力系统静态稳定的实用判据

根据以上分析可见，对上述简单电力系统，当功角 δ 在 $0° \sim 90°$ 范围内时，电力系统可以保持静态稳定运行，在此范围内功角特性曲线为增函数，即 $\dfrac{dP}{d\delta} > 0$；而 $\delta > 90°$ 时，电力系统不能保持静态稳定运行，在此范围内功角特性曲线为减函数，即 $\dfrac{dP}{d\delta} < 0$。显然，$\delta = 90°$ 为静态稳定与不稳定的分界点，称为稳定极限，此时有

$$P_{wj} = \frac{E_q U}{X_{d\Sigma}} \tag{8.11}$$

因稳定极限点本身不具备抗干扰能力，故不是静态稳定点。

由此，可以得出电力系统静态稳定的实用判据为

$$\frac{dP}{d\delta} > 0 \tag{8.12}$$

根据此式可判定电力系统中的同步发电机并列运行是静态稳定的。它是历史上第一个、也是最常用的一个静态稳定判据。虽然，严格的数学分析表明，仅根据这个判据不足以最后判定电力系统的静态稳定性，因而它只能是一种实用判据。事实上，静态稳定的判据不止一个。

4. 静态稳定储备系数

从电力系统运行可靠性要求出发，一般不允许电力系统运行在稳定的极限附近。否则，运行情况稍有变动或者受到干扰，系统便会失去稳定。为此，要求运行点离稳定极限有一定的距离，即保持一定的稳定储备。电力系统静态稳定储备的大小通常用静态稳定储备系数 K_P 来表示。即

$$K_P(\%) = \frac{P_{wj} - P_0}{P_0} \times 100\% \tag{8.13}$$

式中　　P_{wj}——静态稳定的极限功率（即功角特性曲线的顶点 c）；

　　　　P_0——正常运行时的输送功率（$P_0 = P_T$）。

静态稳定储备系数 K_P 的大小表示了电力系统由功角特性所确定的静态稳定度。K_P 越大，稳定程度越高，但系统输送功率受到限制。反之，K_P 过小，则稳定程度低，降低了系统运行的可靠性。我国目前规定，在正常运行时 K_P 应为 15%～20%；当系统发生故障后，由于部分设备（包括发电机、变压器、线路等）退出运行，为了尽量不间断对用户的供电，允许 K_P 短时降低，但不应小于 10%，并应尽快地采取措施恢复系统的正常运行。

最后还要指出，电力系统在运行中随时都将受到各种原因引起的小干扰，如果电力系统的运行状态不具有静态稳定的能力，那么电力系统是不能运行的。

8.2.2　电力系统负荷的稳定性

所谓电力系统负荷的稳定性即电压的稳定性，是指电力系统受到干扰而引起电压变化时，负荷的无功功率与电源的无功功率能否保持平衡或恢复平衡的问题。电压稳定性遭到破坏，将导致系统内电压崩溃，即系统端电压不断下降。电压崩溃一般为局部性的，但其影响可能波及全系统，大量的电动机将失速、停转，并列运行的发电机可能失步，导致系统瓦解。因此，电压稳定性与发电机并列运行的功角稳定性同等重要，都是整个电力系统安全运行的重要方面，而且它们之间是相互联系的。对于无功功率严重不足、电压水平较低的系统，很可能出现电压"崩溃"现象；同时，系统运行在较低电压水平时，将威胁发电机并列运行的稳定性。

设某电力系统的接线如图 8.5 所示，枢纽变电所一次侧的母线是系统的电压中枢点，它从三个电源受电，向两个负荷供电。电力系统综合负荷的无功功率电压静态特性如图 8.6 中的曲线 $Q_L = F(U)$ 所示，它由 L_1 和 L_2 两个负荷综合而成；发电机的无功电压静态特性如图 8.6 中的曲线 $Q_G = F(U)$ 所示，它由 G_1、G_2 和 G_3 三个发电厂等值发电机的无功功率综合而成。这两条曲线有 a、b 两个交点，这两点都是电力系统无功功率的平衡点，但是这两个点在系统运行时的抗干扰能力是不一样的。

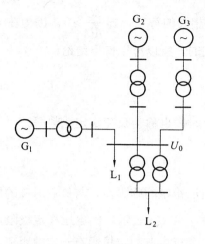

图 8.5 某电力系统的接线图

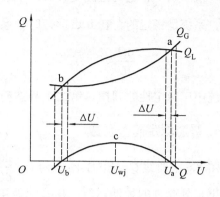

图 8.6 电力系统无功功率与电压关系曲线

1. 静态稳定性的分析

先分析 a 点的运行情况。当系统内出现微小的干扰，使电压升高一个微量 ΔU 时，负荷的无功功率增加，电源供应的无功功率小于无功负荷，中枢点处的无功功率出现缺额，迫使各发电厂向中枢点输送更多的无功，电网内的电压降因此增大，从而使中枢点的电压下降，恢复到原始值。

反之，当系统出现微小的干扰，使电压下降一个微量 ΔU 时，负荷的无功功率减小，电源供应的无功功率大于无功负荷，中枢点处的无功功率出现过剩，迫使各发电厂向中枢点输送的无功减小，电网内的电压降也随之减小，从而使中枢点的电压回升，恢复到原始值。所以在 a 点运行时，系统具有一定的抗干扰能力，电压是稳定的。

2. 静态不稳定分析

再分析 b 点的运行情况。当系统出现干扰使电压升高一个微量 ΔU 时，负荷的无功功率减小，电源供应的无功功率大于无功负荷，中枢点处的无功功率出现过剩，迫使各发电厂向中枢点输送无功减少，电网上的电压降随之减小，从而使中枢点的电压进一步升高，循环不已，运行点将移到 a 点，达到新的平衡。

当干扰使电压下降一个微量 ΔU 时，负荷与电源的无功功率失去平衡，中枢点处出现无功缺额，使中枢点电压进一步下降，进而无功缺额更大，恶性循环下去，将使系统电压"崩溃"。所以在 b 点运行时，系统无抗干扰能力，电压是不稳定的。

3. 电力系统静态稳定的实用判据

进一步观察 a 和 b 两个运行点的异同，可找出判断系统电压稳定性的判据。图 8.6 上的曲线 Q 代表 Q_G 与 Q_L 的差额，即 $Q = Q_G - Q_L$，称无功剩余。在 a 点运行时，系统电压处于较高的水平，当电压升高时，无功剩余 Q 向负方向增大；电压降低时，无功剩余 Q 向正方向增大。即电压变量 ΔU 与无功剩余 Q 有相反的符号，也就是 $\dfrac{\mathrm{d}Q}{\mathrm{d}U} < 0$。在 b 点运行时，系统电压

处于较低的水平，这时电压变量 ΔU 与无功剩余 Q 有相同的符号，即 $\dfrac{\mathrm{d}Q}{\mathrm{d}U} > 0$。因为在 a 点运行时，系统是稳定的；在 b 点运行时，系统是不稳定的。所以可以得出结论：

$$\frac{\mathrm{d}Q}{\mathrm{d}U} < 0 \tag{8.14}$$

是系统电压稳定性的判据。第二个静态稳定判据，有时候也称为负荷稳定性判据。

4. 静态稳定储备系数

图 8.6 中曲线 $Q = F(U)$ 上的 c 点，$\dfrac{\mathrm{d}Q}{\mathrm{d}U} = 0$，是电压稳定的临界点，与该点对应的电压，是中枢点处允许的最低运行电压，叫做电压稳定极限，以 U_{wj} 表示。因电压稳定极限点本身不具备抗干扰能力，故不是静态稳定点。因此，要求运行点离稳定极限有一定的距离，即保持一定的稳定储备。电力系统电压稳定储备的大小通常用电压稳定储备系数 K_U 的百分数来表示。即

$$K_U(\%) = \frac{U_0 - U_{\mathrm{wj}}}{U_0} \times 100 \tag{8.15}$$

式中，U_0 表示中枢点母线的运行电压。$K_U(\%)$ 的数值，在正常运行情况下应不小于 $10 \sim 15$，事故后应不小于 8。

在电力系统实际运行中，计算临界状态、找出临界节点和临界功率，可以帮助运行人员评估系统运行状态的电压稳定程度。目前，常把临界节点的临界功率与实际功率之差作为电压稳定的裕度指标，在稳定裕度不够时，及时围绕薄弱节点采取必要的提高稳定性的措施。

8.2.3　保证和提高电力系统静态稳定性的措施

凡是能提高系统的稳定极限的措施，都可以提高电力系统的静态稳定性。由简单电力系统功角特性可知，减少系统总电抗 $X_{\mathrm{d\Sigma}}$ 和提高系统运行电压等都可以提高系统的稳定极限。

1. 自动调节励磁装置

对于简单电力系统，如果发电机没有装设自动调节励磁装置时，在系统遭到小扰动的过程中，发电机的空载电势 E_{q} 是恒定的，其稳定极限为

$$P_{\mathrm{wj}} = \frac{E_{\mathrm{q}}U}{X_{\mathrm{d\Sigma}}} \tag{8.16}$$

当发电机装设了自动调节励磁装置，并且该装置能确保发电机的端电压恒定时，这相当于取消了发电机电抗对功-角特性的影响；或者可以等值地认为发电机的电抗等于零，发电机的电势就等于它的端电压，这时的稳定极限为

$$P_{\mathrm{wj}} = \frac{U_{\mathrm{F}}U}{X_{\mathrm{C}}} \tag{8.17}$$

因为 X_d 在 $X_{d\Sigma}$ 中所占的比例很大，可达到 50% 以上，所以发电机端电压恒定时的稳定极限远大于空载电势恒定时的稳定极限。例如，额定电压为 220 kV、输电距离为 200 km 的双回线输电系统，其中发电机的电抗在输电系统的总电抗中约占 2/3。如果发电机配置了维持发电机的端电压恒定的自动调节励磁装置，其结果相当于等值地取消了发电机电抗，从而使电源间的"电气距离"大为缩短，对提高电力系统的静态稳定性有十分显著的效果。此外，发电机的自动调节励磁装置在整个发电机组的总投资中占的比重很小，采用先进的调节励磁装置所增加的投资，远较采用其他措施所增加的投资为小。因此，在各种提高静态稳定的措施中，总是首先考虑装设自动调节励磁装置。

2. 提高系统的运行电压

电力系统的运行电压不仅能反映电能质量，而且对系统稳定运行有很大的影响。从简单电力系统的功-角特性可知，功率极限与受端系统电压成正比。另外，对某些无功功率不足的系统，电压过分下降将导致电压崩溃，使系统瓦解而形成严重的事故。

由此可见，电力系统应配备足够的调压手段，使系统电压保持在较高的运行水平。

3. 降低系统电抗

系统电抗主要由发电机、变压器及线路的电抗所组成。其中发电机和变压器的电抗取决于它们的结构，要降低这些设备的电抗，就会增加它们的制造成本。因此，降低输电线路电抗成为关系到提高电力系统输电能力的一个重要因素，特别在大容量远距离的输电网，这个因素更显突出。以下介绍降低输电线路电抗的几个措施。

1）采用分裂导线

在远距离输电系统中，采用分裂导线可以把线路本身的电抗减少 25%～35%，对提高稳定性和增加输电容量都是很有成效的。当然，采用分裂导线的理由，不单是为了提高功率极限，更主要是为了减少或避免由电晕现象所引起的有功功率损耗和对无线通信的干扰等。

2）采用串联电容补偿线路电抗

采用分裂导线是不可能大幅度地降低线路电抗的。目前能大幅度地降低线路电抗的有效办法是将电容器串联在线路中，这样使原有的线路感抗因容抗所抵消而降低。一般在较低电压等级的线路上采用串联电容补偿的目的是为了调压；在较高电压等级的输电线路上串联电容补偿，则主要是用来提高系统的稳定性。对于后者，首先要解决的是补偿度问题。串联电容补偿度的定义是

$$K_C = \frac{X_C}{X_L} \tag{8.18}$$

式中　X_C——串联电容器的容抗；

　　　X_L——线路本身的感抗。

从表面上看，串联电容补偿度 K_C 似乎愈大愈好，因为它可以使总电抗减小，以提高系统的静态稳定性。但 K_C 的值一般不超过 0.5，这是因为受到下列因素的限制：

① 短路电流不能过大。如果补偿度过大，在串联电容器后发生短路时，其短路电流可能

大于发电机端短路时的值。

② 当补偿度 $K_c > 1$ 时，线路将呈现容性。因此，当短路发生在串联电容器后面时，电压、电流的容性相位关系可能会引起某些保护装置的误动作。

③ 当补偿度 K_c 过大时，可能会使发电机出现自励磁现象。因过度补偿使发电机对外部电路电抗可能呈现容性，致使同步发电机的电枢反应起到助磁作用，其结果使发电机的电流、电压无法控制，迅速上升直至它的磁路饱和为止。

④ 补偿度过大，系统中可能出现自发振荡现象。这是因为过度补偿后使系统中电阻与电抗的比值增大，甚至使其比值变号，其结果可能导致发电机的阻尼系数为负值。负的阻尼系数使发电机受到小扰动时，不但不能制止功角的变化，反而使这种变化的幅度愈来愈大。

3）提高线路额定电压 (U_N) 等级

提高线路额定电压，可以提高稳定极限。这是因为线路电压愈高，流过同样功率时的电流愈小，线路电压降和角度差也愈小。从另一方面来看，提高线路额定电压等级也可以等值地看做是减小线路电抗。

我国许多电力系统都有线路升压改造的经验，有的电力系统将 110 kV 线路升压至 220 kV 运行。通过升压，提高了系统的稳定性和增加了输送功率。

4. 防止电压崩溃

结合第 6 章的知识，防止电压崩溃的措施主要有：

① 按电压分层平衡与分区就地补偿的原则，安装足够容量的无功补偿设备，这是防止电压崩溃及做好电压调整的基础。

② 在正常运行中应有一定的可以瞬时自动调出的无功功率备用容量，特别在受电地区此点尤为重要。

③ 在供电系统采用有载调压变压器时，必须配备足够的无功电源。

④ 不进行大容量、远距离无功功率的输送，不在系统间联络线输送无功功率，各系统无功功率自行平衡。

⑤ 高电压输电线路的充电无功功率不宜作为无功功率补偿容量来考虑，以防输送大容量有功功率或线路跳闸时，系统电压异常下降。

⑥ 高电压、远距离、大容量输电系统，在短路容量较小的受电端，设置静止补偿器、调相机等作为电压支撑，防止在事故中引起电压崩溃。

⑦ 在必要的地区安装按电压降低自动减负荷装置，并排好事故拉闸顺序表。

8.3　简单电力系统的暂态稳定性分析

由大扰动引起的稳定性问题是电力系统暂态稳定性。电力系统在某一运行方式下，受到外界大扰动后，经过一个机电暂态过程，能够回复到原始稳态运行方式或达到一个新的稳态运行方式，则认为电力系统在这一运行方式下是暂态稳定的；否则，是不稳定的。在电力系统的大扰动中短路故障的扰动最为严重，常以此作为检验系统是否具有暂态稳定的条件。

8.3.1 分析暂态稳定的基本假设

① 忽略发电机定子电流的非周期分量和与它相对应的转子电流的周期分量。

采用这个假设之后，发电机定子绕组和转子绕组的电流、系统的电压及发电机的电磁功率等，在大扰动的瞬间均可以突变。同时，这一假定也意味着忽略电力网络中各元件的电磁暂态过程。

② 发生不对称故障时，不计零序和负序电流对转子运动的影响。

此时，发电机输出的电磁功率，仅由正序分量确定。不对称故障时网络中正序分量的计算，可以应用正序等效定则和复合序网。故障时确定正序分量的等值电路与正常运行时的等值电路不同之处，仅在于故障处接入由故障类型确定的故障附加阻抗 Z_Δ。

③ 忽略暂态过程中发电机的附加损耗。

这些附加损耗对转子的加速运动有一定的制动作用，但其数值不大。忽略它们使计算结果略偏保守。

④ 不考虑频率变化对系统参数的影响。

在一般暂态过程中，发电机的转速偏离同步转速不多，可以不考虑频率变化对系统参数的影响，各元件参数值都按额定频率计算。

除了上述基本假设之外。根据所研究问题的性质和对计算精度要求的不同，有时还可作一些简化规定。下面是一般暂态稳定分析中常做的简化。

（1）对发电机采用简化的数学模型。

发电机的模型简化为用 E' 和 X'_d 表示。对于简单的电力系统，发电机的电磁功角特性为

$$P = \frac{E'U}{X'_{d\Sigma}}\sin\delta'$$

（2）不考虑原动机调速器的作用。

由于原动机调速器本身惯性较大，且一般要在发电机转速变化后才能起调节作用，所以，在暂态稳定的一般分析中，常假定原动机输入功率恒定，即 $P_T = C$。

8.3.2 暂态稳定的定性分析

现以图 8.7（a）所示的简单系统来说明暂态稳定性。

系统正常运行时的等值电路如图 8.7（b）所示；如果在一回输电线路的始端发生短路，等值电路如图 8.7（c）所示；经过某一时间间隔后，由于继电保护动作将线路两侧断开，故障切除，等值电路如图 8.7（d）所示。

由此可见，系统受到短路扰动前后出现了三种运行状态：正常运行、短路时刻、短路切除后。相应的三种功角特性如下：

① 正常运行时，功角特性为

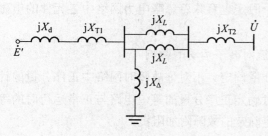

（a）系统接线

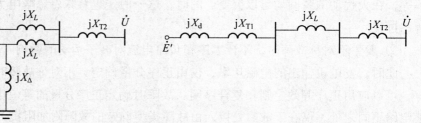

（b）正常运行时等值电路

（c）短路时等值电路

（d）切除一回线后等值电路

图 8.7　电力系统及其等值电路

$$P_1 = \frac{E'U}{X_1}\sin\delta \tag{8.19}$$

由图 8.7（b）的等值电路知，式中的 $X_1 = X_d + X_{T1} + \dfrac{X_L}{2} + X_{T2}$，为系统正常运行时的等值电抗。

②　在任一回线的首端发生短路时，功角特性为

$$P_2 = \frac{E'U}{X_2}\sin\delta \tag{8.20}$$

由图 8.7（c）的等值电路知，式中的 $X_2 = (X_d' + X_{T1}) + \left(\dfrac{X_L}{2} + X_{T2}\right) + \dfrac{(X_d' + X_{T1})\left(\dfrac{X_L}{2} + X_{T2}\right)}{X_\Delta}$，为单机与系统的转移电抗；$X_\Delta$ 为短路附加电抗，其值与短路类型相关。

③　短路故障线路切除后，功角特性为

$$P_3 = \frac{E'U}{X_3}\sin\delta \tag{8.21}$$

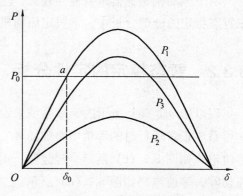

图 8.8　功角特性图

由图 8.7（d）的等值电路知，式中的 $X_3 = X_d' + X_{T1} + X_L + X_{T2}$，为系统故障后的等值电抗。

因为 $X_1 < X_3 < X_2$，故 $P_{1m} > P_{3m} > P_{2m}$。由这些功角特性方程画成曲线如图 8.8 所示。

显然，正常运行时，单机与系统联系最紧密，系统可获得的电磁功率最大；故障时，单机与系统的联系最不紧密，系统可获得的电磁功率大幅度降低；故障后，因运行方式的改变，单机与系统的联系有所恢复但不及正常运行状态，相对较薄弱，故系统可获得的电磁功率较正常情况有所下降。

1. 暂态稳定

以简单的电力系统为例，如图 8.9 所示。

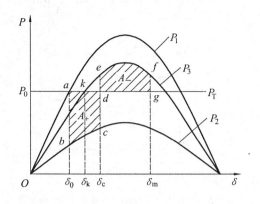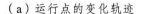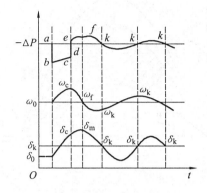

（a）运行点的变化轨迹　　　　　（b）过剩功率、转速、功角随时间的变化

图 8.9　暂态稳定

在正常运行时，系统运行在功角特性曲线 P_1 上，因功率平衡的要求，运行点位于 $P_m = P_T = P_0$ 的 a 点，功角为 δ_0，其转速为同步转速 $\omega = \omega_0$。故障瞬时产生，运行点由功角特性曲线 P_1 转移到曲线 P_2。运行点转移的过程中由于转子的惯性，功角 δ_0 保持不变，因此发电机的运行点由 P_1 上的 a 点瞬时转移到故障时的曲线 P_2 上的 b 点，如图 8.9 （a）所示，这时输出的电磁功率减小，而输入的机械功率还来不及变化，所以发电机在过剩转矩作用下，开始加速，$\omega > \omega_0$，使功率角 δ 相应增大。如果故障永久存在下去，则始终存在过剩转矩，发电机将不断的加速，最终与系统失去同步。

实际上，故障后，继电保护装置会很快动作，在功率角增大到 δ_c 时，故障被切除，运行点将由功角特性曲线 P_2 转移到故障后曲线 P_3 上，同样，运行点转移的过程中由于转子的惯性，功角 δ_0 保持不变，因此发电机的运行点由 P_2 的 c 点瞬时转移到故障后曲线 P_3 的 e 点，此时输出的电功率大于机械功率，所以发电机转子受到制动而减速，但由于此时仍然有 $\omega > \omega_0$，故 δ 仍继续增大，直到 f 点，发电机转子回复到同步转速 ω_0 时，δ 达到最大值后不再增大，并在制动作用下开始减小，越过 k 点后转子又开始加速。运行点将沿着曲线 3 在 k 点做有阻力的减幅振荡，最终将稳定在静态稳定点 k。其过剩功率、转速、功角随时间的变化如图 8.9 （b）所示。

2. 暂态不稳定

如上所述，在正常运行时，系统运行在功角特性曲线 P_1 上，因功率平衡的要求，运行点位于 $P_m = P_T = P_0$ 的 a 点，功角为 δ_0，其转速为同步转速 $\omega = \omega_0$。故障瞬时产生，运行点由功角特性曲线 P_1 转移到曲线 P_2。运行点转移的过程中由于转子的惯性，功角 δ_0 保持不变，因此发电机的运行点由 P_1 上的 a 点瞬时转移到故障时的曲线 P_2 上的 b 点，如图 8.10 （a）所示。

这时输出的电磁功率减小，而输入的机械功率还来不及变化，所以发电机在过剩转矩作用下，开始加速，使得 $\omega > \omega_0$，功率角 δ 相应增大。在功率角增大到 δ_c 时，故障被切除，运

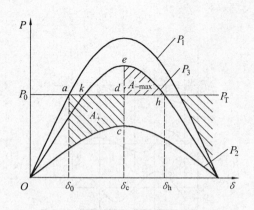
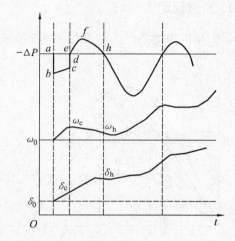

（a）运行点的变化轨迹 （b）过剩功率、转速、功角随时间的变化

图 8.10 暂态稳定的丧失

行点在保持功角 δ_c 不变的同时，由功角特性曲线 P_2 上的 c 点转移到故障后曲线 P_3 的 e 点，此时输出的电功率大于机械功率，所以发电机转子受到制动而减速，但由于此时仍然有 $\omega > \omega_0$，故 δ 仍继续增大，直到 h 点，发电机转子尚未减小到同步转速 ω_0，故 δ 继续增大，越过 h 点。越过 h 点后，发电机电磁功率小于机械功率，转速再一次增大，大大超过同步转速 ω_0，使得 δ 进一步增大，由前述静态稳定性的分析可知：发电机已丧失稳定运行的能力，进入异步运行状态。其功率不平衡量、转速、功角随时间的变化如图 8.10（b）所示。

3. 暂态稳定的等面积定则

当不考虑振荡中的能量损耗时，可以根据面积定则确定最大功角 δ_m，并判断系统的暂态稳定性。从前述的分析可知，功角由 δ_0 变化到 δ_c 的过程中，机械功率 P_T 大于电磁功率（即过剩功率大于零），使转子加速，过剩的能量转变成转子的动能而储存在转子中。但在功角由 δ_c 向 δ_m 增大的过程中，发电机的电磁功率大于机械功率 P_T（即过剩功率小于零），使转子减速，并释放转子储存的动能。

转子功角由 δ_0 变化到 δ_c 的过程中，过剩转矩所做的功为 A_+，它在数值上等于过剩功率对功角的积分，即图 8.9（a）中由 a-b-c-d 所围成的面积，通常称为"加速面积"，即代表转子在加速过程中储存的动能，又等于过剩转矩对转子所作的功，用算式表示为

$$A_+ = \int_{\delta_0}^{\delta_c} (P_0 - P_{2m} \sin\delta)\, \mathrm{d}\delta \tag{8.22}$$

与"加速面积"相对应，图 8.9（a）中由 d-e-f-g 所围成的面积，通常称为"减速面积"，它等于发电机在减速过程中释放的动能，又等于过剩转矩对转子所作的功，用算式表示为

$$A_- = \int_{\delta_c}^{\delta_m} (P_{3m} \sin\delta - P_0)\, \mathrm{d}\delta \tag{8.23}$$

在减速期间，如果发电机耗尽了它在加速期间存储的全部动能，则转子恢复同步转速 ω_0，电力系统具备暂态稳定性，如图 8.9（a）所示。而发电机可以减速的最大范围为 d-e-h，如图

8.10（a）所示，通常称这块面积为"最大减速面积"，它等于发电机在减速过程中可能释放的最大动能，用算式表示为

$$A_{-\max} = \int_{\delta_c}^{\delta_h} (P_{3m} \sin\delta - P_0) \, \mathrm{d}\delta \tag{8.24}$$

显然，如果该最大减速面积小于加速面积时，系统就要失去稳定。所以，根据最大减速面积必须大于加速面积的原则，可以判断电力系统是否具备暂态稳定性，即为面积定则。

4. 极限切除角

根据前面的分析可知，为了保持系统稳定，必须在到达 h 点之前使转子恢复同步速度。极限情况是正好达到 h 点转子恢复同步速度，故障被切除。这时的故障切除角度称为极限切除角 δ_{jc}。这时最大可能的减速面积刚好等于加速面积。根据等面积定则有

$$A_+ = \int_{\delta_0}^{\delta_{jc}} (P_0 - P_2 \sin\delta) \mathrm{d}\delta = \int_{\delta_0}^{\delta_{jc}} (P_{3m} \sin\delta - P_0) \mathrm{d}\delta = A_-$$

由此可得极限切除角为

$$\cos\delta_{jc} = \frac{P_0(\delta_h - \delta_0) + P_{3m}\cos\delta_h - P_{2m}\cos\delta_0}{P_{3m} - P_{2m}}$$

可以看出，减速面积的大小与故障切除角之间有直接的关系，δ_{jc} 越小，减速面积就越大。如果故障切除角大于极限切除角 δ_{jc}，就会造成加速面积大于减速面积，暂态过程中运行点就会越过 h 点而使系统失去同步。为保证电力系统的稳定性，应在 δ 增大至 δ_{jc} 之前切除故障。

与极限切除角 δ_{jc} 相对应的是极限切除时间 t_{jc}。显然，故障切除时间小于极限切除时间 t_{jc} 时系统是稳定的；反之，故障切除时间 t_c 大于极限切除时间 t_{jc} 时系统是不稳定的。为保证电力系统的稳定性，电力系统中所有继电保护的动作时间都应小于这个时间。

8.3.3　提高电力系统暂态稳定性的措施

凡是对静态稳定性有利的措施基本上都可以提高系统的暂态稳定性。当系统在急剧扰动下出现暂态稳定问题时，系统内机械功率与电磁功率、负荷与电源的功率或能量差额是突出问题，采取措施以克服这种功率或能量的不平衡，是提高暂态稳定性的首要问题。

由面积定则知：欲提高电力系统的暂态稳定性，就必须减小加速面积，加大最大可能的减速面积。对于某一电力系统，究竟选择哪一种或哪几种措施较好，有时可能是明显的，或者为条件所限，并无选择余地；但一般来讲，应该通过技术经济比较，找到合理的措施。

以下介绍提高暂态稳定的几种常用措施。

1. 快速切除短路故障

快速切除短路故障，对提高暂态稳定性起着首要的、决定性的作用。快速切除故障，减小了加速面积、增大了减速面积。如图 8.11（a）所示，切除故障缓慢，系统丧失暂态稳定；

快速切除故障，如图 8.11（b）所示，系统暂态稳定。快速切除故障，也能使电动机的端电压迅速回升，从而提高电动机的稳定性；快速切除故障，还能减小短路故障对电气设备造成的危害，例如由短路电流引起的过热或机械损伤。应当指出，减小故障切除时间对提高电力系统的暂态稳定性的效果，与短路故障的类型有很大的关系。短路故障越严重、短路时发电机转子上的不平衡功率越大，快速切除故障所减小的加速面积越大，收到的效果也就越好。

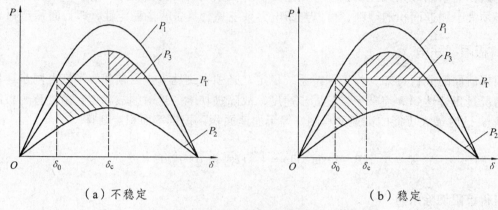

（a）不稳定　　　　　　　　　　　　　（b）稳定

图 8.11　快速切除故障对暂态稳定的影响

2. 采用自动重合闸装置

自动重合闸装置是与继电保护装置配合在一起使用的。由于电力系统的故障，特别是超高压输电线路的故障，绝大多数是瞬时性的，采用自动重合闸装置，在故障发生后，由继电保户装置启动断路器，将故障线路切除，待故障消失后，又自动将这一线路投入运行，以提高供电的可靠性。自动重合闸的重合成功率很高，可达 90%以上。这个措施不但可以大大提高供电的可靠性，还能十分明显地提高电力系统的暂态稳定性。下面以双回线路的三相重合闸和单回线路的单相重合闸为例，说明自动重合闸装置对提高电力系统的暂态稳定性的作用。

1）双回线路的三相重合闸

在简单电力系统中，当一回线路上发生瞬时性短路故障时，在有和没有三相自动重合闸装置的情况下，对系统暂态稳定影响的对比，如图 8.12 所示。

图 8.12（a）为带有故障的简单电力系统接线图。图 8.12（c）为无重合闸时，系统故障后的情况，图中的最大减速面积为 *d-e-f*，显然小于加速面积，系统会丧失稳定。当装了三相自动重合闸装置后，由图 8.12（b）可知，运行到 *k* 点时三相自动重合成功，运行点从功角特性曲线 P_3 上的 *k* 点转移到正常时功角特性曲线 P_1 的 *g* 点上，增大了减速面积（*k-g-h-f*），系统就能够保持暂态稳定性。如果这时总的减速面积大于加速面积，则系统的暂态稳定性得到了保证。

从图 8.12 还可以看到，重合闸的时间（相当于 *ek* 线段）愈短，则所增加的减速面积也就愈大。但重合闸的时间不能太短，它决定于故障点的去游离情况。如果故障点的气体处在游离状态时进行重合，将会引起再度击穿，使重合失败，甚至还会扩大故障。这个去游离时间主要取决于线路的电压等级和故障电流的大小。电压愈高，故障电流愈大，则去游离所需的时间也就愈长。一般对于三相重合闸，从故障切除到重合之间的时间间隙不小于 0.3 s。

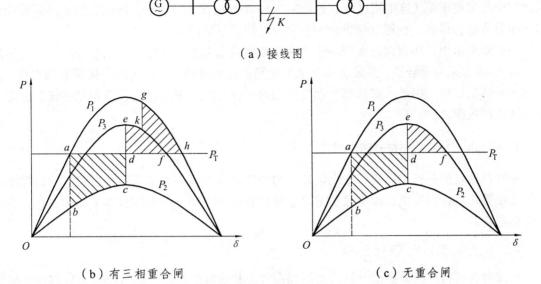

（a）接线图

（b）有三相重合闸

（c）无重合闸

图 8.12　三相重合闸提高暂态稳定性的对比图

2）单回线路的单相重合闸

为了进一步提高电力系统的暂态稳定性，制成了按相自动重合闸装置。这种装置能够自动选出故障相，并使之重新合闸。由于切除的只是线路的故障相，而不是三相，在切除故障相后到重合闸前的一段时间内，即使是单回线输电系统，其余两相照样可以输送一部分功率，使送端发电厂与受端系统没有完全失去联系，这就可以比三相自动重合闸明显地减少加速面积，从而大大地提高系统的暂态稳定性，如图 8.13 所示。

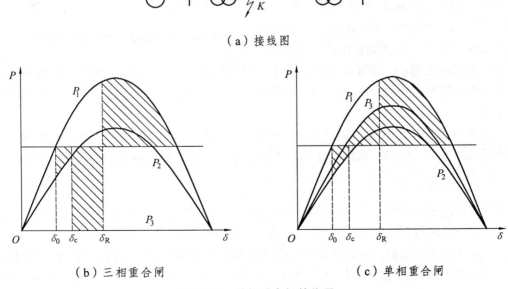

（a）接线图

（b）三相重合闸

（c）单相重合闸

图 8.13　单相重合闸的作用

采用单相重合闸时，由于故障切除后，带电的两相仍将通过导线之间的耦合电容向故障点继续供给电容电流（该电流也称作潜供电流），维持电弧继续燃烧，因此它的去游离时间要比三相重合闸长得多。也即单相重合闸的重合时间比三相的长。

必须着重指出，如果短路故障不是闪络放电而是永久性的（线路绝缘被破坏、外物引起短路等），那么采用重合闸，系统会再次受到短路故障的冲击，这将大大恶化暂态稳定性，甚至破坏系统稳定性。因此，必须事先制订出现这一情况时的应急措施，以避免系统发生稳定性破坏的严重事故。

3. 提高发电机输出的电磁功率

从暂态稳定的分析中已知，发电机转子的加速是由于剩余功率的存在所引起的。因此，如果能在短路后提高发电机的电磁功率，必将使剩余功率减小，也即减小了加速面积，有利于暂态稳定。

1）对发电机进行强行励磁

对发电机进行强行励磁是一种常用的提高暂态稳定性的措施。强行励磁可以减少加速面积，增加减速面积，使发电厂并列运行的暂态稳定性得到明显提高，如图 8.14 所示。

图 8.14 中的点 a 是发电机正常运行的工作点，线路短路使工作点由 P_1 的点 a 突变到 P_2 的点 b，发电机出力下降，过剩功率 ΔP 使转子开始加速，角度增大。同时，由于发电机端电压下降，强行励磁动作，因其本身的延迟（继电器、断路器的动作时间），运行至点 c 励磁电流才开始增大，出力沿曲线 c-d' 变化（参见前述的自动调节励磁装置对功-角特性的影响）。到点 d' 故障切除，运行点本应升高至对应的功-角特性曲线点 e 上，但因励磁电流不断变大，

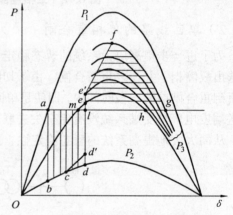

图 8.14　强行励磁对提高暂态稳定性的作用

发电机电势也随之增加，实际上升至点 e' 上，然后沿曲线 e'-f-g 运动。显然，在强行励磁的作用下，减速面积 e-e'-f-g-h-l-e 大于加速面积 a-b-c-d'-l-m-a，所以最后在新工作点保持了暂态稳定性。

由图 8.14 可明显地看到，强行励磁动作后，使加速面积减小了 c-d'-d-c 所围的面积，而减速面积增加了 e-e'-f-g-h-e 所围的面积。因此，强行励磁可提高系统的暂态稳定性。

2）电气制动

电气制动就是当系统中发生故障时，迅速投入制动电阻，人为地增加发电机的有功负荷，从而减小发电机的过剩功率 ΔP。如图 8.15 所示为制动电阻的两种接入方式。

采用串联接入方式时，旁路断路器 QF 在正常运行情况下是接通的，当线路发生短路故障时，它便自动跳闸将制动电阻串联到发电机回路中去。采用并联接入方式时，其断路器 QF 正常情况下是断开的，短路故障时它自动接通，将制动电阻并在发电机的回路中。

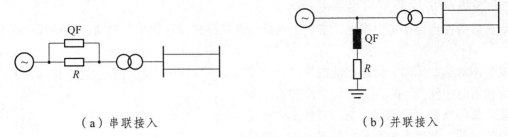

（a）串联接入（a）串联接入　　　　　　　　　　（b）并联接入

图 8.15　发电机制动电阻的接入方式

制动电阻的串联接入方式，是靠故障电流在制动电阻中的有功功率损耗造成制动效应的。因此，要求在故障时立即将制动电阻投入，而在故障切除后应将它短接。因为这种接入方式的制动功率与短路电流的大小有关，所以它的制动功率随故障种类和地点的不同而变化。故障严重时（即短路电流大）制动功率大，故障轻微时制动功率小，这恰好和我们的愿望相同。但此种接入方式在故障切除时间非常短的情况下，由于串联的制动电阻仅在非常短的时间内起到制动作用，故其效果受到一定限制。

采用制动电阻并联接入方式时，制动作用只与电压平方有关，而和故障的切除与否、故障的种类和地点等关系都较小，故它的制动功率比较稳定。我国一些电力系统已经成功地采用这种方法，效果是比较显著的。

电气制动的作用也可用等面积定则来解释。图 8.16（a）和（b）对比了有并联接入制动电阻和没有电气制动的两种情况下对暂态稳定的影响。图中假设制动电阻的投入与切除是随着线路故障的发生和切除同时进行的。

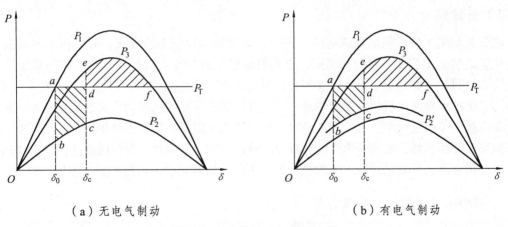

（a）无电气制动　　　　　　　　　　（b）有电气制动

图 8.16　并联制动电阻的作用

由图 8.16（b）可见，若切除故障角 δ_c 不变，由于采用了电气制动，减少了由 *a-b-c-d-a* 所围成的加速面积，使原来可能失去暂态稳定的系统得到了稳定保证。

采用电气制动提高暂态稳定时，制动电阻的大小要选择恰当。否则，或者会发生欠制动，即制动电阻消耗的功率过小，不足以限制发电机的加速，发电机仍然会失步；或者会发生过制动，即制动电阻消耗的功率过大，发电机虽然在故障发生的第一个周期内没有失步，但可能在切除故障与制动电阻后的摇摆过程中失去稳定。

3）变压器中性点经小电阻接地

变压器中性点经小电阻接地，实质上就是接地短路故障时的电气制动。其接线如图 8.17 所示。

发生不对称故障时，短路电流的零序分量将流过变压器的中性点，在小电阻 R_1 上产生有功功率损耗。故障发生在送端时，这一损耗主要由送端发电机供给；故障发生在受电端时，则主要由受端系统供给。所以，当送电端发生接地短路故障时，由于送端电厂要额外地供给这部分有功功

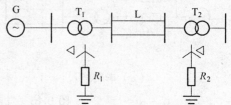

图 8.17　变压器中性点经小电阻接地

率损耗，使发电机受到了制动作用而提高了系统的暂态稳定性。

如果接地故障发生在靠近容量不够大的受端系统时，使供需不平衡的受端系统再加上小电阻中的有功功率损耗，促使受端发电机加剧减速。因此，这一电阻不仅不能提高系统的暂态稳定性，反而进一步使受端系统的暂态稳定性恶化。据此，受端变压器的中性点一般不接小电阻，而是接小电抗。接小电抗的作用与接小电阻是完全不同的，它只是起到限制接地短路电流的作用。

变压器中性点所接的小电阻或小电抗，以变压器的额定参数为基准时，其数值一般为百分之几到百分之十几，因此并不会改变电力系统中性点工作方式的性质。

由于小阻抗结构简单，运行可靠，不需要断路器等附属设备，比较经济，还具有限制零序电流、减轻对通信等弱电线路的干扰等优点，故在我国的某些系统中得到了应用，并取得了满意的效果。

4）机械制动

电气制动增大发电机的电磁功率，是一种间接地实现制动的方法。而机械制动是直接在发电机组的转轴上施加机械制动力矩，抵消机组的机械功率，以提高系统的暂态稳定性。由于汽轮发电机的转速很高，而水轮发电机的转速较低，因此机械制动只适用于水轮发电机组。

为了保护水轮发电机组的推力轴承，在发电机转子下面的机架上大都装有制动器。其作用是在发电机组停机过程中，当转速较低时，推力轴承上的压力油膜不能形成，为了避免"干摩擦"而导致轴瓦损坏，需在转速降低到额定转速的 30%～40% 时，用制动器把转子很快制动。利用这种制动器，并对它进行一些改造，就可用来作机械制动，以提高系统的暂态稳定性。

4. 减少原动机输出的机械功率

电力系统故障切除后的减速面积，取决于 P_3 与 P_T 所围的面积。因此，在故障切除的同时，减少原动机输出的机械功率，将使减速面积有较显著的增加，从而对系统的暂态稳定性有利。

1）采用联锁切机

送端发电厂切机是输电线路故障时最常用的防止稳定破坏的措施，它的作用是减少送端的过剩功率，从而使发电机转子的加速得到控制，以利于系统的同步运行。

切机通常用于水电厂，被切除的机组必要时可以在几十秒到一两分钟内重新并网带负荷。我国的一些大型水电厂都有多年使用切机措施的经验，并且多次成功地防止了稳定破坏的事

故。火电厂也可使用切机，但火电机组切除后再恢复运行所需时间较长，操作也较复杂，因此火电厂切机只在不得已时才采用。

所谓联锁切机，就是在输电线路发生事故跳闸或重合闸不成功时，联锁切除线路送端发电厂的部分发电机组。图 8.18（a）表示简单电力系统的接线图，图 8.18（b）说明线路的送端 K 点发生短路故障后，通过切机使减速面积增大的情况。

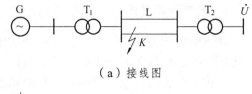

（a）接线图

当 K 点发生短路故障时，运行点由正常运行的 P_1 上的 a 点转移到 P_2 上的 b 点。在 P_2 上运行至 c 点时故障线路被切除，因此运行点又从 P_2 转移到 P_3 上的 d 点。再延迟某一时间段后，联锁切除发电厂内一台机组，此时该发电厂的等效电抗由于切机而有所增大，故切机后的功-角特性曲线由 P_3 下降为 P_3'，运行点从 e 点转移到 f 点，但由于切机原动机的输入功率也从 P_T 下降到 P_T'，结果使减速面积增大，从而提高了系统的暂态稳定性。

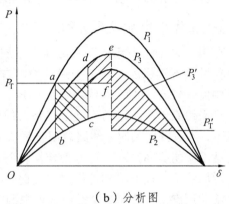

（b）分析图

图 8.18　联锁切机提高系统的暂态稳定性

联锁切机比较简单易行，所需费用少，原动机的输入功率降低得快，对保持稳定的效果较好。但切机后使系统的电源减少，如果受端系统备用电源不足，会引起系统频率下降，因此使用时应同时再联锁切除受端系统的部分负荷，以维持频率的相对稳定。

2）快速控制汽轮发电机调速汽门

快速控制调速汽门与切机相类似，也是在输电线路故障时减少送端过剩功率，以提高系统的暂态稳定性。由于快速控制调速汽门可以不断开发电机的断路器，不必采取停机、停炉的措施，如果故障消除，可以很快恢复正常运行，所以火电厂采用快速控制调速汽门是比较适当的。水电厂由于调速机构和导翼开闭速度慢，不能用控制导翼的方式来解决暂态稳定问题。

仍然以简单电力系统为例。正常运行时，发电机的运行点在功-角特性曲线图上的 a 点，如图 8.19 所示。

当其中一回线发生短路故障时，运行点从 a 点转移到 P_2 上的 b 点。此时，控制系统作出要快速调节汽门的判断后，立即发出电脉冲，使调速汽门迅速关小。从图 8.19 可以看出，当运行点到达 c 点时切除故障，运行点立即从 P_2 转移到 P_3 上的 d 点。与此同时，由于快速关小了调速汽门，汽机的输入功率也逐渐减小，最后降到 P_T'，使减速面积增大，从而提高了系统的暂态稳定性。

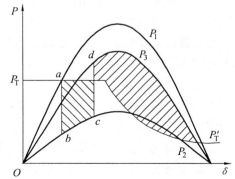

图 8.19　快控调速汽门提高暂态稳定性

快速控制调速汽门要求增加的设备不多，费

用也较低，一些试验研究表明，它可以使输电系统稳定极限提高 10%～30%。美国、日本等国家，使用快速控制调速汽门已积累了相当的经验。我国也在某些大容量电厂进行了试验研究和试运行，并取得了一定的成果。

5. 改善远距离输电线路的结构

改善输电线路的特性，主要是减小它的电抗。输电线路的电抗在系统总电抗中占相当大的比例，特别是远距离输电线路中，有时甚至将近占系统总电抗的一半。因此，减小输电线路的电抗，对提高输电系统的功率极限和稳定性有着重要的作用。

1）在线路中加设开关站

在图 8.20（a）所示的双回路输电系统中，当其中一回线路因故障切除时，系统的暂态稳定性往往得不到保证。对于全线沿途没有变电所而其长度超过 500 km 的输电线路，可以在线路中间设置开关站，将线路分成两段，如图 8.20（b）所示。这样，当线路发生短路故障时，只需切除一段线路而不是全线，使线路的总阻抗增大为故障前的 1.5 倍。在同样故障情况下，不设开关站时，线路总阻抗增大为故障前的 2 倍。因此，图 8.20 输电线路中间设置开关站不仅能提高系统运行的稳定性，而且还能改善故障后的电压质量。但是，开关站的设置会增加系统的投资费和运行费，因此开关站的设置要从技术和经济两方面综合考虑。至于开关站的地点，应尽可能设置在远景规划中拟建立中间变电所的地方；开关站的接线、布置，应兼顾到以后便于扩建为变电所的可能性。

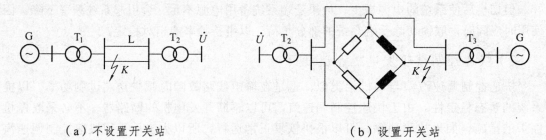

（a）不设置开关站　　　　　　　　　　（b）设置开关站

图 8.20　输电线路中间设置开关站

2）采用强行串联电容补偿

长距离输电线路上装设串联补偿装置是提高系统稳定的重要措施，这是因为串联电容的容抗补偿了线路的感抗，使输电系统的总电抗降低，从而提高系统的稳定性。

所谓强行串联电容补偿，是指在系统故障时，切除故障线路的同时切除部分补偿电容器，如图 8.21 所示。

部分补偿电容器切除后，增大了补偿电容的容抗，部分地甚至全部地补偿了由于切除故障线段而增加的线路感抗。

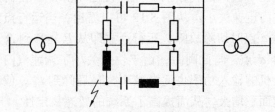

切除部分电容器后，保留运行的电容器将通过全部输送功率而可能过负荷，为了降低投资，通常不是过分加大电容，而

图 8.21　强行串联电容补偿

是只允许在短时内进行强行补偿，经几分之一秒或几秒后将被切除的电容器重新投入，以防止因过负荷而导致电容器的损坏。

6. 正确规定电力系统运行参数的数值

对运行中的电力系统，在制订运行方式和调度管理时，应正确规定系统运行参数的数值，以保证和提高电力系统的稳定性。主要有下面几点：

① 正确地规定输电线路的输送功率值。

确定输电线路的输送功率值时，应在保证一定的稳定储备下尽可能多送功率，以发挥输电线路的作用，当运行接线改变特别是环网要开环时，应率先加以验算，避免因输电线路负荷过重而导致系统稳定的破坏。必要时，还要验证接线方式改变的操作过程的暂态稳定性。

② 提高电力系统运行电压水平。

电力系统运行电压水平的提高，不但能提高运行的稳定性，而且可以减小系统的功率和能量的损失。要提高系统的运行电压水平，从根本上说，应该使系统拥有充足的无功电源。但是，在运行中合理地调整无功电源和管理好变压器分接头等，也可以充分发挥已有的无功电源的作用。

③ 尽可能使远方发电厂多发无功功率。

如果系统中有远方发电厂（如水电厂或坑口电站）向中心电力系统输送功率，则应尽可能地让这些电厂多发无功功率。这样，可以提高发电机的电势，从而提高功率极限，减小运行角度，提高运行的稳定度。当然，远方电厂多发无功功率，还应全面地考虑输电线路的功率、能量和电压损耗等技术和经济问题。

8.4 电力系统安全稳定措施简介

8.4.1 世界各国的电力安全稳定事故及其教训

2003 年 8 月 14 日北美发生了震惊世界的大停电，随后相继又发生了澳大利亚、伦敦、瑞典、丹麦、意大利大停电，接着在 2004 年 7 月 12 日希腊首都雅典、11 月 18 日西班牙首都马德里市中心发生大停电，2005 年 1 月 8 日瑞典南部飓风袭击引起的大停电、5 月 25 日上午 11 时 10 分莫斯科发生俄罗斯历史上规模最大的停电事故。大范围的停电事故，给该地区工业生产、商业活动及交通运输等经济方面造成巨大损失，并严重影响了人们社会生活。大停电事故受到各国政府首脑和整个社会的高度关注。

北美的大停电历时 29 小时，损失负荷 6 180 万千瓦，影响和波及 5 千万人口，损失达 300 亿美元；意大利数小时的大面积停电，仅直接经济损失就达数亿欧元；莫斯科大停电直接经济损失至少 10 亿美元，200 万人停水断电，2 万人被困在地铁，间接损失无法估计。

"8.14" 事故的最终调查报告已经公布，事故的直接原因已比较清楚。但更深层次的原因仍值得分析，从中接受的教训：

① 电网整体结构不合理：美国电网建设缺乏总体规划，高低压电磁环网运行；区域电网间信息交换较少，调度员无法监视跨区域电力系统的系统全貌。

② 继电保护定值不协调：美国继电保护距离三段定值不能区分线路短时过负荷，定值缺乏统一协调；保护装置的振荡闭锁功能不完善，当线路出现严重过载或系统发生振荡时会误跳闸，引发连锁反应。

③ 安全稳定控制装置的配置不完善：如过负荷控制、失步解列、低频低压解列、低压切负荷等配置不足或根本就没有，不能及时有效制止电网事故的扩大。

④ 调度过分依靠计算机系统，一旦计算机系统异常，造成信息不全、不可靠，电网调度就无所作为，陷于瘫痪状态。

⑤ 电网运行追求高经济效益，送电接近输送极限，安全稳定裕度很小。一旦线路跳闸引起潮流转移时，就往往引起线路的严重过载，再加上以上原因，就容易发生一系列连锁反应，事故扩大。

⑥ 按北美电力可靠性委员会（NERC）标准，"事故时互联电网不要解列，以获得相互支援"，致使电网各参与者在本次事故中未采取任何主动解列操作措施。对这项标准值得重新反思。

8.4.2　我国近年来电力系统的安全稳定现状

我国电力系统迅猛发展，目前正在实施"西电东送、南北互济、大区联网"的战略方针。由于电力部门贯彻《电力系统安全稳定导则》、配置了多种安全自动装置，使我国自 1997 年至今没有发生大范围的停电事故。但由于电网的建设滞后于电源的建设，输电能力不足的问题日益突出，加剧了电网与电源发展不协调的矛盾，对照"8.14"等国外大停电事故，应该看到我国电网还比较薄弱，也存在国外电网类似问题，甚至更加严峻，主要表现在以下几方面：

① 我国大区电网之间采用弱联网，某些电网存在结构上的不合理；电网的枢纽点及负荷中心电压支撑不足；一些电网的 500 kV 与 220 kV 高低压电磁环网仍在运行；电网负荷越来越重，大城市空调负荷比重已占高峰负荷 30%～40%，高峰备用严重不足（尤其无功更不足）。

② 某些电网在规划设计中过于依赖二次系统，一些工程把稳控装置作为正常方式送电的基本措施。

③ 近年来高压微机保护装置动作可靠性有了显著提高，但还存在一些问题，例如，保护级差时间过长、保护的距离三段定值的配合问题（有的躲不过严重过载）、某些进口保护振荡闭锁不完善等。

④ 不少电网尚未按《导则》要求建立起三道防线的防御体系，例如，只考虑 N-1 事故，没有 N-2、N-3 时的对策；高低压环网运行，高压电网解开时低压电网措施准备不足；不少电网没有设置合适的解列点，甚至没有配备解列装置；防止电压崩溃的基本措施——低电压切负荷装置没有配或没有投或不知如何整定；低频、低压减载的容量没有随电网负荷的增长相应增加。

⑤ 安全自动装置的管理体制不够健全，现场误操作引起自动装置的误切机、切负荷事故多次发生；尚未形成全国统一的安全稳定控制装置的技术条件、运行与检验标准，稳控装置误动作的事件仍有发生。

⑥ 电网安全自动装置培训工作有待加强，应该看到我国电网每年事故也不少，某些事故也曾与大停电擦肩而过，上述问题如不切实注意解决，就难免发生类似"8.14"大停电的灾难事故。

从中我们不难看出，电力系统的稳定运行无论是对经济发达国家或是发展中国家而言都是一个亟待解决的问题，对它的分析或研究正随着系统的日益发展、联网系统的不断扩大显得愈来愈紧迫。

8.4.3　电力系统安全稳定三道防线的概念

《电力系统安全稳定导则》规定，我国电力系统承受大扰动能力的标准分为三级。

第一级标准：对于出现概率较高的单一元件故障（单相瞬时性、双回以上单相永久性与三相、直流单极故障），保护、开关及重合闸正确动作，电网不损失负荷就可保持稳定运行和正常供电。

第二级标准：出现概率较低的严重故障（双回线同时断开、直流双极闭锁、任一段母线故障），保持稳定运行，但允许损失部分负荷。

第三级标准：出现概率很低的多重性严重事故（开关拒动、保护与自动装置误动或拒动、失去大电厂、多重故障），当系统不能保持稳定运行时，必须防止系统崩溃，并尽量减少负荷损失。

电力系统三道防线的关系如图 8.22 所示。

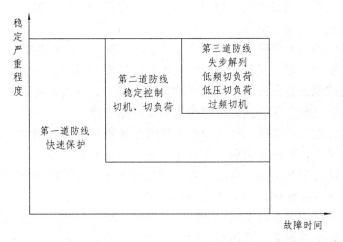

图 8.22　电力系统三道防线关系示意图

为满足三级标准的要求，首先应规划、建设一个结构合理的电网，好的网架是电力系统运行的基础，同时电网的建设应按三道防线进行规划和配置，电网运行应按三道防线进行调度管理。

通常把电力系统运行状态分为正常状态、警戒状态、紧急状态、失步状态、恢复状态，如图 8.23 所示。

纵观国内外历次大停电事故发生、扩大的原因，不外乎电网结构不合理、继电保护动作不正确或不协调、对部分输电回路中断引起潮流转移的后果缺乏预计或没有应对策略、对事故引起电网送端与受端功率不平衡时缺少果断有效的切机或切负荷措施、稳定控制装置（安全自动装置）配置不合理或不到位、稳控装置性能不完善；电网事故信息不畅通，调度人员因无法及时了解电网事故的全貌而不能决策，贻误了处理事故的最有利时机。要切实防止出现大停电事故，应该针对上述原因采取对策。

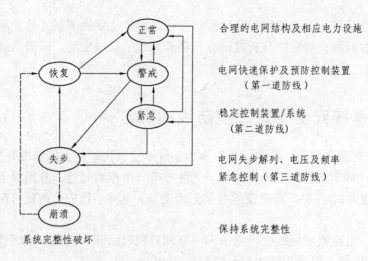

图 8.23 电力系统状态转换及三道防线

　　合理的电网结构是电网安全稳定运行的基础，电网结构的合理性是一个电网规划上不断发展完善的过程，电网的不够合理有其历史原因，使电网日趋合理则需要巨大投资和时间，我们应强调和重视加强电网的结构，但对于电网的调度运行部门来说，我们又只能立足于当前的网架做好电网的安全稳定运行工作。

　　合理的电网结构的基本要求：满足各种运行方式下潮流变化的需要，具有一定的灵活性，能适应系统发展的要求；任一元件无故障断开应能保持电力系统稳定运行，不使其他元件过负荷和电压偏差超过规定的允许值；有较大的抗扰动能力，并满足导则中规定的有关各项安全稳定标准；满足分层和分区原则；合理控制系统短路电流。

　　三道防线的概念就是在总结以往大停电事故的经验教训，结合电力系统事故发生、发展的实际特点后提出来的，针对性很强，很实际。除了采取必要的预防性控制措施外，当电力设备出现故障时，从防御（抵御）角度上看，首先应由该设备的继电保护装置正确检测出故障，并快速动作切除故障元件，切除速度越快对系统的影响越小，正常运行方式下，对于电力系统稳定导则中规定的概率较多的单一故障，在故障切除后系统能够继续稳定运行，所以快速切除故障元件是电网的第一道防线；对于电力系统稳定导则中规定的概率很低的单一严重故障或多重故障，在故障切除后系统可能存在暂态稳定、设备过载或电压稳定问题，此时依靠稳定控制装置在送端电厂采取切机、受端电网采取切负荷、直流功率快速调制等措施，维持系统事故后的安全稳定运行，因此把稳定控制装置和相应措施作为第二道防线；如果出现多重故障或稳定控制的量不足，系统可能失去同步或出现电压、频率不稳定状态，在此紧急关头采取解列失步的系统、按低频与低压尽快切除一定量的负荷（送端系统高周切机），使解列后的电网实现功率重新平衡，则能有效制止事故的扩大、防止系统的崩溃及大面积停电事故，因此失步解列、低频低压减载、高周切机等措施就成为第三道防线，也是最后一道防线，如果这一道防线不健全，电网将难以避免崩溃瓦解的结局。一旦系统瓦解，将被迫启用黑启动方案，损失巨大。电力系统稳定控制阶段示意如图 8.24 所示。

　　综上所述，三道防线就是设在电网事故（故障）面前的三道屏障，把事故尽量消灭在开始阶段，对过于严重的事故也决不让其扩大。三道防线的概念很明确，易于理解，便于操作。

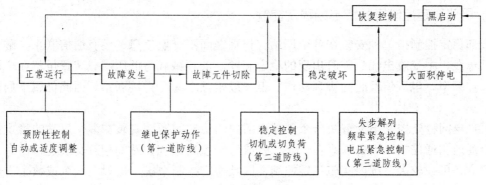

图 8.24　电力系统稳定控制阶段示意图

8.4.4　电力系统的安全稳定措施

1. 正常状态下的安全稳定控制-预防性控制

系统预防性控制包括发电机功率控制、发电机励磁控制、并联和串联电容补偿控制、高压直流输电（HVDC）功率调制、限制负荷等。可通过联络线功率监视、功角监视，由调度员或自动装置实施控制。

2. 紧急状态下的安全稳定控制

为保证电力系统承受第Ⅱ类大扰动时的安全稳定要求，应采取紧急控制措施，防止系统稳定破坏和参数严重越限，实现电网的第二道防线。常用的紧急控制措施有切除发电机（简称切机）、集中切负荷（简称切负荷）、互联系统解列（联络线）、HVDC 功率紧急调制、串联补偿等，其他措施（如快关汽门、电气制动等）目前应用很少。解决功角稳定控制的装置其动作速度要求很快（50 ms 内），解决设备热稳定的过负荷控制装置的动作速度要求较慢（数秒至数十秒）。

3. 失步状态下的安全稳定控制

为保证电力系统承受第Ⅲ类大扰动时的安全要求，应配备防止事故扩大、避免系统崩溃的紧急控制，如系统失步解列（或有条件时实现再同步）、频率和电压紧急控制等，同时应避免线路和机组保护在系统振荡时误动作，防止线路及机组的连锁跳闸，以实现保证电力系统安全稳定的第三道防线。失步解列装置按设定的振荡周期次数动作，500 kV 失步解列装置一般 1～2 个振荡周期动作；解决电压稳定与频率稳定的紧急控制装置的动作时间为 0.1～2 s，依动作伦次而定。

4. 系统停电后的恢复控制

电力系统由于严重扰动引起部分停电或事故扩大引起大范围停电时，为使系统恢复正常运行和供电，各区域系统应配备必要的全停后的黑启动（black start）预案及措施，并采取必要的恢复控制（包括自动控制和人工控制）。自动恢复控制包括电源自动快速启动和并列，输电线路自动重新带电，系统被解列部分自动恢复并列运行，以及用户恢复供电等。

5. 局部稳定控制与区域电网稳定控制

局部稳定控制指单独安装在各个厂站，相互之间不交换信息、没有通信联系，解决的是本厂站母线、主变或出线故障时出现的稳定问题。低频减载与低压减载装置虽然在全网统一配置，按频率、电压值及时间协调动作，但一般相互之间无直接联系，因此仍属于局部稳定控制。

区域电网稳定控制指为解决一个区域电网内的稳定问题而安装在多个厂站的稳定控制装置，经通道和通信接口设备联系在一起，组成稳定控制系统，站间相互交换运行信息，传送控制命令，可在较大范围内实施稳定控制。区域稳定控制系统一般设有一个或数个主站和多个执行站，主站一般设在枢纽变电所或处于枢纽位置的发电厂。主站负责汇总各站的运行工况信息，识别区域电网的运行方式，并将有关运行方式信息传送到各个子站。

区域稳定控制的决策方式有分散决策方式和集中决策方式。分散决策方式是指各站都存放有自己的控制策略表，当本站出线及站内设备发生故障时，根据故障类型、事故前的运行方式，做出决策，在本站执行就地控制（包括远切本站所属的终端站的机组或负荷），也可将控制命令上送给主站，在主站或其他子站执行。由于控制决策是各站分别做出的，故称这种方式为分散决策方式。这种方式简单可靠、动作快，应用普遍。集中决策方式是指控制策略表只存放在主站装置内，各子站的故障信息要上送到主站，由主站集中决策，控制命令在主站及有关子站执行。集中决策方式下的控制系统只有一个"大脑"进行判断决策，因此对通信的速度和可靠性比分散决策方式要求更高，技术的难度相对也较大。集中决策方式应用较少。

思考题和习题

一、简答题

1. 简述电力系统的稳定性概念。

2. 发电机配置自动调节励磁装置，对电力系统运行的稳定性有何作用？

3. 电力系统静态稳定的实用判据是什么？如何分析系统是静态稳定运行的？

4. 切除短路故障的速度与电力系统运行的暂态稳定性有何关系？为什么？如何确定切除短路故障的极限时间？

5. 提高电力系统静态稳定运行的措施有哪些？

6. 快速重合闸是否越快越好？为什么？

7. 稳定性遭到破坏，电力系统发生振荡时，应采取什么措施使其回复同步运行？

8. 为什么用面积定则可以判断系统的暂态稳定性？

9. 什么叫极限切除角？

10. 简述提高电力系统暂态稳定运行的措施。

11. 简述电力系统安全稳定三道防线的概念。

12. 简述电力系统的安全稳定措施。

附录 1

常用电气参数

附表 1.1 各种常用架空导线的规格

额定截面 (mm²)	导线型号									
	11J 型		LJ、HLJ、HL₂ 型		LGJ、HL₂GJ 型		LGJQ 型		LGJJ 型	
	计算外径 (mm)	安全电流 (A)	计算外径 (mm)	安全电流 (A)	计算外径 (mm)	安全电流 (A)	计算外径 (mm)	安全电流 (A)	计算外径 (mm)	安全电流 (A)
10	4.00		4.00		4.4					
16	5.04	130	5.1	105	5.4	105				
25	6.33	180	6.4	1 35	6.6	135				
35	7.47	220	7.5	1 70	8.4	170				
50	8.91	270	9.0	215	9.6	220				
70	10.7	340	10.7	265	11.4	275				
95	12.45	415	12.4	325	13.7	335				
120	14.00	485	14.0	375	15.2	380			15.5	
150	15.75	570	15.8	049	17.0	445	16.6		17.5	464
185	17.43	645	17.5	500	19.0	515	18.4	5 10	19.6	543
240	19.88	770	20.0	610	21.6	610	21.6	610	22.4	629
300	22.19	890	22.4	680	24.2	770	23.5	710	25.2	710
400	25.62	108.5	25.8	830	28.0	800	27.2	845	29.0	965
500			29.1	980			30.2	966		
600			32.0	1 100			33.1	1 090		
700							37.1	1 250		

注 1. TJ—铜绞线；
　　 LJ—裸铝绞线；
　　 HLJ—热处理型铝镁硅合金绞线；
　　 HH₂—非热处理型铝镁硅合金绞线；
　　 LGJ—钢芯铝绞线；
　　 HLGJ—钢芯非热；
　　 LGJQ—轻型钢芯铝绞线；
　　 LGJJ—加强型钢芯铝绞线。
　 2. 对 LGJ、LGJQ 及 LGJJ 型钢芯铝线的额定截面面积是指导电部分（不包括钢芯截面）。
　 3. 安全电流是当周围空气温度为 25 ℃时的数值。

附表 1.2 电流修正系数

周围空气温度（℃）	−5	0	5	10	15	20	25	30	35	40	45	50
电流修正系数	1.29	1.24	1.20	1.15	1.11	1.05	1.00	0.94	0.88	0.81	0.74	0.67

注　当导线周围气温不为 25 ℃时，应将安全电流乘以表 1.2 的电流修正参数。

附表 1.3 LJ、TJ 型架空线路导线的电阻及正序电抗（Ω/km）

导线型号	电阻（Ω） 几何均距（m）	0.6	0.8	1	1.25	1.5	2	2.5	3	3.5	4	电阻（Ω）	导线型号
LJ-16	1.98	0.358	0.377	0.391	0.405	0.416	0.435	0.499	0.460			1.20	TJ-16
LJ-25	1.28	0.345	0.363	0.377	0.391	0.402	0.421	0.435	0.446			0.74	TJ-25
LJ-35	0.92	0.336	0.352	0.366	0.380	0.391	0.410	0.424	0.435	0.445	0.453	0.54	TJ-35
LJ-50	0.64	0.325	0.341	0.355	0.365	0.380	0.398	0.413	0.423	0.433	0.441	0.39	TJ-50
LJ-70	0.46	0.315	0.331	0.345	0.359	0.370	0.388	0.399	0.410	0.420	0.428	0.27	TJ-70
LJ-95	0.34	0.303	0.319	0.334	0.347	0.358	0.377	0.390	0.401	0.411	0.419	0.20	TJ-95
LJ-120	0.27	0.297	0.313	0.327	0.341	0.352	0.368	0.382	0.393	0.403	0.411	0.158	TJ-120
LJ-150	0.21	0.287	0.312	0.319	0.333	0.344	0.363	0.377	0.388	0.398	0.406	0.123	TJ-150

附表 1.4 LGJ 型架空线路导线的电阻及正序电抗（Ω/km）

导线型号	电阻（Ω） 几何均距（m）	1.0	1.5	2.0	2.5	3.0	3.5	4.0	4.5	5.0	5.5	6.0	6.5	7.0	7.5	8.0
LGJ-35	0.85	0.366	0.385	0.403	0.417	0.429	0.438	0.446								
GJ-50	0.65	0.353	0.374	0.392	0.406	0.418	0.427	0.435								
LGJ-70	0.45	0.343	0.364	0.382	0.396	0.408	0.417	0.425	0.433	0.440	0.466					
LGJ-95	0.33	0.334	0.353	0.371	0.385	0.397	0.406	0.414	0.422	0.429	0.435	0.44	0.445			
LGJ-120	0.27	0.326	0.347	0.365	0.379	0.391	0.400	0.408	0.416	0.423	0.429	0.433	0.438			
LGJ-150	0.21	0.319	0.340	0.358	0.372	0.384	0.398	0.401	0.409	0.416	0.422	0.426	0.432			
LGJ-185	0.17				0.365	0.377	0.386	0.394	0.402	0.409	0.415	0.419	0.425			
LGJ-240	0.132				0.357	0.369	0.378	0.386	0.394	0.401	0.407	0.412	0.416	0.421	0.425	0.429
LGJ-300	0.107									0.399	0.405	0.410	0.414	0.418	0.422	
LGJ-400	0.08									0.391	0.397	0.402	0.406	0.410	0.414	

附表 1.5　LGJQ 与 LGJJ 型架空线路导线的电阻及正序电抗（Ω/km）

导线型号	电阻（Ω）	几何均距（m） 5.0	5.5	6.0	6.5	7.0	7.5	8.0
LGJQ-300	0.108		0.401	0.406	0.41 1	0.416	0.420	0.424
LGJQ-400	0.08		0.391	0.397	0.402	0.406	0.410	0.414
LGJQ-500	0.065		0.384	0.390	0.395	0.400	0.404	0.408
LGJJ-185	0.17	0.406	0.412	0.417	0.422	0.428	0.433	0.437
LGJJ-240	0.131	0.397	0.403	0.409	0.414	0.419	0.424	0.428
LGJJ-300	0.106	0.390	0.396	0.402	0.407	0.411	0.417	0.421
LGJJ-400	0.079	0.381	0.387	0.393	0.398	0.402	0.408	0.412

附表 1.6　LGJ、LGJJ、LGJQ 型架空线路导线的电纳（×10^{-6} S/km）

导线型号	电纳（S）	几何均距（m） 1.5	2.0	2.5	3.0	3.5	4.0	4.5	5.0	5.5	6.0	6.5	7.0	7.5	8.0	8.5
LGJ	35	2.97	2.83	2.73	2.65	2.59	2.54									
	50	3.05	2.91	2.81	2.72	2.66	2.61									
	70	3.15	2.99	2.88	2.79	2.73	2.68	2.62	2.58	2.54						
	95	3.25	3.08	2.96	2.87	2.81	2.75	2.69	2.65	2.61						
	120	3.31	3.13	3.02	2.92	2.85	2.79	2.74	2.69	2.65						
	150	3.38	3.20	3.07	2.97	2.90	2.85	2.79	2.74	2.71						
	185			3.13	3.03	2.96	2.90	2.84	2.79	2.74						
	240			3.21	3.10	3.02	2.96	2.89	2.85	2.80	2.76					
	300									2.86	2.81	2.78	2.75	2.72		
	400									2.92	2.88	2.83	2.81	2.78		
LGJJ	120						2.8	2.75	2.70	2.66	2.63	2.60	2.57	2.54	2.51	2.49
	150						2.85	2.81	2.76	2.72	2.68	2.65	2.62	2.59	2.57	2.54
	185						2.91	2.86	2.80	2.76	2.73	2.70	2.66	2.63	2.60	2.58
	240						2.98	2.92	2.87	2.82	2.79	2.75	2.72	2.68	2.66	2.64
LGJQ	300						3.04	2.97	2.91	2.87	2.84	2.80	2.76	2.73	2.70	2.68
	400						3.11	3.05	3.00	2.95	2.91	2.87	2.83	2.80	2.77	2.75
	500						3.14	3.08	3.10	2.96	2.92	2.88	2.84	3.81	2.79	2.76
	600						3.16	3.11	3.04	3.02	2.96	2.91	2.88	2.85	2.82	2.79

附表 1.7　220～750 kV 架空线路导线的电阻及正序电抗（Ω/km）

导线型号	220 kV				330 kV（双分裂）		500 kV（三分裂）		750 kV（四分裂）	
	单导线		双分裂							
	电阻	电抗	电阻	电抗	电阻	电抗	电阻	电抗	电阻	电抗
LGJ-185	0.17	0.44	0.085	0.313						
LGJ-240	0.132	0.432	0.066	0.310						
LGJQ-300	0.107	0.427	0.054	0.308	0.054	0.321	0.036	0.302		
LGJQ-400	0.08	0.417	0.04	0.303	0.04	0.316	0.026 6	0.299	0.02	0.289
LGJQ-500	0.065	0.411	0.0325	0.300	0.032 5	0.313	0.021 6	0.297	0.016 3	0.287
LGJQ-600	0.055	0.405	0.0275	0.297	0.027 5	0.310	0.018 3	0.295	0.013 8	0.286
LGJQ-700	0.044	0.398	0.022	0.294	0.022	0.307	0.014 6	0.292	0.011	0.284

注计算条件如下：

电　压（kV）	110	220	330	500	750
线间距离（m）	4	6.5	8	11	14
线分裂距离（cm）		40	40	40	40
导线排列方式		水平二分裂	水平二分裂	正三角三分裂	正四角四分裂

附表 1.8　110～750 kV 架空线路导线的电容（μF/100 km）及充电功率（Mvar/100 km）

导线型号	110 kV		220 kV				330 kV（双分裂）		500 kV（三分裂）		750 kV（四分裂）	
			单导线		双分裂							
	电容	功率	电容	功率	电容	功率	电容	功率	电容	功率	电容	功率
LGJ-50	0.808	3.06										
LGJ-70	0.818	3.14										
LGJ-95	0.84	3.18										
LGJ-120	0.854	3.24										
LGJ-150	0.87	3.3										
LGJ-185	0.885	3.35			1.14	17.3						
LGJ-240	0.904	3.43	0.837	12.7	1.15	17.5	1.09	36.9				
LGJQ-300	0.913	3.48	0.848	12.9	1.16	17.7	1.10	37.3	1.18	94.4		
LGJQ-400	0.939	3.54	0.867	13.2	1.18	17.9	1.11	37.5	1.19	95.4	1.22	215
LGJQ-500			0.882	13.4	1.19	18.1	1.13	38.2	1.2	96.2	1.23	217
LGJQ-600			0.895	13.6	1.20	18.2	1.14	38.6	1.205	96.7	1.235	228
LGJQ-700			0.912	14.8	1.22	18.3	1.15	38.8	1.21	97.2	1.24	219

附表 1.9 铜芯三芯电缆的感抗和电纳

芯线额定截面（mm²）	不同额定电压电缆的感抗（Ω/km）				不同额定电压电缆的电纳（S/km）×10⁻⁶			
	6 kV	10 kV	20 kV	35 kV	6 kV	10 kV	20 kV	35 kV
10	0.100	0.113			60	50		
16	0.094	0.104			69	57		
25	0.085	0.094	0.135		91	72	57	
35	0.079	0.088	0.129		104	82	63	
50	0.076	0.082	0.119		119	94	72	
70	0.072	0.079	0.116	0.132	141	100	82	63
95	0.069	0.076	0.110	0.126	163	119	91	68
120	0.069	0.076	0.107	0.119	179	132	97	72
150	0.015 6	0.072	0.104	0.116	202	144	107	79
185	0.015 6	0.069	0.100	0.113	229	163	116	85
240	0.063	0.069						

附表 1.10 钢绞线的电阻及内电抗（Ω/km）

通过电流（A）	不同型号及直径的钢绞线的电阻及内电抗									
	GJ-25，d=5.6 mm		GJ-35，d=7.8 mm		GJ-50，d=9.2 mm		GJ-70，d=11.5 mm		GJ-95，d=12.6 mm	
	电阻	电抗	电阻	电抗	电阻	电抗	电阻	电抗	电阻	电抗
1	5.25	0.54	3.66	0.32	2.75	0.23	1.7	0.16	1.55	0.08
2	5.27	0.55	3.66	0.35	2.75	0.24	1.7	0.17	1.55	0.08
3	5.28	0.56	3.67	0.36	2.75	0.25	1.7	0.17	1.55	0.08
4	5.30	0.59	3.69	0.37	2.75	0.25	1.7	0.1 8	1.55	0.08
5	5.32	0.63	3.70	0.40	2.75	0.26	1.7	0.18	1.55	0.08
6	5.35	0.67	3.71	0.42	2.75	0.27	1.7	0.19	1.55	0.08
7	5.37	0.70	3.73	0.45	2.75	0.27	1.7	0.19	1.55	0.08
8	5.40	0.77	3.75	0.48	2.76	0.28	1.7	0.20	1.55	0.08
9	5.45	0.84	3.77	0.51	2.77	0.29	1.7	0.20	1.55	0.08
10	5.50	0.93	3.80	0.55	2.78	0.30	1.7	0.21	1.55	0.08
15	5.97	1.33	4.02	0.75	2.80	0.35	1.7	0.23	1.55	0.08
20	6.70	1.63	4.4	1.04	2.85	0.42	1.72	0.25	1.55	0.09
25	6.97	1.91	4.89	1.32	2.95	0.49	1.74	0.27	1.55	0.09
30	7.1	2.01	5.21	1.56	3.10	0.59	1.77	0.30	1.56	0.09
35	7.1	2.06	5.36	1.64	3.25	0.69	1.79	0.33	1.56	0.09

续附表 1.10

通过电流（A）	不同型号及直径的钢绞线的电阻及内电抗									
	GJ-25，$d=5.6$ mm		GJ-35，$d=7.8$ mm		GJ-50，$d=9.2$		GJ-70，$d=11.5$ mm		GJ-95，$d=12.6$ mm	
	电阻	电抗	电阻	电抗	电阻	电抗	电阻	电抗	电阻	电抗
40	7.02	2.00	5.35	1.69	3.40	0.80	1.83	0.37	1.57	0.10
45	6.92	2.08	5.30	1.71	3.52	0.91	1.83	0.41	1.57	0.11
50	6.85	2.07	5.25	1.72	3.61	1.00	1.93	0.40	1.58	0.11
60	6.70	2.00	5.13	1.70	3.99	1.10	2.07	0.55	1.58	0.13
70	6.6	1.90	5.0	1.64	3.73	1.14	2.21	0.65	1.61	0.15
80	6.3	1.79	4.89	1.57	3.70	1.15	2.27	0.70	1.63	0.17
90	6.4	1.73	4.78	1.50	3.68	1.14	2.29	0.72	1.67	0.20
100	6.32	1.67	4.71	1.43	3.65	1.13	2.33	0.73	1.71	0.22
125			4.6	1.29	3.58	1.04	2.33	0.73	1.83	0.31
150			4.47	1.27	3.50	0.95	2.38	0.73	1.87	0.34
175					3.45	0.94	2.23	0.71	1.89	0.35
200							2.19	0.69	1.88	0.35

附表 1.11　35 kV 铝线双绕组电力变压器技术数据表

型　号	额定容量（kV·A）	额定电压（kV）		损耗（kW）		短路电压（%）	空载电流（%）	联连组
		高　压	低　压	空载	短路			
SJL1-50/35	50	35	0.4	0.3	1.15	6.5	6.5	Y,yn0
SJL1-l00/35	100	35	0.4	0.43	2.5	6.5	4.0	Y,yn0
SJL1-160/35	160	35	0.4	0.59	3.6	6.5	3.0	Y,yn0
SJL1-160/35	160	35	10.5；6.3；3.15	0.65	3.8	6.5	3.0	Y,dll
SJL1-200/35	200	35	10.5；6.3；3.15	0.76	4.4	6.5	2.8	Y,dll
SJL1-250/35	250	35	10.5：6.3：3.15	0.9	5.1	6.5	2.6	Y,dll
SJL1-250/35	250	35	0.4	4.8		6.5	2.6	Y,yn0
SJL1-315/35	315	35	10.5；6.3；3.15	1.05	6.1	6.5	2.4	Y,dll
SJL1-400/35	400	35	10.5；6.3；3.15	1.25	7.2	6.5	2.3	Y,dll
SJL1-400/35	400	35	0.4	1.1	6.9	6.5	2.3	Y,yn0
SJL1-500/35	500	35	10.5；6.3；3.15	1.45	8.5	6.5	2.1	Y,dll
SJL1-630/35	630	35	10.5；6.3；3.15	1.7	9.9	6.5	2.0	Y,dll
SJL1-630/35	630	35	0.4	1.5	9.6	6.5	2.0	Y,yn0
SJL1-800/35	800	35	10.5；6.3；3.15	1.9	12	6.5	1.7	Y,dll

型　　号	额定容量 (kV·A)	额定电压（kV）		损耗（kW）		短路电压 (%)	空载电流 (%)	联连组
		高　压	低　压	空载	短路			
SJL1-1000/35	1 000	35	10.5；6.3；3.15	2.2	14	6.5	1.7	Y,dll
SJL1-1000/35	1 000	35	0.4	2.2	14	6.5	1.7	Y,yn0
SJL1-1250/35	1 250	35	10.5；6.3；3.15	2.6	17	6.5	1.6	Y,dll
SJL1-1600/35	1 600	35；38.5	10.5；6.3；3.15	3.05	20	6.5	1.5	Y,dll
SJL1-1600/35	1 600	35	0.4	3.05	20	6.5	1.5	Y,yn0
SJL1-2000/35	2 000	35；38.5	10.5；6.3；3.15	3.6	24	6.5	1.4	Y,dll
SJL1-2500/35	2 500	35；38.5	10.5；6.3；3.15	4.25	27.5	6.5	1.3	Y,dll
SJL1-3150/35	3 150	35；38.5	10.5；6.3；3.15	5.0	33	7	1.2	Y,dll
SJL1-4000/35	4 000	35；38.5	10.5；6.3；3.15	5.9	39	7	1.1	Y,dll
SJL1-5000/35	5 000	35：38.5	10.5；6.3；3.15	6.9	45	7	1.1	Y,dll
SJL1-6300/35	6 300	35；38.5	10.5；6.3；3.15	8.2	52	7.5	1.0	Y,dll
SJL1-7500/35	7 500	35	10.5	9.6	57	7.5	0.9	YN,dll
SFL1-8000/35	8 000	38.5；35	11；10.5；6.6 6.3；3.3；3.15	11	58	7.5	1.5	Y,dll
SFL1-10000/35	10 000	38.5；35	11；10.5；6.6 6.3；3.3；3.15	12	70	7.5	1.5	Y,dll
SFL1-15000/35	15 000	38.5：35	11；10.5；6.6 6.3；3.3；3.15	16.5	93	8	1.0	Y,dll
SFL1-20000/35	20 000	38.5：35	11；10.5；6.6 6.3；3.3；3.15	22	115	8	1.0	Y,dll
SFL1-31500/35	31 500	38.5：35	11；10.5；6.6 6.3；3.3；3.15	30	180	8	0.7	Y,dll
SFZL1-8000/35	8 000	35±3×2.5% 38.5±3×2.5%	11；10.5；6.6；6.3	11	60.6	7.5	1.25	Y,dll
SSPL1-10000/35	10 000	38.5	6.3	12	70	7.5	1.5	Y,dll

注　SJL—三相油浸自冷式铝线变压器；
　　SFL—三相油浸风冷式铝线变压器；
　　SSPL—三相强迫油循环水冷式铝线变压器。

附表 1.12　110 kV 级三相双绕组铝线电力变压器技术数据表

电力变压器型号	额定容量（kVA）	额定电压（kV）		损耗（kW）		短路电压（%）	空载电流（%）	联接组标号
		高　压	低　压	短　路	空　载			
SFLl-6300/110	6 300	121±5%	11；10.5	52	9.76	10.5	1.1	YN,d11
		110±5%	6.6；6.3					
SFLl-8000/110	8 000	121±5%	11；10.5	62	11.6	10.5	1.1	YN,dll
		110±5%	6.6；6.3					
SFLl-10000/110	10 000	121±2×2.5%	10.5；6.3	72	14	10.5	1.1	YN,dll
SFLl-16000/110	16 000	121±2×2.5%	10.5；6.3	110	18.5	10.5	0.9	YN,dll
SFLl-20000/110	20 000	121±2×2.5%	10.5；6.3	135	22	10.5	0.8	YN,dll
SFLl-31500/110	31 500	121+5% 121-2×2.5%	10.5；6.3	190	31.05	10.5	0.7	YN,dll
SFLl-40000/110	40 000	121±2×2.5%	10.5；6.3	200	42	10.5	0.7	YN,dll
SFPLl-50000/110	50 000	121±5%	10.5；6.3	250	8.6	10.5	0.75	YN,dll
SFPLl-63000/110	63 000	121±5%	10.5；6.3	296	60	10.5	0.8	YN,dll
SFPLl-90000/110	90 000	121±2×2.5%	10.5	AA0	75	10.5	0.7	YN,dll
SFPLl-120000/110	120 000	121±2×2.5%	10.5	520	100	10.5	0.65	YN,dll
SSPLl-20000/110	20 000	121±2×2.5%	6.3	135	22.1	10.5	0.8	YN,dll
SSPL-63000/110	63 000	121±2×2.5%	10.5	300	68	10.5		YN,dll
SSPL-90000/110	90 000	121±2×2.5%	13.5	451	85	10.5		YN,dll
SSPL-63000/110	63 000	121±2×2.5%	10.5	291.48	65.4	10.57	0.8	YN,dll
SSPL-120000/110	120 000	121±2×2.5%	13.8	588	120	10.4	0.57	YN,dll
SSPL-150000/110	150 000	121±2×2.5%	13.8	646.25	204.5	12.68	1.73	YN,dll
SFL-20000/110	20 000	121±2×2.5%	10.5；6,3	135	37	10.5	1.5	YN,dll
SFL-63000/110	63 000	121±2×2.5%	10.5；6.3	300	68	10.5	2.5	YN,dll
SFPL-90000/110	90 000	121±2×2.5%	10.5	A48	164	10.74	0.67	YN,dll
SFPL-120000/110	120 000	121±2×2.5%	10.5	572	95.6	10.78	0.695	YN,dll
SFPL-120000/110	120 000	121±2×2.5%	10.5	590	175	10.5	2.5	YN,dll
SFLl-12500/110	12 500	110±5%	3.3	99.8	16.4	9	0.93	YN,d,dll
	6 250＋6 250							

附表 1.13　110 kV 三相三绕组电力变压器技术数据表

电力变压器型号	额定容量 (kVA)	额定电压 (kV) 高压	额定电压 (kV) 中压	额定电压 (kV) 低压	损耗 (kW) 短路 高中	损耗 (kW) 短路 高低	损耗 (kW) 短路 中低	损耗 (kW) 空载	短路电压 (%) 高中	短路电压 (%) 高低	短路电压 (%) 中低	空载电流 (%)	联接组标号
SFSL1-6300/110	6300/6300/6300	121±2×2.5%	38.5±2×2.5%	11	62.9	62.6	50.7	12.5	17	10.5	6	1.4	YN, yn0, d11
		110±2×2.5%	38.5±2×2.5%	10.5	62.3	62	50.7	12.5	17	10.5	6	1.5	YN, yn0, d11
		121±2×2.5%	38.5±2×2.5%	6.6	66.2	60.2	51.6	12.5	17.5	17.5	6.5	1.26	YN, yn0, d11
		110±2×2.5%	38.5±2×2.5%	6.3	65.6	59.6	51.6	12.5	17.5	17.5	6.5	1.26	YN, yn0, d11
SFSL1-8000/110	8000/4000/8000	121±5%	38.5±2×2.5%	11	27	83	19	14.2	17	10.5	6	1.5	YN, yn0, d11
		110±5%	38.5±2×2.5%	10.5	27	89	19	14.2	17	10.5	6	1.5	YN, yn0, d11
	8000/8000/4000	121±5%	38.5±2×2.5%	6.6	84	27	21	14.2	17	10.5	6	1.3	YN, yn0, d11
		110±5%	38.5±2×2.5%	6.3	84	27	21	14.2	17	10.5	6	1.3	YN, yn0, d11
SFSL1-10000/110	10000/10000/10000	121±2×2.5%	38.5±2×2.5%	10.5	91	89	69.3	17	17	10.5	6	1.5	YN, yn0, d11
		121±2×2.5%	38.5±2×2.5%	6.3	89.6	88.7	69.7	17	10.5	17	6	1.5	YN, yn0, d11
SFSL1-15000/110	15000/15000/15000	121±2×2.5%	38.5±2×2.5%	10.5	120	120	95	22.7	17	10.5	6	1.3	YN, yn0, d11
		121±2×2.5%	38.5±2×2.5%	6.3	120	120	95	22.7	10.5	17	6	1.3	YN, yn0, d11
SFSL1-20000/110	20000/20000/20000	121±5%	38.5±5%	10.5	152.8	148.2	47	50.2	10.5	18	6.5	4.1	YN, yn0, d11
		121±5%	38.5±5%	6.3	52	52	47	50.2	18	10.5	6.5	4.1	YN, yn0, d11
SFSL1-20000/110	20000/20000/20000	121±2×2.5%	38.5±5%	10.5	145	158	117	49.9	10.5	18	6.5	3.46	YN, yn0, d11
		121±2×2.5%	38.5±5%	6.3	154	154	119	49.9	18	10.5	6.5	3.46	YN, yn0, d11

续附表 1.13

电力变压器型号	额定容量 (kV·A)	额定电压 (kV) 高压	中压	低压	损耗 (kW) 短路 高中	高低	中低	空载	短路电压 (%) 高中	高低	中低	空载电流 (%)	联接组标号
SFSL1-25000/110	25000/25000/25000	121±2×2.5%	38.5±5%	10.5 / 6.3	175	197	142	49.5	10.5	18	6.5	3.6	YN, yn0, d11
SFSL1-31500/110	31500/31500/31500	121±2×2.5%	38.5±2×2.5%	10.5 / 6.3	229.1 / 215.4	212 / 231	181.6 / 184	37.2 / 37.2	18 / 10.5	10.5 / 18	6.5 / 6.5	0.8 / 0.8	YN, yn0, d11
SFPSL1-40000/110	40000/40000/40000	121±2×2.5%	38.5±2×2.5%	10.5 / 6.3	276 / 244	250 / 274.5	205.5 / 205.5	72 / 72	17.5 / 10.5	10.5 / 17.5	6.5 / 6.5	2.7 / 2.7	YN, yn0, d11
SFPSL1-50000/110	50000/50000/50000	121±2×2.5%	38.5±2×2.5%	6.3 / 6.3	302.2 / 350.6	350.9 / 318.3	251 / 252.9	62.2 / 62.2	10.5 / 18	18 / 10.5	6.5 / 6.5	1 / 1	YN, yn0, d11
SFSL1-50000/110	50000/50000/50000	121±2×2.5%	38.5	6.3	350 / 300	300 / 350	255 / 255	59.2	17.5 / 10.5	10.7 / 17.5	6.5 / 6.5	0.8	YN, yn0, d11
SFPSL1-63000/110	63000/63000/63000	121±2×2.5%	38.5±5%	6.3 / 6.3	380 / 470	470 / 380	320 / 330	64.2 / 64.2	10.5 / 18.5	18.5 / 10.5	6.5 / 6.5	0.7 / 0.7	YN, yn0, d11
SFSLQ1-10000/110	1000/10000/10000	121±2×2.5%	38.5±2×2.5%	6.3	87.95 / 88.75	90.05 / 86.55	67.9 / 67.7	21.4	17 / 10.5	10.5 / 17	6 / 6	1.5	YN, yn0, d11
SFSLQ1-15000/110	1500/15000/15000	121±2×2.5%	38.5±2×2.5%	6.3	120	120	94	30.5	17 / 10.5	10.5 / 17	6 / 6	1.2	YN, yn0, d11
SFSLQ1-20000/110	2000/20000/20000	121±2×2.5%	38.5±2×2.5%	6.3	153 / 142.9 / 155 / 150	147.6 / 152.9 / 150 / 155	111.6 / 110.4 / 112 / 112	33.5 / 34	17 / 10.5	10.5 / 17	6 / 6	1.1 / 1.2	YN, yn0, d11

· 262 ·

续附表 1.13

电力变压器型号	额定容量（kV·A）	额定电压（kV）高压	中压	低压	损耗（kW）短路 高中	高低	中低	空载	短路电压（%）高中	高低	中低	空载电流（%）	联接组标号
SFSL1-25000/110	25000/25000/25000	121±2×2.5%	38.5±2×2.5%	6.3	194	182	144	49.5	18	10.5	6.5	3.6	YN, yn0, d11
				6.3	219	224	172	42.9	10.5	18	6	2.99	YN, yn0, d11
SFSLQ-31500/110	31500/31500/31500	121±2×2.5%	38.5±2×2.5%	10.5	217	200.7	158.6	46.8	17	10.5	6	0.9	YN, yn0, d11
				6.3	202	214	160.5	38.4	10.5	17	6	0.8	YN, yn0, d11
SSPSL1-31500/110	31500/31500/31500	121±5%	38.5±5%	13.8	230	214	184	80	18	10.5	6.5	3	YN, yn0, d11
SSPSL1-45000/110	45000/45000/45000	121±5%	38.5±5%	6.3	160	185	115	89.6	12	23	9.5	2.82	YN, yn0, d11
SSPSL1-50000/110	50000/50000/50000	121±5%	38.5±5%	10.5	350	318.3	250.9	76	18	10.5	6.5	0.8	YN, yn0, d11
SSPSL1-75000/110	75000/75000/75000	121±2×2.5%	38.5±2×2.5%	10.5	580	510	450		18.5	10.5	6.5		YN、yn0, d11
SFSL-10000/110	10000/10000/10000	121±5%	38.5±2×2.5%	10.5	91	91	70	22	18	10.5	6.5	3.3	YN, yn0, d11
				6.3					10.5	18	6.5		
SFSL-15000/110	15000/15000/15000	121±5%	38.5±2×2.5%	10.5	120	120	95	27	17	10.5	6	4.0	YN, yn0, d11
				6.3					10.5	17	6		
SFSL-31500/110	31500/31500/31500	121±5%	38.5±2×2.5%	10.5	235	235	115	49	18	10.5	6.5	2.5	YN, yn0, d11
				6.3					10.5	18	6.5		
SFSL-63000/110	63000/63000/63000	121±5%	38.5±2×2.5%	10.5	410	410	266	84	18	10.5	6.5	2.5	YN, yn0, d11
				6.3					10.5	18	6.5		

注　SFSL——三相油浸风冷三绕组铝线变压器；
　　SFPSL——三相强迫油循环风冷三绕组铝线变压器；
　　SFSLQ——三相油浸风冷三绕组全绝缘变压器；
　　SSPSL——三相强迫油循环水冷三绕组铝线变压器。

附表 1.14 220 kV 级三相双绕组电力变压器技术数据表

电力变压器型号	额定容量 (kVA)	额定电压 (kV) 高压	低压	损耗 (kW) 空载	短路	短路电压 (%)	空载电流 (%)	联接组标号
SFD-63000/220	63 000	220±2×2.5%	69	120	402.4	14.4	3	YN, d11
SFD-63000/220	63 000	220±2×2.5%	46	120	401	14.4	2.6	YN, d11
SSPL-63000/220	63 000	220±2×2.5%	10.5	93	404	14.45	2.41	YN, d11
SSPL-90000/220	90 000	220±2×2.5%	10.5	92	472.5	13.75	0.67	YN, d11
SSPL-120000/220	120 000	220±2×2.5%	10.5	98.2	1 011.5	14.2	1.26	YN, d11
SSPL-120000/220	120 000	220±2×2.5%	38.5	98.2	932.5	14	1.26	YN, d11
SSPL-120aD0/220	120 000	242±2×2.5%	10.5	98.2	1 011.5	14.2	1.26	YN, d11
SSPL-150000/220	150 000	242±2×2.5%	13.8	137	883	13.13	1.43	YN, d11
SSPL-150000/220	150 000	242±2×2.5%	10.5	137	894.5	13.13	1.43	YN, d11
SSPL-150000/220	150 000	236±2×2.5%	13.8	137	873	12.5	1.43	YN, d11
SSPL-180000/220	180 000	242±2×2.5%	15.75 / 13.8	175	892.8 / 904	12.22 / 12.55	0.427	YN, d11
SSPL-260000/220	260 000	242±2×2.5%	15.75	232	1 460	14	0.963	YN, d11
SSP-360000/220	360 000	236±2×2.5%	18	155	1 950	15	1.0	YN, d11

注 SFD—三相油浸风冷强迫导向油循环变压器，其他型号符号同前。

附表 1.15 110 kV 三相三绕组铝线有载调压电力变压器技术数据表

型号	额定容量 (kV·A)	高压电压 (kV)	中压电压 (kV)	低压电压 (kV)	短路损耗 (kW) 高中	高低	中低	空载损耗 (kW)	短路电压 (%) 高中	高低	中低	空载电流 (%)	联接组标号
SFSZL1-10 000/110	10000/10000/10000	121±2/4×2.5%	38.5±5%	11,10.5,6.6,6.3	86.7	82.6	68.5	27	10.5	17.5	6.5	4.35	YN,yn0,d11
		110±3×2.5%	38.5±5%	11,10.5,6.6,6.3	86.5	82.4	68.5	27	10.5	17.5	6.5	4.35	
		121±2/4×2.5%		11,10.5,6.6,6.3	84.8	86.2	68	27	17.5	10.5	6.5	4.35	
		110±3×2.5%		11,10.5,6.6,6.3	84.6	86.1	68.7	27	17.5	10.5	6.5	4.35	
SFSZL1-20000/110	20000/20000/20000	121±2/4×2.5%	38.5±5%	11,10.5,6.6,6.3	144	146.2	121	39.7	17.5	10.5	6.5	2.85	YN,yn0,d11
		110±3×2.5%			145.2	147.5	121	39.7	17.5	10.5	6.5	2.85	
		121±2/4×2.5%	38.5±5%	11,10.5,6.6,6.3	141	150	120	39.7	10.5	17.5	6.5	2.85	
		110±3×2.5%			142	151	120	39.7	10.5	17.5	6.5	2.85	
		121±2/4×2.5%		11,10.5,6.6,6.3	142	151	120	39.7	10.5	17.5	6.5	2.85	
		110±3×2.5%		11	145.2	143	116.5	39.7	17.5	10.5	6.5	2.85	
		121±2/4×2.5%		11	142.5	143	116.5	39.7	17.5	10.5	6.5	2.85	
SFSZL1-31500/110	31500/31500/31500	110±3×2.5%	38.5±5%	11	211.1	237.5	174.1	37	10.5	17.5	6.5	0.9	YN,yn0,d11
		110±1/5×2.5%		11									

附表 1.16 220 kV 级三绕组电力变压器技术数据表

型号	额定容量 (kVA)	额定电压 (kV)			损耗 (kW)				短路电压 (%)			空载电流 (%)
		高压	中压	低压	空载	短路 高-中	短路 高-低	短路 中-低	高-中	高-低	中-低	
SFPSL-31500/220	31 500	220	69	10.5	23	173.4	250	239.5	14.8	23	7.3	3.6
SFPSL-63000/220	63 000	220	121	38.5	125	470.5	440	314.2	23	14	7.6	2.7
SFPSL-90000/220	900 000	220	38.5	11	146.1	556.2	612	417	13.1	20.3	5.86	2.56
SSPSL-120000/220	120 000/120 000/120 000	220	121	10.5	123.1	1 023	227	165	24.7	14.7	8.8	1
SWDS-90000/220	90 000	242	121	12.8	205.5	727.8	579.7	412	24.56	13.94	8.6	
SSPSL-150000/220	150 000	242	121	i0.5	239	918.3	838.6	619.3	24.4	14.1	8.3	2.15
SSPSL-180000/220	180 000	236	121	13.8	254	1 057	1 173	712	14.2	24.1	8.1	2.16
SSPSL-50000/220	50 000	220	38.5	11	76.3	329.3	381.08	196.3	15.83	24.75	0.99	0.98
SFPSL-63000/220	63 000	220	121	11	94	377.1	460.04	252.06	15.15	25.8	8.77	1.25
SFPS-120000/220	120 000/80 000/120 000	220	121	38.5	131.5	466	691	268	25.7	14.9	8.86	0.85

附录 2

运算曲线

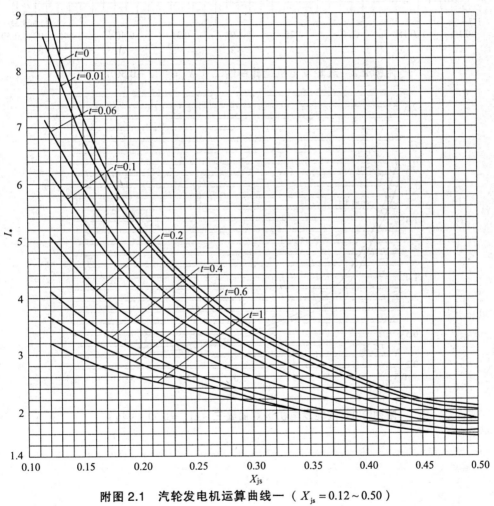

附图 2.1　汽轮发电机运算曲线一（$X_{js} = 0.12 \sim 0.50$）

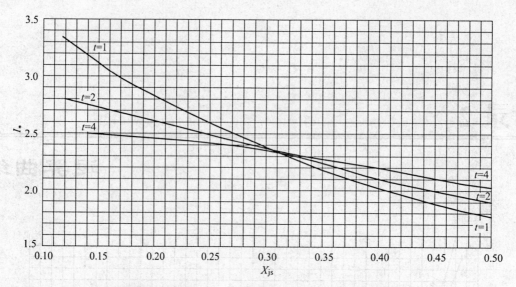

附图 2.2　汽轮发电机运算曲线二（$X_{js} = 0.12 \sim 0.50$）

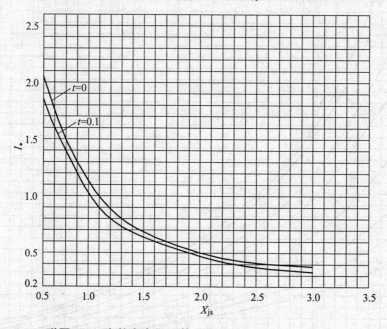

附图 2.3　汽轮发电机运算曲线三（$X_{js} = 0.50 \sim 3.45$）

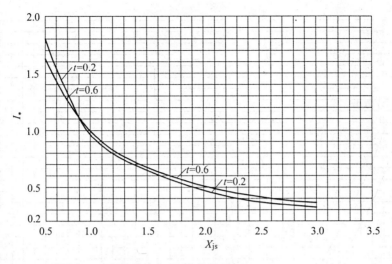

附图 2.4　汽轮发电机运算曲线四（$X_{js} = 0.50 \sim 3.45$）

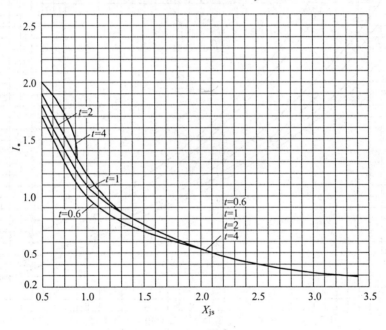

附图 2.5　汽轮发电机运算曲线五（$X_{js} = 0.50 \sim 3.45$）

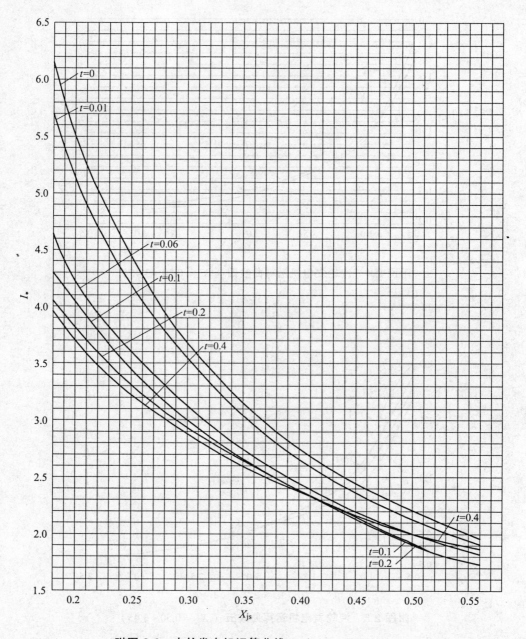

附图 2.6　水轮发电机运算曲线一 （ $X_{js} = 0.18 \sim 0.56$ ）

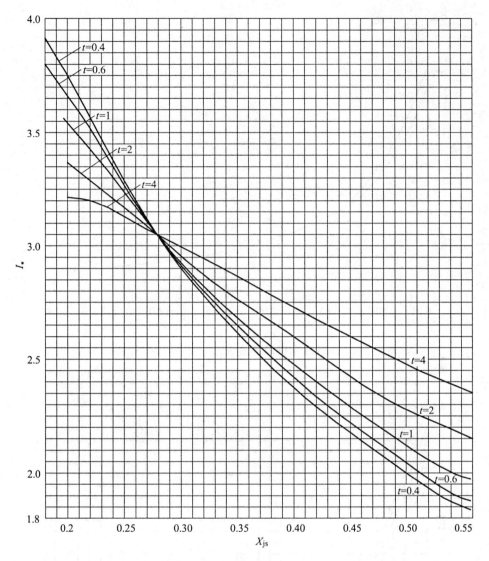

附图 2.7　水轮发电机运算曲线二（$X_{js} = 0.18 \sim 0.56$）

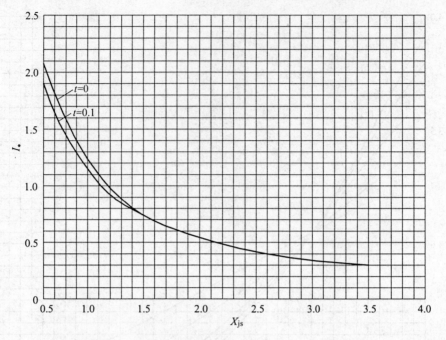

附图 2.8　水轮发电机运算曲线三（ $X_{js} = 0.50 \sim 3.50$ ）

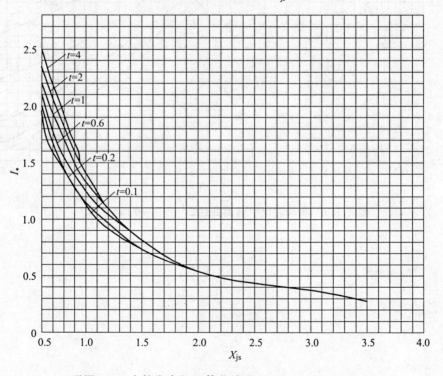

附图 2.9　水轮发电机运算曲线四（ $X_{js} = 0.50 \sim 3.50$ ）

参 考 文 献

[1] 何仰赞，温增银等编. 电力系统分析. 武汉：华中理工大学出版社，1996.

[2] 黄静编. 电力系统. 北京：中国电力出版社，2006.

[3] 华智明，张瑞林编. 电力系统. 重庆：重庆大学出版社，2002.

[4] 于永源，杨绮雯编. 电力系统分析. 北京：中国电力出版社，2004.

[5] 夏道止编. 电力系统分析. 北京：中国电力出版社，2004.

[6] 刘万顺编. 电力系统故障分析. 北京：中国电力出版社，2004.

[7] 李霜，伍家洁编. 电力系统. 重庆：重庆大学出版社，2006.

[8] 杜文学编. 电力工程. 北京：中国电力出版社，2005.

[9] 陈珩编. 电力系统稳态分析. 北京：中国电力出版社，2001.

[10] 李光琦编. 电力系统暂态分析. 北京：中国电力出版社，2001.

[11] 尹克宁编. 电力工程. 北京：中国电力出版社，2005.

[12] 温步瀛编. 电力工程基础. 北京：中国电力出版社，2006.

[13] 王新学编. 电力网及电力系统. 北京：中国电力出版社，2007.